先进控制理论：
智能控制方法及应用研究

刘海朝 宋小娜 著

中国水利水电出版社
www.waterpub.com.cn
·北京·

内 容 提 要

智能控制理论是继经典控制理论和现代控制理论之后出现的一个先进控制理论。本书着重反映智能理论和方法解决复杂系统控制问题的方法意义，同时介绍智能理论与方法在控制系统中的各种应用实例，并力求反映国内外智能控制研究和应用的最新进展。本书主要内容涵盖了智能控制系统的结构与仿真、基于模糊推理的智能控制系统、基于神经元网络的智能控制系统等。

本书结构合理，条理清晰，内容丰富新颖，可供从事智能控制研究与应用的科技工作者参考使用。

图书在版编目(CIP)数据

先进控制理论：智能控制方法及应用研究/刘海朝，宋小娜著. —北京：中国水利水电出版社，2019.3（2025.4重印）
ISBN 978-7-5170-7547-9

Ⅰ.①先… Ⅱ.①刘… ②宋… Ⅲ.①智能控制 Ⅳ.①TP273

中国版本图书馆 CIP 数据核字(2019)第 056784 号

书　　名	先进控制理论：智能控制方法及应用研究 XIANJIN KONGZHI LILUN：ZHINENG KONGZHI FANGFA JI YINGYONG YANJIU
作　　者	刘海朝　宋小娜　著
出版发行	中国水利水电出版社 (北京市海淀区玉渊潭南路 1 号 D 座 100038) 网址：www.waterpub.com.cn E-mail：sales@waterpub.com.cn 电话：(010)68367658(营销中心)
经　　售	北京科水图书销售中心(零售) 电话：(010)88383994、63202643、68545874 全国各地新华书店和相关出版物销售网点
排　　版	北京亚吉飞数码科技有限公司
印　　刷	三河市华晨印务有限公司
规　　格	170mm×240mm　16 开本　15.75 印张　282 千字
版　　次	2019 年 5 月第 1 版　2025 年 4 月第 4 次印刷
印　　数	0001—2000 册
定　　价	72.00 元

凡购买我社图书，如有缺页、倒页、脱页的，本社营销中心负责调换

版权所有·侵权必究

前　言

　　智能控制对许多人来说，既熟悉又陌生。熟悉是因为"智能"是当前非常流行的词汇，陌生则是因为即使从事控制的专业人员也未必对智能控制的内涵理解得很深刻。智能控制系统、理论及应用是继自动控制原理和现代控制工程之后兴起的先进控制理论及技术。人工神经网络和模糊逻辑系统是智能控制系统发展、研究和应用的关键理论与技术内容。

　　随着计算机技术的飞速发展和性能的不断提高，使得用机器模拟人的智能决策行为对复杂对象进行控制变得易于实现，这样的控制形式被称为智能控制。因此，智能控制是借助于计算机模拟人（包括操作人员及控制专家）对难以建立精确数学模型的复杂对象的智能控制决策行为，基于控制系统的输入输出数据的因果关系推理，实现对复杂对象计算机闭环数字控制的形式。

　　在最近的十几年中，人们已经看到模糊逻辑和神经网络以各自的优势进行相互渗透，所形成的模糊神经系统在各种优化技术的配合下，其应用在数量和种类上都得到迅速增长，其范围涉及各行各业。模糊神经系统在智能控制系统的概念和设计中不断产生重要影响。

　　目前，智能控制技术已发展进入实用化和工程化的阶段，智能控制技术已成为自动化工程技术人员必须掌握的专业知识与技术手段。全书分9章对智能控制的基本概念、基本原理及实现方法进行了提炼，力求使内容少而精，内容涉及智能控制综述、智能控制系统的结构与仿真、基于模糊推理的智能控制系统、基于神经元网络的智能控制系统、专家控制技术、其他智能控制方法、智能控制的集成技术、智能控制的优化算法、智能控制的应用实例，并分析了许多智能控制系统的设计实现方法及应用实例。既具有一定的学术价值，又具有一定的实用价值。

　　近几年，群体智能也应用到了系统辨识中，改变了经典辨识中的最小二乘法，减少了对激励信号的限制，改变了最小二乘算法中单一的离散模型，大大推动了系统辨识的工程应用。神经网络在系统建模和故障诊断中得到了实际应用。由于神经网络可以模拟任何非线性函数，因此，有许多不能用参数模型描述的非线性系统现改为用神经网络描述。但是，神经网络需要迭代计算,也因此大大限制了神经网络的实时应用。专家系统发展得较早,但发展得很缓慢。原因是,至今人们还不能对人脑的思维有清楚的认识。特别是人们常说的"第六感""潜意识"等还不能被模拟。因此,专家系统的实际应用是有限的。

在撰写本书的过程中,作者得到了同行业内许多专家学者的指导帮助,也参考了国内外大量的学术文献,在此一并表示真诚的感谢。作者水平有限,加之智能控制是当今最热门的学科之一,各种新理论、新技术、新方法不断涌现,已有理论也在不断更新,书中难免有疏漏和不足之处,真诚希望有关专家和读者批评指正。

作　者

2018年10月

目　　录

前言
第1章　智能控制综述 ………………………………………………………… 1
　1.1　智能控制问题的提出及产生 ………………………………………… 1
　1.2　智能控制的概念和技术特点 ………………………………………… 4
　1.3　智能控制的几个重要分支 …………………………………………… 5
　1.4　智能控制技术的实现 ………………………………………………… 6
　1.5　智能控制的应用现状及发展趋势 …………………………………… 9
第2章　智能控制系统的结构与仿真 ……………………………………… 13
　2.1　智能控制系统的基本结构 …………………………………………… 13
　2.2　智能控制系统的分类 ………………………………………………… 16
　2.3　递阶智能控制系统的结构和理论 …………………………………… 21
　2.4　智能控制系统的信息结构理论 ……………………………………… 28
　2.5　数字仿真程序结构 …………………………………………………… 38
第3章　基于模糊推理的智能控制系统 …………………………………… 43
　3.1　模糊控制系统概述 …………………………………………………… 43
　3.2　模糊控制的数学基础 ………………………………………………… 44
　3.3　模糊逻辑推理 ………………………………………………………… 50
　3.4　模糊建模 ……………………………………………………………… 54
　3.5　模糊逻辑控制器的结构与设计 ……………………………………… 66
　3.6　带自调整因子的模糊控制器的设计 ………………………………… 69
　3.7　模糊控制系统的稳定性分析 ………………………………………… 76
　3.8　基于模糊补偿的机械手自适应模糊控制 …………………………… 81
第4章　基于神经元网络的智能控制系统 ………………………………… 87
　4.1　神经元网络的模型及连接方式 ……………………………………… 87
　4.2　前馈神经网络 ………………………………………………………… 92
　4.3　Hopfield神经网络 …………………………………………………… 97
　4.4　神经网络控制 ………………………………………………………… 100
　4.5　神经元网络控制非线性动态系统的能控性与稳定性 ……… 103

第 5 章 专家控制技术 …………………………………………………… 110
　　5.1 专家系统 ………………………………………………………… 110
　　5.2 专家控制 ………………………………………………………… 113
　　5.3 专家 PID 控制及仿真实例 …………………………………… 127
第 6 章 其他智能控制方法 ………………………………………………… 131
　　6.1 仿人智能控制 …………………………………………………… 131
　　6.2 学习控制系统 …………………………………………………… 137
　　6.3 递阶智能控制 …………………………………………………… 145
第 7 章 智能控制的集成技术 ……………………………………………… 153
　　7.1 模糊神经网络控制 ……………………………………………… 153
　　7.2 专家模糊控制系统 ……………………………………………… 155
　　7.3 基于神经网络的自适应控制 …………………………………… 160
　　7.4 自学习模糊神经控制系统 ……………………………………… 165
第 8 章 智能控制的优化算法 ……………………………………………… 169
　　8.1 基于遗传算法的智能控制 ……………………………………… 169
　　8.2 基于集群智能的智能控制 ……………………………………… 175
第 9 章 智能控制的应用实例 ……………………………………………… 201
　　9.1 机器人智能控制系统 …………………………………………… 201
　　9.2 递阶智能控制在汽车自主驾驶系统中的应用 ………………… 215
　　9.3 地铁机车的模糊控制 …………………………………………… 219
　　9.4 基于模糊控制的自动泊车控制系统 …………………………… 224
　　9.5 汽车故障诊断专家系统 ………………………………………… 232
　　9.6 基于模糊神经网络控制的汽车主动悬架系统 ………………… 235
参考文献 ……………………………………………………………………… 238

第1章 智能控制综述

随着被控对象的复杂化,越来越难以用精确的数学模型来描述高度的非线性、强噪声干扰、复杂的信息结构、分散的传感元件与执行元件、分层和分散的决策机构以及动态突变性等。另外,控制过程中的诸多不确定性也难以应用精确的数学模型来描述。面对这些复杂对象的控制问题,人们开创性地将人工智能应用到了控制理论之中,发展出了智能控制理论。该理论是对计算机科学、人工智能、知识工程、模式识别、系统论、信息论、控制论、模糊集合论、人工神经网络、进化论等诸多科学技术与方法的高度集成,对于解决复杂系统的控制问题具有十分重要意义,是控制理论发展的重要方向之一。

1.1 智能控制问题的提出及产生

1.1.1 智能控制问题的提出

自从 1932 年奈奎斯特(H. Nyquist)发表反馈放大器的稳定性论文以来,控制理论学科的发展已走过 80 多年的历程,其中 20 世纪 40 年代中到 50 年代末是经典控制理论的成熟和发展阶段,20 世纪 60 年代到 70 年代是现代控制理论的形成和发展阶段。50 年代末,经典控制理论已经成熟。进入 60 年代以后,由于数字计算机技术的发展为解决复杂多维系统的控制提供了技术支撑,因此在此期间,以庞特里亚金(Pontryagin)的极大值原理、贝尔曼(Bellman)的动态规划、卡尔曼(Kalman)的线性滤波和估计理论为基石的现代控制理论得到了迅速发展,并形成了以最优控制(二次型最优控制、H^{∞} 控制等)、系统辨识和最优估计、自适应控制等为代表的现代控制理论分析和设计方法。系统分析的对象已转向多输入-多输出线性控制系统。现代控制理论的数学模型主要是状态空间描述法。随着要研究的对象和系统越来越复杂,如智能机器人系统、复杂生物化学过程控制等,仅仅借助于

数学模型描述和分析的传统控制理论已难以解决复杂系统的控制问题,尤其是在具有如下特点的一类现代控制工程中:

(1)不确定性系统。传统的控制理论都是基于数学模型的控制,这里的模型包括控制对象和干扰模型。传统控制通常认为模型是已知的或经过辨识可以得到的,对于不确定性系统,传统控制虽然也有诸如自适应控制和鲁棒控制等,但一般仅限于系统参数在一定范围内缓慢变化的情况,其优化控制的范围是很有限的。

(2)高度非线性系统。传统的控制理论主要是面向线性系统,其对于具有高度非线性的控制对象,虽然也有一些非线性控制方法可供使用,但总的来说,非线性控制理论还很不成熟,有些方法又过于复杂,无法得以广泛的应用。

(3)复杂任务的控制要求。现代复杂系统要以各种形式(视觉、听觉等)将周围环境信息作为系统的输入信息,对这些信息的处理和融合,依靠传统控制理论的方法已难以奏效,尤其是对于复杂的控制任务,诸如复杂工业过程控制系统、计算机集成制造系统(CIMS)、航天航空控制系统、社会经济管理系统、环保及能源系统等,传统的控制理论都无能为力。

1.1.2 智能控制的产生

随着控制理论及其相关应用领域的变革,控制对象日趋复杂化,控制目标日趋精准化,传统的数学工具与分析方法逐渐显得力不从心。大量的事实证明,传统的控制理论与方法无法解决被控对象复杂、控制环境多变,而且控制任务繁重的控制系统的控制问题。究其原因,主要包括如下几个方面:

(1)传统的控制理论都是建立在精确的数学模型之上的。在建立精确数学模型过程中,往往进行了一定的简化,导致了某些信息的丢失。在高新科技的推动下,很多复杂系统已经无法使用数学语言来设计和分析,必须用工程技术语言来描述,故而寻求新的描述方法成为一种必然选择。

(2)在应对控制对象的复杂性以及不确定性方面,现代控制理论虽然也具备一定的能力,但这种能力十分有限。例如,自适应控制适合于系统参数在一定范围内的慢变化情况,鲁棒(Robust)控制区域是很有限的。然而对于实际的工业过程控制,其数学模型往往具有十分显著的不确定性,而被控对象也往往具有非常严重的非线性,同时系统的工作点也往往存在着剧烈的变化。利用自适应和鲁棒控制处理这些复杂的控制问题时,往往存在难以弥补的缺陷,故而寻求新的控制技术和方法就成为了人们的必然选择。

(3)现代复杂系统往往集视觉、听觉、触觉、接近觉等为一体,即将周围环境的图形、文字、声音等信息作为直接输入,并将这些信息融合,进而完成分析和推理。这就要求现代控制系统必须能够适应周围环境和条件的变化,并且相应地做出合适的判断、决策以及行动。面对这些新要求,传统控制理论和方法基本上无能为力,必须采用具有自适应、自学习和自组织功能的新型控制系统,故而研究开发新一代的控制理论和技术是唯一的途径。

人们从改造大自然的过程中,认识到人类具有很强的学习和适应周围环境的能力。人类的直觉和经验具有十分强大的能动性,大量的事实表明,利用人类的直觉和经验往往可以很好地操作一些复杂的系统,并且得到的结果也比较理想。基于此,控制科学家们研究并发展了一种仿人的控制论,智能控制正是由此而萌芽的。当然,仅仅通过模仿人类的直觉和经验完成对复杂系统控制的方法具有一定的局限性,要想对更多、更复杂的系统进行控制,智能控制还必须具备模拟人类思维和方法的能力。

通过上述关于智能控制产生背景的讨论可知,智能控制主要是人们为了更好地解决对复杂控制系统的控制问题而研究并发展起来的,它可以被视作为自动控制的"升级版"。如图 1-1 所示,给出了控制科学的发展过程框架图。

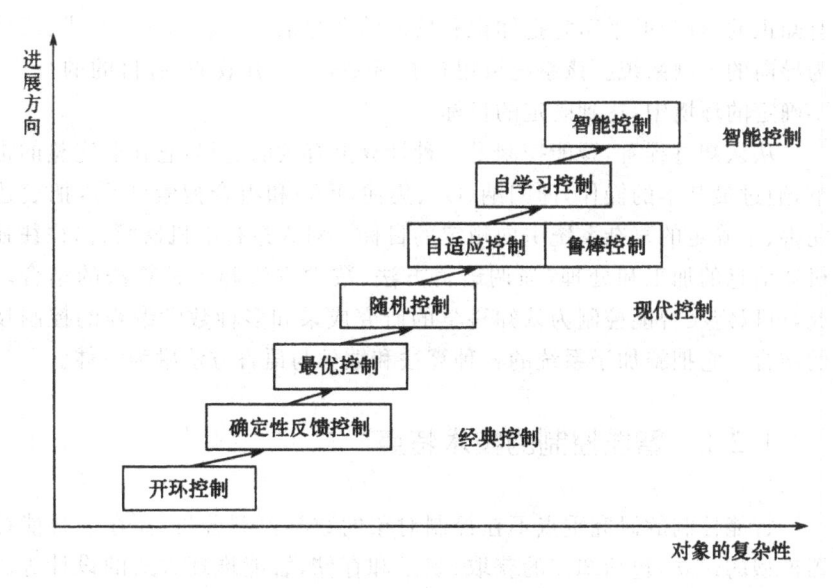

图 1-1 控制科学的发展过程

1.2 智能控制的概念和技术特点

1.2.1 智能控制的定义

智能控制是一门新兴学科,从"智能控制"这个术语于1967年由利昂兹等人提出后,现在还没有统一的定义。IEEE控制系统协会将其总结为"智能控制必须具有模拟人类学习(Learning)和自适应(Adaptation)的能力"。从控制工程的角度来看,智能控制有其特定的含义,需要有比较确切的定义。

像智能的定义一样,智能控制也可以用不同的观点,做出多种定义。

定性地说,智能控制系统应具有仿人的功能(学习、推理);能适应不断变化的环境;能处理多种信息以减少不确定性;能以安全和可靠的方式进行规划、产生和执行控制的动作,获取系统总体上最优或次优的性能指标。

相应地,从系统一般行为特性出发,J.S Albus(1986)提出,智能控制是有知识的"行为舵手",它把知识和反馈结合起来,形成感知-交互式、以目标为导向的控制系统。该系统可以进行规划,产生有效的、有目的的行为,在不确定的环境中,达到既定的目标。

从认知过程看,智能控制是一种计算上有效的过程,它在非完整的指标下,通过最基本的操作,即归纳(G)、集注(FA)和组合搜索(CS),把表达不完善、不确定的复杂系统引向规定的目标。对人造智能机器而言,往往强调机器信息的加工和处理,强调语言方法、数学方法和多种算法的结合。因此,可以定义智能控制为认知科学的研究成果和多种数学编程的控制技术的结合。它把施加于系统的各种算法和数学与语言方法融为一体。

1.2.2 智能控制的技术特点

智能控制的研究重点不在控制对象的数学模型分析,而在于智能控制器模型的建立,包括知识的获取、表示和存储,智能推理方式的设计等。其控制对象和控制性能也与传统控制有很大不同。

(1)无须建立被控对象的数学模型,特别适合非线性对象、时变对象、复杂不确定的控制对象。这些对象正好是传统控制方法难以取得好的自动控制效果的对象。

(2) 具有分层递阶的控制组织结构。由于智能控制系统输入信息多,所以模仿了人类智能结构特点,有分层信息处理和决策机构,层次间还有协调。组织结构体现了"智能递增,精度递减"的原理,便于处理大量的信息和存储的知识,并进行推理。

(3) 控制效果具有自适应能力、鲁棒性好。智能控制系统不依赖于对象模型,所以根据输入输出变化可以自适应调整控制策略。同时,由于智能的非定量粗略描述性,智能控制系统更能容忍噪声干扰。

(4) 具有学习能力,控制能力可以不断增强。智能控制需要借助已有知识,而知识是可以不断学习丰富的。所以智能控制系统具有不断学习、改进控制性能的能力。

1.3 智能控制的几个重要分支

1.3.1 模糊控制

以往的各种传统控制方法均是建立在被控对象精确数学模型的基础上,然而,随着系统复杂程度的提高,将难以建立系统的精确数学模型。

在工程实践中,人们发现,一个复杂的控制系统可由一个操作人员凭着丰富的实践经验得到满意的控制效果。这说明,如果通过模拟人脑的思维方法设计控制器,可实现复杂系统的控制,由此产生了模糊控制。

1.3.2 神经网络控制

将神经网络引入控制领域就形成了神经网络控制。神经网络控制是从机理上对人脑生理系统进行简单结构模拟的一种新兴智能控制方法。神经网络具有并行机制、模式识别、记忆和自学习能力的特点,它能充分逼近任意复杂的非线性系统,能够学习与适应不确定系统的动态特性,有很强的鲁棒性和容错性。神经网络控制在控制领域有着广泛的应用。

1.3.3 智能优化算法

随着优化理论的发展,一些新的智能优化算法得到了迅速发展和广泛应用,成为解决控制系统优化问题的新方法,如遗传算法、蚁群算法、粒子群算法、差分进化算法等,这些算法丰富了控制系统的设计。这些优化算法都是通过模拟揭示自然现象和过程来实现的,其优点及其机制独特,为非线性控制系统设计问题提供了切实可行的解决方案。

智能优化算法可用于控制系统的优化中,在智能控制领域有广泛的应用。

1.4 智能控制技术的实现

1.4.1 计算机控制技术

智能控制技术在实际工程控制系统中得以广泛应用,离不开计算机控制技术。智能控制技术实现的核心是计算机的软件算法。

智能控制是以人工智能、控制论为理论基础,并建立了自己的理论体系,但是其技术实现主要靠计算机软件编程来进行智能控制。少量固定算法、追求快速实时的应用中将软件算法采用一些逻辑硬件来实现,但是绝大多数是直接利用计算机编程来实现的。既能实现复杂的逻辑算法,又可以在控制中进行调整、改进算法或应用于各种控制对象,具有灵活性。智能控制系统的典型结构也是一个计算机控制系统的典型结构。其中,智能控制器部分就是按照智能控制算法编写的计算机软件。

无论是模糊控制系统的模糊化、去模糊化、模糊推理、神经网络控制中的神经网络结构设计和网络连接权值的学习或者遗传算法的优化,虽然在理论上有时显得复杂、深奥,使使用者感觉难以掌握,但在进行应用设计时,计算机辅助下的设计实现是比较容易的。各种已相对成熟的智能控制技术,均已有成熟的算法实现,而且可以直接编程调用。可以说,在理解智能控制理论基础上,借助于计算机辅助是很容易实现智能控制系统的设计的,从而在工程实践中应用智能控制技术。

1.4.2 智能控制系统设计

智能控制系统设计离不开计算机辅助。在学习和实验研究阶段,美国MathWorks公司的通用技术计算语言软件MATLAB就是很好的智能控制技术应用辅助软件和仿真实验平台。在实际工程应用阶段,一般通过高级语言编程来编程实现,各大公司的控制设备系统往往还带有自己的设计平台,但是其控制算法、辅助设计方式、仿真实验与 MATLAB 下的设计与实验本质上原理是一致的。通过 MATLAB 下的设计和仿真实验学习后,很容易过渡到掌握使用专用设计软件或使用高级语言来设计实际智能控制系统。

MATLAB 有模糊逻辑、神经网络、遗传算法等多个专用智能控制技术工具箱,包含了大量的相关函数,使用者可以直接调用,也可以进行二次开发,或者编写增加自己的函数。而且 MATLAB 针对智能控制技术应用设计有图形化用户界面,使用更方便。

在图形化用户界面中,用户通过简单的参数设置就可以实现模糊控制系统的设计,并图形化显示所设计系统的效果,包括输入输出关系、模糊推理的各规则推理细节等,便于根据设计效果进行修改。图 1-2 是一个水箱水位控制模糊控制器的输入输出关系曲面。

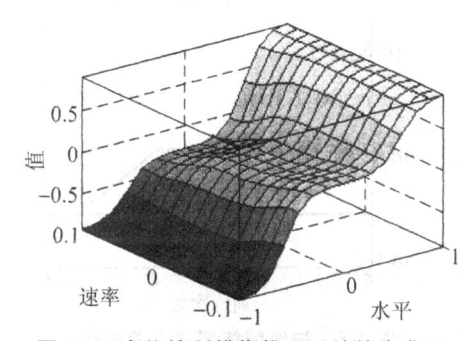

图 1-2　水位控制模糊推理系统输出曲面

图 1-3 是 MATLAB 设计的一个单层神经网络的向量模型。

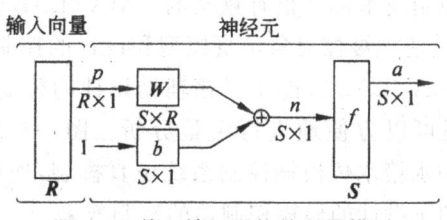

图 1-3　单层神经网络的向量模型

图 1-4 是 MATLAB 神经网络工具箱的神经网络训练函数 trainlm 对某个设计的神经网络进行训练学习的结果曲线,其中"·"表示神经网络的输出结果,＋表示函数的实际值。

图 1-4 神经网络逼近结果

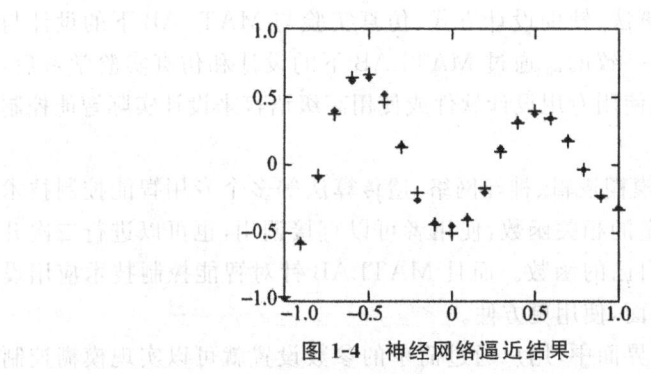

图 1-5 显示了训练学习中的网络性能改进过程,经过 6 次迭代学习,误差下降最后收敛。

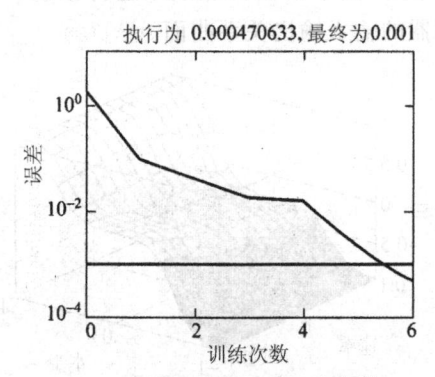

图 1-5 神经网络调试误差曲线

为了有效进行智能控制系统设计和调试,控制系统仿真实验对于系统设计和学习智能控制技术都是很有意义的。MATLAB 带有仿真实验平台 Simulink,可以通过建立被控对象仿真模型和设计的控制器进行仿真实验,也可以直接调用 MATLAB 智能工具箱辅助设计的智能控制器,并图形化显示实验结果,还可以方便地进行定量分析。图 1-6 是在 MATLAB 的 Simulink 中建立的水箱水位模糊控制系统仿真模型,通过模型的运行进行仿真实验可以看到所设计的模糊控制器的控制效果。

在智能控制理论学习的基础上,结合 MATLAB 软件平台进行动手设计和实验,可以使智能控制技术的学习理论与实践相结合。利用 MAT-LAB 进行智能控制系统设计和仿真实验比较容易掌握。通过这部分内容的讲解,将更好地帮助理解智能控制理论,并掌握智能控制技术的实现,从而进一步在工程实践中分析、设计智能控制系统,将智能控制技术应用于自动控制实践。

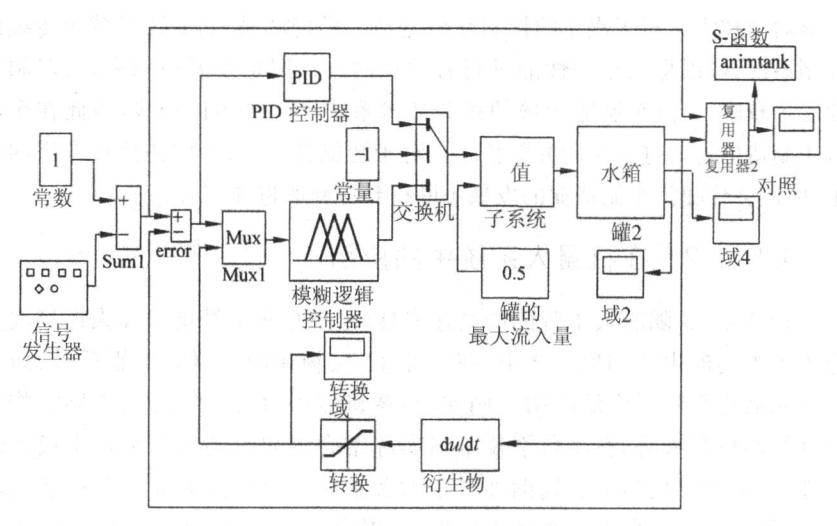

图 1-6　水箱水位模糊控制系统仿真模型

1.5　智能控制的应用现状及发展趋势

1.5.1　智能控制的应用现状

1.5.1.1　在智能汽车领域应用

在控制系统的应用中,汽车使用控制系统技术已经变得十分成熟。在取得控制系统中,由于汽车本身受到很多外界不确定性因素的影响,本身的动态特性会在汽车运行的过程中发生较大的变化,甚至出现失稳状态导致失去控制。汽车复杂而又多自由度的系统要求有更加先进可靠的控制系统。

由于智能控制系统在控制方面较传统的控制系统有较多的优势,因此在汽车制造领域得到认可和重视。同时被广泛地应用在汽车的制造领域中。汽车在制造的过程中会使用很多系统,通常将这些系统进行划分,四个大系统的划分主要有:悬架控制系统、动力传统系统、转向和制动控制系统。这四大系统共同构成了汽车复杂的系统群。

汽车的生产制造过程就是技术不断更新进步的过程。先进的技术会代替落后的技术。对于汽车的控制系统也是一样,智能控制系统优越于传统的控制系统,可以将汽车的性能进行有效控制。我国是发展中国家,汽车制造业起步较晚,在汽车制造领域的相关技术系统了解的还比较浅,因此在今后汽车制造中还要进一步研究新技术。对于智能控制,由于它是比较先进的技术,因此会伴随汽车制造业的发展不断得到更新改进和完善。

1.5.1.2 在机器人系统中的应用

近些年来,随着人工智能的高速发展,形形色色的智能机器人已经逐步走入了人类的生产和生活之中,在工业生产、物流配送、体育、娱乐、家居及医疗领域也得到了广泛应用。例如,足球机器人、舞蹈机器人、机器宠物和家庭智能机器人等,在将科学技术与实际结合的同时还给人类带来极大的乐趣;智能医疗机器人在辅助外科手术及远程医疗服务方面已获得成功的应用;微型智能机器人在精密机械加工、现代光学仪器、现代生物工程、医学和医疗等应用中将有广阔的应用前景。总之,有关智能机器人的应用数不胜数。在机器人系统中,智能控制的应用不言而喻。

1.5.1.3 在现代制造系统中的应用

制造系统的控制主要分为系统控制和故障诊断两大类。就系统控制而言,一方面,以专家系统的"Then-If"逆向推理功能为核心构建反馈机构,进而可以实现对控制机构或者选择较好的模式或参数的修改;另一方面,综合应用模糊集合(关系)的鲁棒性,以集成融合的技术手段,在闭环控制外环的决策选取机构中加入模糊信息,进而可以实现对控制动作的选择。就故障诊断而言,依托人工神经网络强大的信息处理功能和学习功能,可以实现对系统故障的诊断,例如诊断CNC的机械故障等。现代制造系统向智能化发展的趋势,是智能制造的要求。

1.5.1.4 在CIMS和CIPS中的应用

随着科技与社会的不断发展,工业生产的规模日益大型化,工业生产过程日益复杂化,对计算机系统提出了更高的要求。一方面,计算机不仅要完成面向过程的控制任务,而且还要具有将控制系统优化升级的功能。另一方面,计算机需要将全部生产过程的信息尽可能多地收集起来,并且进行有效的综合与优化,从而更好地服务于生产、调度、管理、经营等。要满足这些要求,传统的计算机系统就有点力不从心了,必须引入人工智能,即实现智能控制。能实现这些功能的系统有许多不同的名称,如全厂监督与控制系统、工厂综合自动化系统、计算机集成制造系统 CIMS 和计算机集成过程控制系统 CIPS 等计算机集成制造系统和过程控制系统的五级递阶结构如图 1-7 和图 1-8 所示。

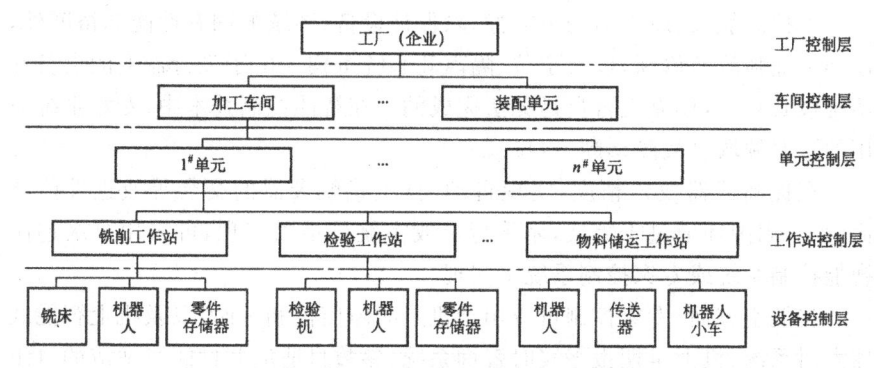

图 1-7　计算机集成制造系统的五级递阶结构

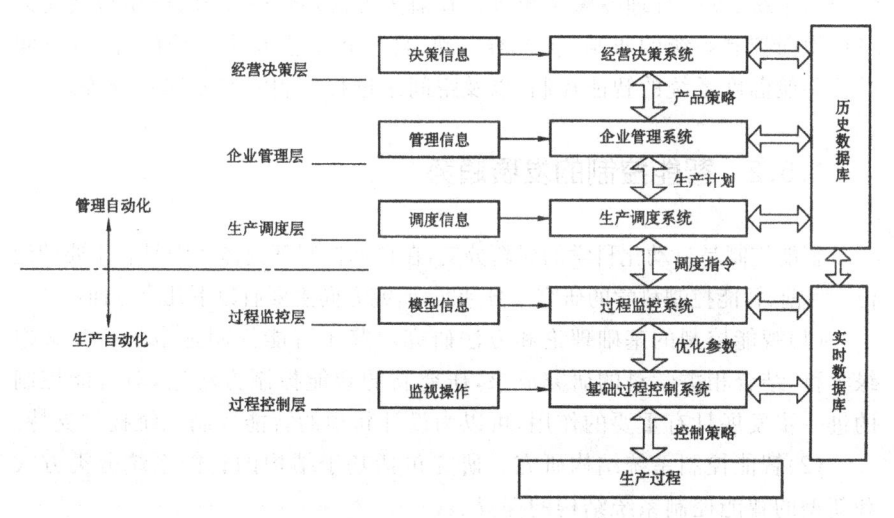

图 1-8　计算机集成过程控制系统的五级递阶结构

CIMS 是一种综合自动化系统，它有效地将企业的生产、经营、管理、决策与计算机控制集成起来，几乎将企业的生产经营过程囊括其中，实现了企业生产、经营、管理和决策的一体化运营。由此看来，信息集成是 CIMS 系统的核心功能。换句话说，CIMS 系统的中心任务就是实时地将信息收集起来，并在合适的时间、合适的地方将有用的信息以正确的格式提交给有需求的用户。实践表明，CIMS 系统极其复杂，而且建设起来耗资巨大，设计 CIMS 系统的首要任务便是分析其系统结构和突破其关键技术。而智能控制的有关技术正是 CIMS 实现的核心技术，如智能信息处理、智能管理、智能检测技术等。

1.5.1.5　在航天航空控制系统中的应用

为提高航天、航空器的可靠性,除保证设备、系统的固有性能和裕度外,还必须加强故障诊断,以及定位、隔离和系统重构。由于飞行器上的设备和系统极其复杂,单靠飞行员是无法完成的。在智能控制技术中,专家系统应用的主要领域是故障诊断、定位。

在提高武器发射精度,实现自动、自主式航天器的交会等改进性能方面,由于周围环境过于复杂,靠飞行员或宇航员难以实现,可采用分级递阶智能控制系统或专家控制系统来实现。

在航空方面,专家控制可应用于机上故障监控和诊断,以及机上智能武器发射系统、机上早期报警实时咨询系统、参数自适应和性能自适应的自组织控制系统、飞行管理专家系统等。在航天方面,智能控制的应用包括航天飞机地面控制系统的研制,航天器自动、自主式交会专家系统的开发,空间站公共舱温度系统的智能控制,以及空间站过程控制实时专家系统等。

1.5.2　智能控制的发展趋势

智能控制是自动化科学的崭新分支,在自动控制理论体系中具有重要的地位。目前,智能控制科学的研究十分活跃,研究方向主要有以下几个方面:

(1)智能控制的基础理论和方法研究。鉴于智能控制是多学科交叉边缘学科,结合相关学科的研究成果,研究新的智能控制方法论,对智能控制的进一步发展具有重要的作用,可以为设计新型的智能控制系统提供支持。

(2)智能控制系统结构研究。研究包括基于结构的智能系统分类方式和新型的智能控制系统结构的探寻。

(3)智能控制系统的性能分析。分析包括不同类型智能控制系统的稳定性、鲁棒性和可控性分析等。

(4)高性能智能控制器的设计。近年来,由于人工生命研究不断深入,进化算法、免疫算法等高性能优化方法开始涉及控制器的设计中,推动了高性能智能控制器的研究。

(5)智能控制与其他控制方法结合的研究。包括模糊神经网络控制、模糊专家控制、神经网络学习控制、模糊 PID 控制、神经网络鲁棒控制、神经网络自适应控制等,成为智能控制理论及应用的热点方向之一。

第 2 章 智能控制系统的结构与仿真

目前,已经提出了很多种类的智能和智能控制系统的结构,但真正实现的还为数不多。智能控制系统设计离不开计算机辅助,通用技术计算语言软件 MATLAB 就是很好的智能控制技术应用辅助软件和仿真实验平台。随题目性质的不同,对仿真程序要求也不同,一般的要求是计算速度快、精度高、使用方便、通用性强等。例如,对于实时仿真,计算速度是主要的。为了满足速度要求,就得选用简单的算法或加大计算步距,这自然就降低了仿真精度。而对于非实时仿真,精度是主要的,而速度慢一点则无所谓,因此,为了满足精度要求,就得选用稍复杂一点的算法或减小计算步距。随着计算机的快速发展,这一矛盾已经得到了有效的解决。

2.1 智能控制系统的基本结构

如图 2-1 所示,给出了智能系统的一般结构示意图。

通过图 2-1 可以看出,智能系统一般由六个部分组成,即执行器、感知处理器、环境模型、判值部件、传感器和行为发生器。图中,箭头表示了它们之间的关系。一般地,机器执行器有电机、定位器、阀门、线圈以及变速器等,自然执行器就是人类的四肢、肌肉和腺体;自然传感器就是身、眼、口、鼻等器官,人工传感器有红外检测器、摄像机、各种电信号检测仪、机械力学检测器等;感知处理器也叫感知信息处理器,它将传感器观测到的信号与内部的环境模型产生的期望值进行比较,还包括语音识别以及语言和音乐的解释,它可以与环境模型和判值系统进行交互,把值赋给认识到的实体、事件和状态;环境模型是智能系统对环境状态的最佳估计,该模型包括有关环境的知识库、存储与检索信息的数据库及其管理系统等;判值部件决定好与坏、奖与罚、重要与平凡、确定与不确定。由判值部件构成的判值系统,估计环境的观测状态和假设规划的预期结果;行为发生器负责产生行为,它选择目标、规划和执行任务。

在一般情况下,智能系统结构具有递阶形式。如图 2-2 所示,给出了系

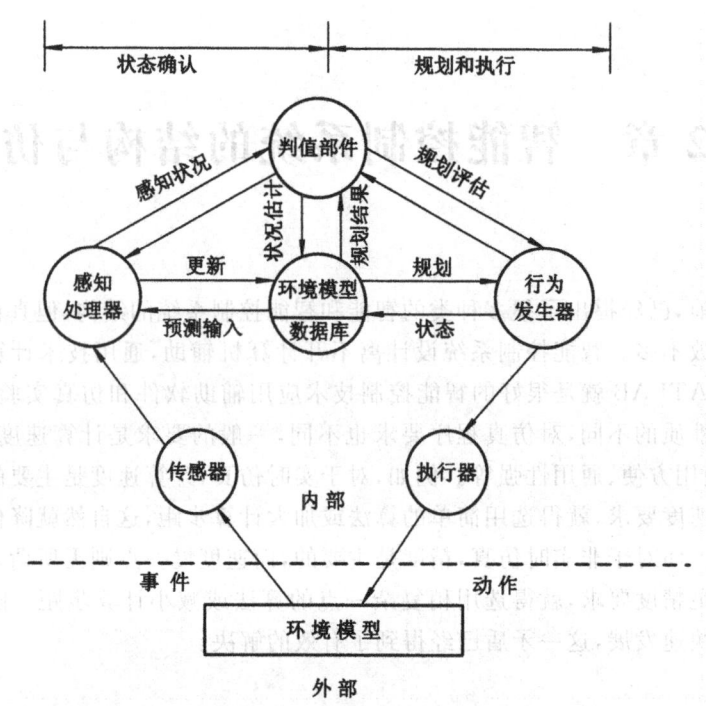

图 2-1 智能系统的一般结构

统结构的重复和分布关系。它是一个具有逻辑和时间性质的递阶结构。图 2-2 的左边是组织递阶结构,此处计算结点按层次排列,犹如军队组织中的指挥所。组织递阶层的每一结点包含四种类型的计算模块:行为发生(Behavior Genration,BG)、环境模型(Environment Model,WM)、感知信息处理(Berceptual Information System Processing,SP)和判值模块(Judgement Value,VJ)。组织递阶层次中的每一个指挥环节(结点),从传感器和执行器到控制的最高层,可以由图中间的计算递阶层来表示。在每一层,结点以及结点内的计算模块由通信系统紧密地互相连接,每一结点内通信系统提供了图 2-2 所示的模块间通信。查询与任务状况的检查由 BG 模块到 WM 模块进行通信;信息检索由 WM 模块返回 BG 模块进行通信;预测的传感数据从 WM 模块送到 SP 模块;环境模型的更新从 SP 到 WM 模块进行;观测到的实体、事件和情况由 SP 送给 VJ。这些实体、事件和情况构成环境模型,要赋以一定的值,它由 VJ 送到 WM 模块;假设的规划由 BG 传至 VJ;估计由 VJ 返回到假设规划的 BG 模块。

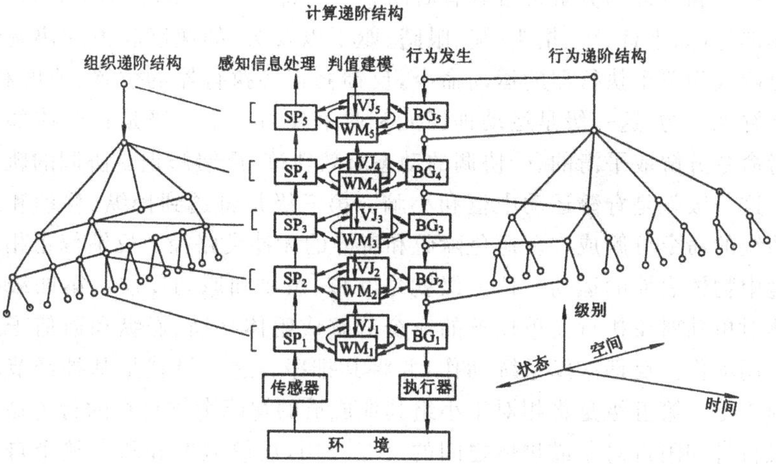

图 2-2 递阶智能系统结构

通信也在不同级别的结点间进行。命令由上级监控 BG 模块向下传送到下级从属的 BG 模块。状态报告通过环境模型向上由较低级的 BG 模块传回到发命令的高一级监控 BG 模块。在某一级上由 SP 所观测到的实体、事件和状况向上送到高一级的 SP 模块。存储在较高级 WM 模块的实体、事件和状况的属性，向下送到较低级上的 WM 模块。最低级 BG 模块的输出传送到执行器驱动机构。输入到最低级的 SP 模块的信号是由传感器提供的。

通信系统可按各种不同的方法来实现。在人工系统中，通信功能的物理实现可以是计算机总线、局部网络、共享存储器、报文传输系统或几种方法的组合。输入到每一级上的每一个 BG 模块的命令串，通过状态空间产生一个时间函数的轨迹。所有命令串的集合，建立了一个行为的递阶层。执行器的输出轨迹相应于可观测的输出行为，在行为的递阶层中所有其他轨迹构成了行为的纵深结构。

智能系统，尤其是人类活动这种高级的智能系统，其过程是非常复杂的。不仅总系统呈递阶结构，BG、WM、SP 和 VJ 以及传感器、执行器，它们本身也还存在着许多子结点或子系统。图 2-2 所示的递阶结构，其中每一个结点都可以与智能行为发生过程中机体的不同部位相对应。

以行为发生（BG）的递阶层为例，它的功能是将任务命令分解成子任务命令。其输入是由上一级 BG 来的命令和优先级信号，加上由附近 VJ 来的估值，以及由 WM 来的有关外界过去、现在和将来的信息所组成的。BG 的输出则是送到下一级 BG 的子任务命令和送到 WM 的状态报告，以及关于外界现在和将来"什么"和"倘使……怎么样"的查询。

任务和目标的分解常常具有时间和空间特性。例如,在 BG 的第一级,躯体部件(如手臂、手、指头、腿、眼睛、躯干以及头)的速度和力的协调命令被分解成为单个执行器的运动命令,反馈修正各执行器的位置、速度和力。对于脊椎动物,这一级是运动神经元和收缩反射。第二级是将躯体部件的调遣命令分解成平滑的、受协调的动态有效轨迹,反馈修正受协调的轨迹运动。这一级就是脊髓运动中枢和小脑。第三级是将送到操纵、移动和通信子系统的命令分解成许多避免障碍和奇异的无冲突路径。反馈修正相对于环境中物体表面的运动。这一级就是红核、黑质和原动皮层。第四级是将个体对单独对象执行简单任务的命令分解成躯体移动、操纵和通信子系统的协调动作。反馈激发系统动作,并将其排序。这一级就是基神经节和动额前皮层。第五级是将相对于小组其他成员的智能个体自身的行为命令分解成自身和附近对象或物体之间的交互作用,反馈激发和驾驭整个自身任务的活动。行为发生的第五级和第五级以上都假想为处于暂态的额前和皮质缘区域。第六和第七级涉及组间与更长时间范围的活动,这里不再细述。

总之,以上是对智能系统一种抽象和概念性的描述,从总体上说明智能系统(包括低级动物和人类)活动的内在机理。由于实际存在的智能系统往往十分复杂,人们至今对它还缺乏深入了解,未能掌握其规律和实质,所以图 2-2 所示的智能结构也只是一种猜想和较合理的解释,更精确的模型有待于更深入的研究。

2.2 智能控制系统的分类

分类学与科学学研究科学技术学科的分类问题,本是十分严谨的学问,但对于一些新学科却很难确切地对其进行分类或归类。例如,至今多数学者把人工智能看作计算机科学的一个分支,但从科学长远发展的角度看,人工智能可能要归类于智能科学的一个分支。智能控制也尚无统一的分类方法,目前主要按其作用原理进行分类。

2.2.1 分级递阶智能控制系统

分级递阶智能控制是从工程控制论角度,总结人工智能、自适应、自学习和自组织的关系后逐渐形成的。分级递阶智能控制可以分为基于知识/解析混合多层智能控制理论和基于精度随智能提高而降低的分级递阶智能控制理论两类。前者由意大利学者 A. Villa 提出,可用于解决复杂离散时间系统的控制设计；后者由萨里迪斯于1977年提出，它由组织级、协调级和执行级组成，如图2-3所示，各级的主要功能如下：

(1) 执行级。执行级一般需要被控对象的准确模型，以实现具有一定精度要求的控制任务，因此多采用常规控制器实现。

(2) 协调级。协调级是高层和低层控制级之间的转换接口，主要解决执行级控制模态或控制模态参数自校正。它不需要精确的模型，但需要具备学习功能，并能接受上一级的模糊指令和符号语言。该级通常采用人工智能和运筹学的方法实现。

(3) 组织级。组织级在整个系统中起主导作用，涉及知识的表示与处理，主要应用人工智能方法。在分级递阶结构中，下一级可以看成上一级的广义被控对象，而上一级可以看成下一级的智能控制器，如协调级既可以看成组织级的广义被控对象，又可以看成执行级的智能控制器。

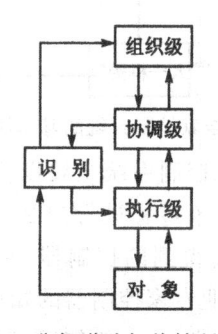

图 2-3　分级递阶智能控制结构

萨里迪斯定义了"熵"作为整个控制系统的性能度量，并对每一级定义了熵的计算方法，证明在执行级的最优控制等价于使用某种熵最小的方法。这种分层递阶结构的特点是：对控制而言，自上而下控制的精度越来越高；对识别而言，自下而上信息的反馈越来越粗糙，相应的智能程度也越来越高，即所谓的"控制精度递增伴随智能递减"。

2.2.2　专家控制系统

专家控制系统是将人工智能与自动控制相结合进而开发出的一种智能控制系统，它以知识工程为基础，应用专家系统的有关技术与方法，模拟人类专家的系统控制经验与知识，进而实现对被控对象的控制。一般地，专家控制系统必须具备三大功能：首先，专家控制系统必须具有全面的专家系统结构；其次，专家控制系统必须具有完善的知识处理功能；最后，专家控制系统还必须具有实时控制的可靠性能。就目前的发展状况来看，专家控制系统大多采用黑板结构,配备有庞大的知识库,同时还具有复杂的推理机制。从系统结构上看,一个完整的专家控制系统由两个子系统组成,一个是知识获取子系统,另一个是学习子系统。由于这类系统既要向人类被动获取知识又要主动向人类学习知识,所以对人-机接口具有比较高的要求。如图 2-4所示,给出了专家控制系统的基本原理示意图。

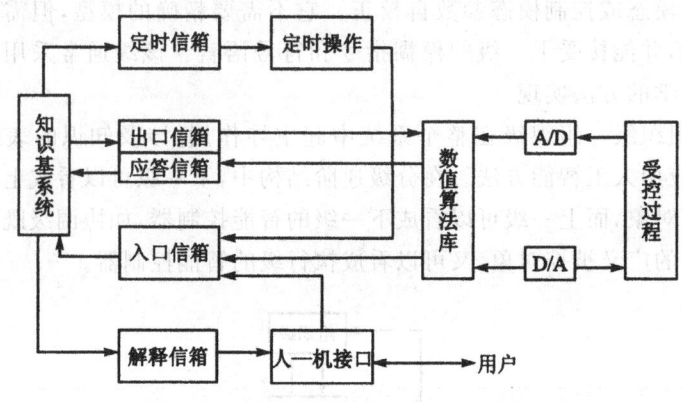

图 2-4 专家控制系统的基本原理示意图

具体工业应用中的专家控制系统主要以工业专家控制器的形式存在,它主要针对具体的被控制对象过程进行控制。从结构上看,工业专家控制器是将专家控制系统简化而得到的控制器,它具有实时算法和逻辑功能。综合近些年的发展概况,工业专家控制器的知识库设计的较小,推理机制也相对简单,通常不需要人-机接口,一般侧重于启发式控制知识的开发。就应用现状来看,工业专家控制器凭借其结构简单、成本低廉、易于维护且能满足绝大多数的工业控制要求而获得了社会的高度认可,应用十分广泛。

2.2.3 模糊控制系统

以人的经验和决策行为为基础,控制科学家们不仅研发出了专家控制系统,而且还采用模糊集合理论开发出了模糊控制系统。在这里,我们通过如下两个方面来简述模糊控制系统的有效性:

(1)模糊控制能够提供一种新机理,这种机理可以实现基于规则(或者称作基于知识)的控制规律,这种控制规律有的可以用语言来描述,有的则难以用语言描述。

(2)模糊控制能够提供全新的控制方法,用以替代改进非线性控制器。一般地,对于一些具有显著的不确定性和传统非线性控制理论难以控制的系统,常常需要利用改进非线性控制器来实现对其的控制,但是改进非线性控制器仍然具有很多的不足之处，模糊控制不仅可以很好地弥补这些不足，而且可以获得更好的控制效果。

如图 2-5 所示，给出了模糊控制器的一般结构示意图。通过图 2-5 可以看出，模糊控制器主要由 4 个功能模块组成，分别是模糊化、规则库、模糊推理和逆模糊化。

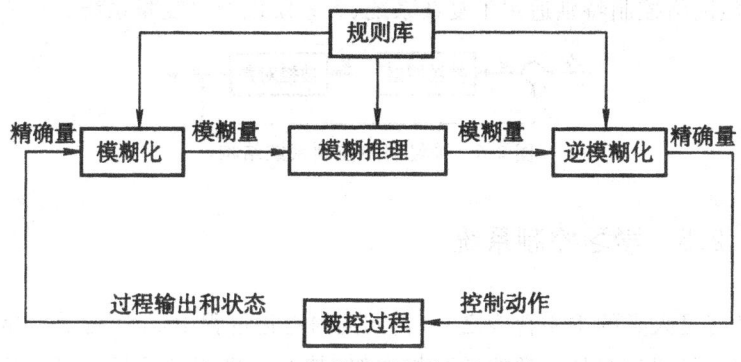

图 2-5　模糊控制器的一般结构

随着智能控制的发展，模糊逻辑理论和神经网络建模方法逐渐引入社会经济管理系统，并得到广泛的应用，使得基于传统控制理论的经济控制论得以发挥更重要的作用。

2.2.4　人工神经网络控制系统

人工神经网络采用仿生学的观点与方法研究人脑和智能系统中的高级信息处理。由很多人工神经元按照并行结构经过可调的连接权构成的人工神经网络具有某些智能和仿人控制功能。典型的神经网络结构包含多层前馈神经网络、径向基函数网络、Hopfield 网络等。

人工神经网络具有可以逼近任意非线性函数的能力，因此既可以用来建立非线性系统的动态模型也可以用于构建控制器。神经网络控制系统结构如图 2-6 所示，其工作原理是：若图中输入输出满足关系 $y=g(u)$，那么寻找合适的控制量 u，使得 $y=y_d$ 就成了最主要的设计目标，其中，y 为系统输出，而 y_d 为期望值。故而，系统控制量由公式 $u_d=g^{-1}(y_d)$ 决定。如果函数 $g(u)$ 是一个简单函数，那么 u_d 很容易求得。然而函数 $g(u)$ 的具体形式通常都是未知的，即使有时候已知，也难以进一步求出其反函数 $g^{-1}(u)$，而传统控制的局限性正在于此。研究表明，神经网络具有很强的自学习能力，如果用其来模拟函数 $g(u)$ 的反函数 $g^{-1}(u)$，那么不管原函数 $g(u)$ 是不是已知的，要找到神经网络输出 u_d 总是可以的，而这里的 u_d 完全可以作为被控对象的控制量。在具体应用中,神经网络的学习一般由被控对象的实际输出与期望值输出之间的误差来控制,人们通过适当地调整神经网络加权系数,逐步实现 $e=y_d-y=0$。

神经网络的特点是:有很强的鲁棒性和容错性、采用并行分布处理方法,可学习和适应不确定系统、能同时处理定量和定性知识。从控制角度看,神经网络控制特别适用于复杂系统、大系统以及多变量系统。

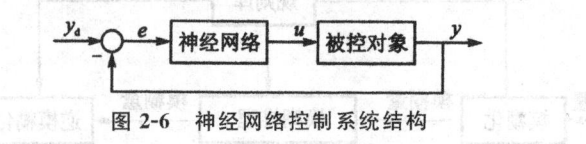

图 2-6 神经网络控制系统结构

2.2.5 学习控制系统

学习是人类的主要智能之一,在人类的进化过程中,学习起着非常重要的作用。机器学习与人类的学习相类似,其内在机理是反复地将各种信号输入系统,并对系统进行调试或校正,使得系统能够针对不同的输入信号做出指定的响应。一般地,学习控制系统的内在机理能够通过以下几个方面来概括:

(1)反复比较动态控制系统的输入与输出,努力找出二者之间的内在关系,并且尽可能使所得关系简化。

(2)按照上一步所得关系来更新控制过程,从而完成该步学习,并执行新控制过程。

(3)对每一个控制过程进行改善,尽可能使其性能更优。

反复执行上述步骤,逐步改善被控制系统的性能,久而久之即可获得性能比较理想的学习控制系统。

2.2.6 网络控制系统

随着计算机网络技术、移动通信技术和智能传感技术的发展,计算机网络已迅速发展成为世界范围内广大软件用户的交互接口,软件技术也阔步走向网络化,通过现代高速网络为客户提供各种网络服务。计算机网络通信技术的发展为智能控制用户界面向网络靠拢提供了技术基础,智能控制系统的知识库和推理机也都逐步和网络智能接口交互起来。于是,网络控制系统就应运而生。网络控制系统(NCS),又称为网络化的控制系统,即在网络环境下实现的控制系统。

2.2.7 多真体控制系统

计算机技术、人工智能、网络技术的出现与发展,突破了集中式系统的局限性,并行计算和分布式处理等技术(包括分布式人工智能)和多真体系统(MAS)应运而生。可把 agent 看作能够通过传感器感知其环境,并借助执行器作用于该环境的任何事物。当采用多真体系统进行控制时,其控制原理随着真体结构的不同而有所差异,难以给出一个通用的或统一的多真体控制系统结构。

2.3 递阶智能控制系统的结构和理论

2.3.1 递阶智能控制系统的结构

智能是按照随精度逆向递增的原理来分布的,即精度随智能降低而增加(IPDI)。典型的智能控制系统的递阶结构如图 2-7 所示,它由三级组成,即组织级、协调级和执行级。

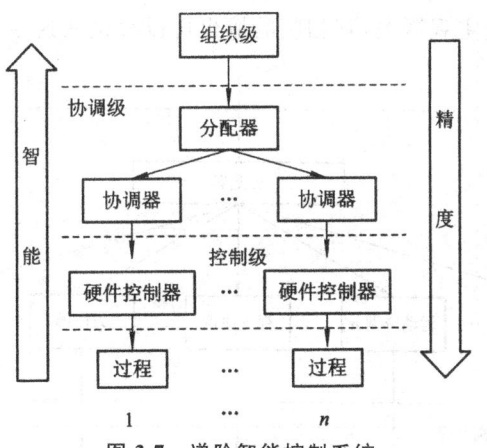

图 2-7 递阶智能控制系统

在一个智能机器或智能控制系统的高层,所涉及的功能与人类行为的功能相仿,可以当作一个基于知识系统的单元。实际上,规划、决策、学习、数据存储与检索、任务协调等等活动,可以看成是知识的处理与管理。所以,知识流是这种系统的一个关键变量。在智能机器中组织级的知识流表

示如图 2-8 所示,它完成以下功能:
(1)数据处理。
(2)由中央单元实行规划与决策。
(3)通过外围装置发送和获取数据。
(4)定义软件的形式语言。

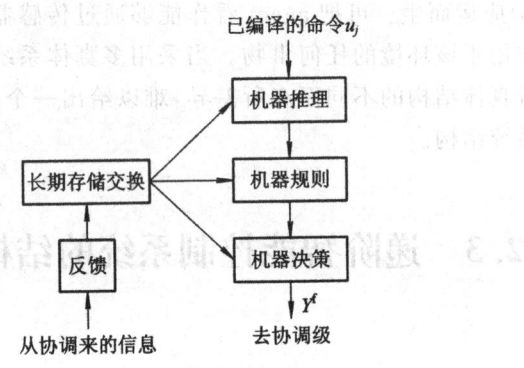

图 2-8　组织级的框图

对各功能可赋以主观的概率模型或模糊集合。因此,对每一个所执行的任务,可以用熵进行计算,它对整个活动提供了一个分析的度量准则。

协调级是一个中间结构,它是组织级和执行级之间的接口,它的结构表示如图 2-9 所示。在协调级,其功能包括在短期存储器(如缓冲器)基础上所进行的协调、决策和学习。它可以利用具有学习功能的语言决策手段,并对每一行动指定主观概率,其相应的熵也可以直接从这些主观概率中获取。

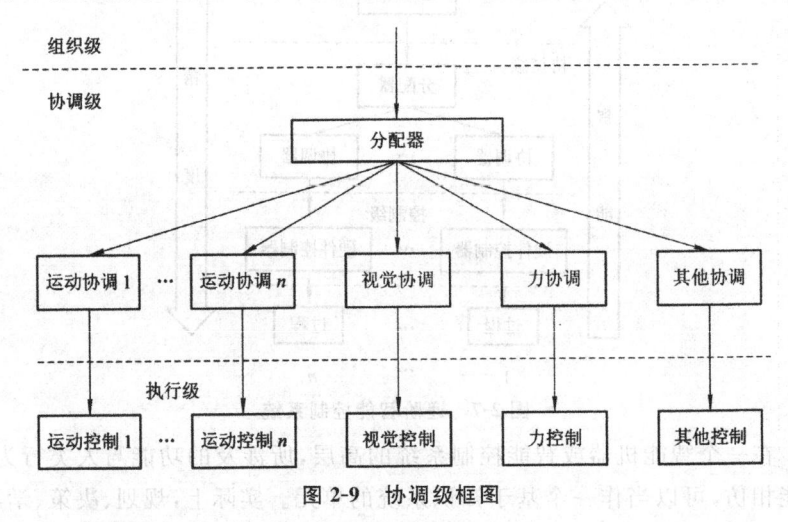

图 2-9　协调级框图

最低层是执行级,它执行适当的控制功能。其特性指标也可以表示成熵。

2.3.2 信息熵与 IPDI 原理

熵的定义：

$$H(x)=-\int p(x)\ln p(x)\mathrm{d}x=-E[\ln p(x)]$$

式中：$p(x)$ 是 x 的概率密度；$E[\ ]$ 表示取期望值。

熵是不确定的一种度量。由熵的表达式可知，熵愈大，期望值愈小。熵最大就表明不确定性最大，时间序列最随机，功率谱最平坦。

举例：设 $\{x(n)\}$ 是具有零均、高斯分布的随机过程，求一维的高斯分布的熵。

一维的高斯分布为

$$p(x)=\frac{1}{\sigma\sqrt{2}}\mathrm{e}^{-x^2/2\sigma^2},\sigma^2=\int_{-\infty}^{\infty}x^2 p(x)\mathrm{d}x$$

代入熵的表达式，得

$$\begin{aligned}H &=-\int p(x)\ln p(x)\mathrm{d}x=-\int p(x)\left[-\ln\sqrt{2\pi\sigma^2}-\frac{x^2}{2\sigma^2}\right]\mathrm{d}x\\ &=\ln\sqrt{2\pi\sigma^2}\int p(x)\mathrm{d}x+\frac{\int x^2 p(x)\mathrm{d}x}{2\sigma^2}\\ &=\ln\sqrt{2\pi\sigma^2}+\frac{1}{2}=\ln\sqrt{2\pi\sigma^2}+\ln\sqrt{\mathrm{e}}\\ &=\ln\sqrt{2\pi\sigma^2 \mathrm{e}}\end{aligned}$$

关于"精度随智能降低而增高"(IPDI)的原理，因为这是 Saridis 智能控制理论的依据。为此，需要建立以下一些概念。

定义 2.3.1 机器知识。

机器知识定义为所获取的结构信息，用于消除智能机器要完成特定任务的不确定性或无知性。

知识是一个由机器自然增长的累积量，它不能被当作一个变量去执行任务。相反，机器知识的流率却是一个合适的变量。

定义 2.3.2 机器知识的流率。

机器知识的流率是通过智能机器的知识流。

定义 2.3.3 机器智能。

机器智能是规则的集合，它对事件的数据库(DB)进行操作，以产生知识流。

分析以上的关系可以归纳如下：代表一类信息的知识(K)可表示成：

$$K = -a - \ln P(K) = [能量] \qquad (2\text{-}3\text{-}1)$$

式中，$P(K)$ 为知识的概率密度。

由式(2-3-1)，概率密度函数 $P(K)$ 满足以下表达式，并与 Jaynes 最大熵原理一致，即

$$P(K) = e^{-a-K}$$

$$\int_x P(k) dx = 1$$

$$a = \ln \int e^{-K} dx$$

这里知识 K 的概率密度函数假定为 $P(K)$。因为在这种情况下，它的熵，也即它的不确定性最大。

知识流率是具有离散状态的智能机器的一个主要变量，它表示为：

$$R = \frac{K}{T} (功率)$$

直觉地可以看出，知识流率必须满足以下关系：

$$(MI) : (DB) \rightarrow (R) \qquad (2\text{-}3\text{-}2)$$

即机器智能对数据库进行操作产生知识流。它可当作"精度随智能降低而增高"的原理的一种定性表示。式(2-3-2)中 MI 是机器智能，DB 是数据库，它与被执行任务有关，代表任务的复杂性。复杂性反比于执行的精度。在特殊情况下，它有明显的解释。即当 R 为固定时，较小的知识库（过程复杂），要有较多的机器智能。精度随智能降低而提高的原理在概率上可以理解为 MI 和 DB 的联合概率产生知识流的概率，它可表示为：

$$P(MI;DB) = P(R) \qquad (2\text{-}3\text{-}3)$$

由式(2-3-3)关系产生

$$P(MI/DB) P(DB) = P(R)$$

$$\ln P(MI/DB) + \ln(DB) = \ln P(R)$$

两边取期望

$$P(MI/DB) + H(DB) = H(R) \qquad (2\text{-}3\text{-}4)$$

式中，$H(x)$ 是与 x 有关的熵。在一个任务形成和执行期间，当取期望的知识流率为恒定时，增加 DB 的熵，对特定的知识库就要求减少 MI 的熵，也就是说，当知识流率不变时，如果 DB 不确定性增加，即库内数据或规则减小，精度降低，就要求减少 MI 的不确定性，提高 MI 的智能程度。这就是 IPDI 的原理。如果 MI 与 DB 无关，则

$$H(MI) + H(DB) = H(R)$$

在 $P(MI)$ 和 $P(DB)$ 如 $P(R)$ 一样满足 Jaynes 的原理情况下：

$$\begin{cases} P(\text{MI/DB}) = e_2^{-a_2-\mu_2^{\text{MI/DB}}} \\ P(\text{DB}) = e_3^{-a_3-\mu_3^{\text{DB}}} \end{cases}$$

式中，a_i 和 $\mu_i (i=1,2,3)$ 均为适当的常数。因此，式(2-3-4)所表示的熵重写成

$$-a_2-\mu_2 \text{MI/DB} - a_3-\mu_3 \text{DB} = -a_1-\mu_1 R$$

如果

$$a_1 = a_2 + a_3, r_2 = \mu_2/\mu_1, r_3 = \mu_3/\mu_1$$

则

$$r_2 \text{MI/DB} + r_3 \text{DB} = R \tag{2-3-5}$$

式(2-3-5)代表了一个特殊但更清晰的 IPDI 原理。

IPDI 原理既可用于智能递阶结构的一个级上，也可用于整个的递阶结构。在这种情况下，流量 R 以信息方式表示系统的吞吐量。

DB 的熵按下述方式与 ε-熵建立关系：如一个系统，要求提高精度 n 倍，则就要有 n 倍的数据库 DB，但

$$H(n\text{DB}) = H\{\ln n\} + H\{\ln \text{DB}\}$$

式中，$H\{\ln n\}$ 称作与执行复杂性有关的 ε-熵。

有了熵的概念后，我们可以用它作为工具来分析递阶智能控制系统各级的功能。

2.3.3 组织级的分析理论

智能机器组织级的主要功能有：

(1) 接收命令并对此进行推理。推理将不同的基本动作与所收到的命令联系起来，并从概率上评估每一个动作。

(2) 规划。主要是对动作进行操作，根据所选择的规划，实现动作的排序并插入重复的基本事件以完成规划。为了动作排序并计算总概率，要用到矩阵和转移概率等概念。

(3) 决策。选择最大可能的规划。

(4) 反馈。在完成作业和每一任务并对此进行评估之后，通过学习算法更新概率。

(5) 存储交换。更新存在长期存储器中的信息。

假定组织级的不同状态为 S，组织级的输入属于 E。可以证明，组织级的功能服从信息率划分的一般规律：

$$F = F_T(E:S) + F_E(E:S) + F_C(E:S) + F_D(E:S) + F_N(E:S)$$

其中：F 为总的动作率；F_T 为相应于组织级内部信息传输的吞吐率；F_E 为

相应于决策的信息阻塞率;F_C 为相应于规划的协调率;F_D 为相应于推理的内部决策率;F_N 为当命令已接收时相应于信息的噪声。

2.3.4 协调级的分析理论

为了讨论方便,我们把协调级的拓扑结构画成图 2-10。由图可见,协调级的拓扑可以表示成树状结构(C,D)。D 是分配器,即树根;C 是子结点的有限子集,称为协调器。

每一个协调器与分配器都有双向连接,而协调器之间无连接。协调级中分配器的任务是处理对协调器的控制和通信。它主要关心的问题是:由组织级为某些特定作业给定一系列基本任务之后,应该由哪些协调器来执行任务(任务共享)和(或)接受任务执行状态的通知(结果共享)。控制和通信可以由以下方法来实现:将给定的基本事件的顺序变换成具有必需信息的、面向协调器的控制动作,并在适当的时刻把它们分配给相应的协调器。在完成任务后,分配器也负责组成反馈信息,送回给组织级。由此,分配器需要有以下能力:

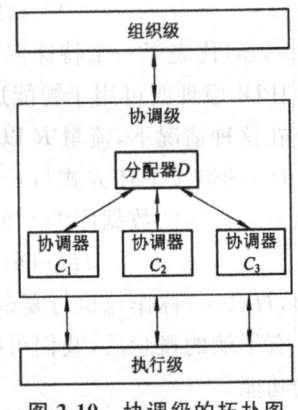

图 2-10 协调级的拓扑图

(1) 通信能力。允许分配器接收和发送信息,沟通组织级与协调器之间的联系。

(2) 数据处理能力。描述从组织级来的命令信息和从协调器来的反馈信息,为分配器的决策单元提供信息。

(3) 任务处理能力。辨识要执行的任务,为相应的协调器选择合适的控制程序,组成组织级所需的反馈。

(4) 学习功能。减少决策中的不确定性,而且当获得更多的执行任务经验时,减少信息处理过程,以此来改善分配器的任务处理能力。

每一个协调器与几个装置相连,并为这些装置处理操作过程和传送数据。协调器可以被看作在某些特定领域内具有确定性功能的专家。根据工作模型所加的约束和时间要求,它有能力从多种方案中选择一种动作,完成分配器按不同方法所给定的同一种任务;将给定的和面向协调器的控制动作顺序变换成具有必需数据的和面向硬件的实时操作动作,并将这些动作发送给装置。在执行任务之后,协调器应该将结果报告给分配器。协调器所需具备的能力与分配器完全一样。

以上描述说明,分配器和协调器处在不同的时标级别,但有相同的组织结构,如图 2-11 所示。这种统一的结构由数据处理器、任务处理器和学习处理器组成。数据处理器的功能是提供被执行任务有关信息和目前系统的状态。它完成三种描述,即任务描述、状态描述和数据描述。

在任务描述中,给出从上一级来的要执行的任务表。在状态描述过程中任务表提供了每一个任务执行的先决条件以及按某种抽象术语表达的系统状态。数据描述给出了状态描述中抽象术语的实际值。这种信息组织对任务处理器的递阶决策非常有用。该三级描述的维护和更新受监督器操纵。监督器操作是基于从上级来的信息和从下级来的任务执行后的反馈。监督器还负责数据处理器和任务处理之间的连接。

任务处理器的功能是为下级单元建立控制命令。任务处理器采用递阶决策,包含三个步骤:任务调度、任务转换和任务建立。任务调度通过检查任务描述和包含在状态中相应的先决和后决条件来确认要执行的任务,而不管具体的状态值。如果没有可执行的子任务,那么任务调度就必须决定内部操作,使某些任务的先决条件变为真。任务转换将任务或内部操作分解成控制动作,后者根据目前系统的状态,以合适的次序排列。任务建立过程将实际值赋给控制动作,建立最后完全的控制命令。它利用数据处理器中的递阶信息描述,使递阶决策和任务处理快速和有效。

学习处理器的功能是改善任务处理器的特性,以减少在决策和信息处理中的不确定性。学习处理器所用的信息如图 2-11 所示。学习处理器可以使用各种不同的学习机制以完成它的功能。

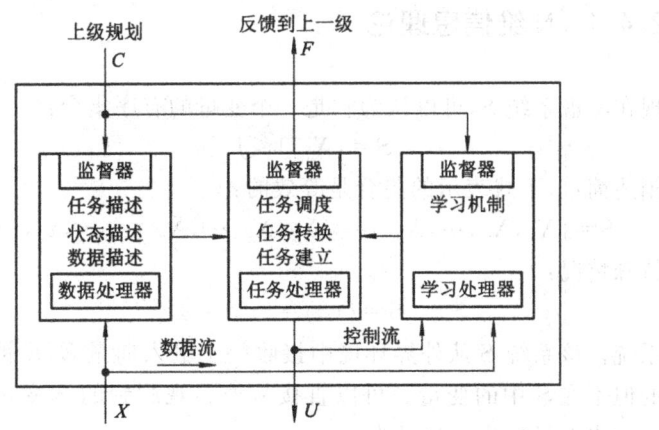

图 2-11 分配器和协调器的统一结构

2.3.5 执行级的最优控制

动态系统的最优控制已有系统的数学描述。在递阶智能控制中,为了用熵进行总体的评估,必须将传统的最优控制描述方法转化到用熵进行描述。

以上讨论说明,应用熵的概念,可以把智能控制三级的功能统一用熵来描述。虽然 Saridis 所提出的智能控制系统是针对智能机器人的,但这种分析方法也适用于一般情况。

2.4 智能控制系统的信息结构理论

Saridis 等采用熵的概念来描述递阶智能控制系统的功能,并定量地分析各级的动态性能以及各子系统之间的相互关系。现在我们再深入地讨论主宰系统的信息规律,以便于用一种统一的形式来描述和分析基于知识的控制系统。信息论与其他统计分析技术相比,具有两个主要的优点:①可以计量约束率(即动态变量之间每步或每秒的约束,这些变量具有以往历史的信息);②计算具有可加性,使得约束可以分解。

本节首先介绍由 R.C. Conant 创导的基于信息论的信息率划分定律。然后再讨论在递阶智能控制中如何应用这个定律。

2.4.1 N 维信息理论

现在考虑系统 S,可以认为它是一个变量的有序集合:
$$S = \{X_j | 1 \leqslant j \leqslant n\}$$
为了阐述简单,下式表示的集合是等效的:
$$S = \{X_1, X_2, \cdots, X_n\} = <X_1, X_2, \cdots, X_n> = x_1, x_2, \cdots, x_n$$
一个特殊情况:
$$S = \{\quad\} = <> = \varnothing$$
是空系统。该系统 S 从外界环境中接收一个输入向量 E,E 被看作是所有有关的但不在 S 中的变量。可以直接从外界观测到的 S 变量中构成输出变量。输出变量的集合表示为
$$S_o = X_1, X_2, \cdots, X_k$$
其余 S 中的变量为内部变量,这些变量的集合表示为

$$S_{int}=X_1,X_2,\cdots,X_n$$

这里用等号代表等效,逗号既作为集合的并,又区分向量的元素或集合的成员。

$$S=S_o,S_{int}=X_1,X_2,\cdots,X_k,X_l,\cdots,X_n=X_1,X_2,\cdots,X_n \qquad (2-5)$$

图 2-12 说明了上述符号的意义。

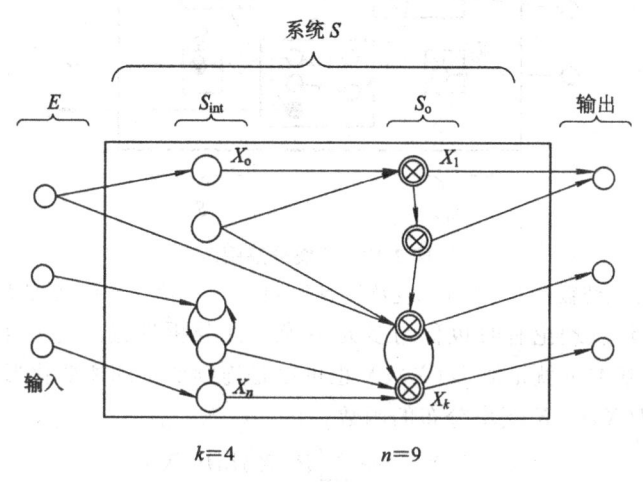

图 2-12　系统图示符号

S 可以分成 N 个(由变量 X_n 组成的)S^i 子系统。每一个 S^i 从它的环境接收输入 E^i(这些变量不在 S^i 中),并具有直接可观测或输出变量的集合 $S_o^i=X_1^i,X_2^i,\cdots,X_k^i$ 和内部变量集合 $S_{int}^i=X_l^i,X_m^i,\cdots,X_n^i$。注意到系统变量可以在 S_o^i 中而不在 S_o 中。也就是说,它可能从 S 中其他子系统观测到,但不能从 S 的外界环境中观测到。在图 2-12 和公式中,如果符号带上标 i,则表示为子系统 i(除了 $k,l,n \rightarrow k_i,l_i,n_i$)。

子系统还可以再划分。所谓递阶分解,就是指 S 划分成许多子系统,子系统再划分成许多子系统等。所有 S^i 分成二类:一类含有一个或多个 S_o 中的变量;另一类不含 S_o 的变量。前者称为输出子系统:

$$S_{out}=S^1,S^2,\cdots,S^k$$

后者称为内部子系统

$$S_{int}=S^1,S^m,\cdots,S^n$$

因此,根据以上的定义,有

$$S^i \in S_{out} \leftrightarrow \exists X_j^i \in S^i:X_j^i \in S_0 \leftrightarrow S^i \not\subset S_{int}$$
$$S^i \in S_{int} \leftrightarrow \forall X_j^i \in S^i:X_j^i \in S_{int} \leftrightarrow S^i \subset S_{int}$$
$$S=S_{out},S_{int}=S^1,S^2,\cdots,S^k,S^l,\cdots,S^n=S^1,S^2,\cdots,S^n$$

当然,这些子系统中的任一个都可以是空集。图 2-13 表示了一般系统的符号。

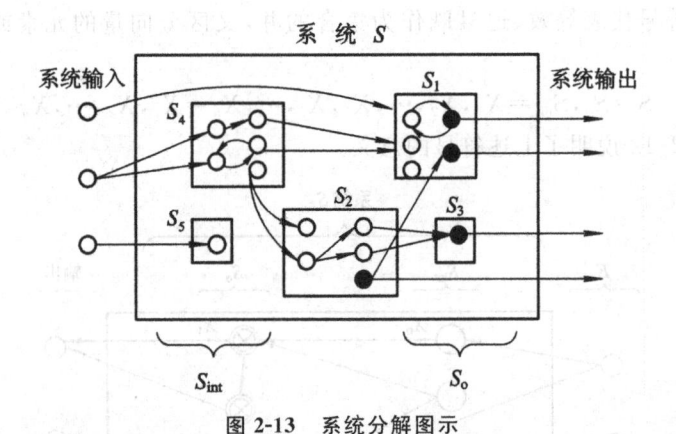

图 2-13 系统分解图示

输出子系统数目 $K=3$；子系统总数 $N=5$；输出变量数目 $k=4$；变量总数 $n=17$

N 维信息理论有时也称为多元不确定性分析理论。与一个离散变量 X 有关的基本量就是熵 $H(X)$，X 也可以是连续变量的离散化形式。

熵 $H(X)$ 是 X 概率分布的函数

$$H(X)=-\sum_x P(X)\ln P(X) \quad (2-4-1)$$

式中，对 X 所取的所有值求和。这是当非期望值由 $-\ln P(X)$ 度量时，特定 X 的平均非期望值；如果概率分布预先知道，这就是在任何时刻当 X 取值时所得到的平均信息量。它与变量所定义的方差有关，但更为一般化。因为它不要求 X 为连续，甚至不要求有一个区间尺度。如果 X 具有 n 个有限数，则 $H(X)$ 落入区间 $[0,\ln n]$。值小表示概率密度集中；值大表示分散。当且仅当某些 X 概率为 1 时，$H(X)=0$；当且仅当所有 X 为等概率时，$H(X)=\ln n$。关于 X 取什么值的平均不确定性，与具有 $2^{H(X)}$ 等概率互斥的分布相关。同样，一个系统的熵可以定义为

$$H(S)=-\sum_x P(S)\ln P(S) \quad (2-4-2)$$

式中，对向量 $S=X_1,X_2,\cdots,X_n$ 所有可能值 S 求和，而 P 是 n 元分布。式 (2-4-1) 是式 (2-4-2) 的特殊情况。

诸如 $H_{x_1,x_2}(X_3)$，可以通过条件分布确定：

$$H_{x_1,x_2}(X_3)=-\sum_{x_1,x_2}P(X_1,X_2)\sum_{x_1}(X_3\mid X_1,X_2)\ln P(X_3\mid X_1,X_2)$$

或等效地由熵来确定：

$$H_{x_1,x_2}(X_3)=H(X_1,X_2,X_3)-H(X_1,X_2)$$

式中，$H_{x_1,x_2}(X_3)$ 度量了知道 X_1 和 X_2 后，X_3 的平均不确定性，即不计 X_1、X_2 时 X_1、X_2、X_3 的可变性。$H_{x_1,x_2}(X_3)$ 处在区间 $[0,H(X_3)]$。如果

X_3 由 X_1、X_2 确定,则为 0,这意味 $P(X_3|X_1,X_2)$ 为 0 或 1;如果 X_3 与 X_1、X_2 无关,则为 $H(X_3)$,这意味着 $P(X_3|X_1,X_2)=P(X_3)$。

像 $H_{S^3}(S^4,X_2,S^6)$ 这样的条件熵,同样可表示成

$$H_{S^3}(S^4,X_2,S^6)=H(S^3,S^4,X_2,S^6)-H(S^3)$$

如果把这类公式重新排列,就阐明了熵泛函的一种十分重要的可加性性质:

$$H(X_1,X_2,X_3)=H(X_1,X_2)+H_{X_1,X_2}(X_3)$$
$$=H(X_1)+H_{X_1}(X_2)+H_{X_1,X_2}(X_3)$$

这可以解释为:若将 X_1,X_2,X_3 的不确定性分成 X_1 的不确定性,以及知道 X_1 后 X_2 的不确定性和知道 X_1、X_2 后 X_3 的不确定性,则所有熵和条件熵都是非负的。

两个相关的变量,即不是统计上独立的变量是由二者之间转移来度量的。它由 $T(X_1;X_2)$ 来表示并通过概率来确定:

$$T(X_1;X_2)=H(X_1)+H(X_2)-H(X_1,X_2)$$
$$=H(X_1)-H_{X_2}(X_1)$$
$$=H(X_2)+H_{X_1}(X_2) \quad (2\text{-}4\text{-}3)$$

这是对称的。它度量了知道一个变量,减少了对另一变量不确定性的量值,或者度量了联合不确定性 $H(X_1,X_2)$ 比 X_1 和 X_2 为独立时的不确定性少多少的量值。所以转移是变量间相关性的度量。$T(X_1;X_2)$ 处于区间 $[0,\min\{H(X_1)+H(X_2)\}]$,当且仅当 X_1 和 X_2 是统计上独立时为 0;当且仅当一个变量决定另一变量时为最大。把上式扩展到 n 维,则

$$T(X_1;X_2;\cdots;X_n)=\sum_{j=1}^{n}H(X_j)-H(X_1,X_2,\cdots,X_n) \quad (2\text{-}4\text{-}4)$$

确定了 n 个变量之间的转移。上式第 1 项是所有变量互相独立的联合熵,而第 2 项是实际联合熵。所以这个转移度量了总体相关性或 n 个变量系统之间的约束。这是 n 个变量不相交子集间所有转移的上界。

将式(2-4-4)一般化,可以描述子系统 S^i 之间的转移,此时把 S^i 当作向量变量:

$$T(S^1;S^2;\cdots;S^n)=\sum_{i=1}^{n}H(S^i)-H(S^1,S^2,\cdots,S^n) \quad (2\text{-}4\text{-}5)$$

上式度量了向量之间(不是向量元素之间)的相关性。条件转移,如 $T_{S^1}(S^2;S^3)$,$T_{X_1}(X_1;X_2;X_3)$ 等都可由式(2-4-5)所有项对同一变量或向量取条件熵而得:

$$T_{S^1,X_2}(X_3;S^4)=H_{S^1,X_2}(X_3)+H_{S^1,X_2}(S^4)-H_{S^1,X_2}(X_3,S^4)$$

所有转移和条件转移都是非负的。利用其可加性质,可将变量群之间整体关系或约束按上面讨论的熵或约束的划分方式来加以划分。例如:

$$T(X_1:X_2:X_3:X_4)=T(X_1:X_2)+T(X_3:X_4)+T(X_1,X_2:X_3,X_4)$$

将四个变量系统内的约束分成 $S^1=X_1,X_2,S^2=X_3,X_4$ 内的约束和 S^1 与 S^2 之间的约束。

关于熵和转移已建立了许多恒等式,这里不具体列出。但有一个重要的规则,统一下标规则,是十分有用的。该规则断定:如果在一个恒等式中,每一项加上相同的下标,则恒等式仍然成立。例如,式(2-4-3),可表示为

$$T(X_1:X_2)\equiv H(X_1)-H_{X_2}(X_1)$$

整个式子加以下标 X_2,则得到新的恒等式:

$$T_{X_2}(X_1:X_2)\equiv H_{X_2}(X_1)-H_{X_2}(X_1)=0$$

注意到双重下标是不需要的。

虽然上述定义的熵和转移在度量动态系统变量取值范围或可变性和相关性方面非常有用,但把它们用于系统过去历史在多大程度上约束当前值的这样动态系统时仍有缺陷。其缺陷的根本原因在于这种历史性约束没有反映在计算的概率和联合概率中。这样,历史信息在减少不确定性方面的利用就被浪费了。

信息论在处理动态系统方面的缺陷可以用定义几个新变量来克服。新变量表明了当前变量的以前形式。但定义熵率更容易些。即 X 对它所有以往值取条件熵。熵率是在一序列中每次观测带的信息。因此,一个长序列 $\{X(t),X(t-1),\cdots,X(t+m-1)\}$ 中的总的不确定性,(近似地)等于该熵率乘上序列长度。由此,熵率 $\bar{H}(X)$ 定义为:

$$\bar{H}(X)=\lim_{m\to\infty}\frac{1}{m}\{X(t),X(t+1),\cdots,X(t+m-1)\}$$

其单位为每步位数(bit/step)。条件熵率为

$$\bar{H}_{X_1}(X_2)=\bar{H}(X_1,X_2)-\bar{H}(X_1)$$

它是每步 X_2 的不确定性,即完全知道 X_1(过去、现在和将来的情况下)的条件熵率。转移率 $\bar{T}(X_1:X_2)$ 定义为

$$\begin{aligned}T(X_1:X_2)&=\bar{H}(X_1)+\bar{H}(X_2)-\bar{H}(X_1,X_2)\\&=\bar{H}(X_1)-\bar{H}_{X_2}(X_1)\\&=\bar{H}(X_2)-\bar{H}_{X_1}(X_2)\end{aligned}$$

这是动态变量之间所保持的每步约束,也是动态变量相关的真实度的极好度量,又是通信工程师力图使其极大化的量(X_1 相当于所发送的消息流,X_2 相当于所接收的消息流)。

熵率和转移率是了解动态系统很好的工具。熵率是度量一个变量或子系统不确定性或不可预测的行为;而转移率则是度量变量间或子系统间的相关性。为了生存,任何重要的机体(譬如生物组织、公司、大学、政府等)必

须从它的环境中接收信息,并执行与环境相适应的合理行为。所以,度量这种关系的 T(环境:行为)是机体重要的生存参数,并且是一个适应能力的限制。因为任何系统的 T(输入:输出)由系统的通道容量 C 决定了它的上限,所以可以推断,进化就表现为生存机体保证有足够的通道容量来执行动作,或者力图以不足的容量来执行动作以适应外界环境。

下一节提出递阶智能控制理论借以建立的一个重要规律——信息率划分定律。

2.4.2 信息率划分定律

为了引出信息率划分定律,需要几个恒等表达式:

$$T(S^1:S^2) = H(S^1) - H_{S^2}(S^1) = H(S^2) - H_{S^1}(S^2) \quad (2\text{-}4\text{-}6)$$

$$T(S^1:S^2:\cdots:S^n) \equiv \sum_{t=1}^{n} H(S^i) - H(S^1,S^2,\cdots,S^n)$$
$$= \sum_{t=1}^{n} H(S^i) - H(S) \quad (2\text{-}4\text{-}7)$$

$$T(S^1:S^2,S^3) = T(S^1:S^2) + T_{S^2}(S^1 S^3) \quad (2\text{-}4\text{-}8)$$

对 $T(E:S)$,这里 $S = S_o, S_{int}$,由式(2-4-6)和式(2-4-5)有

$$T(E:S) = T(E:S_o:S_{int}) = H(S) - H_E(S)$$
$$= T(E:S_o) + T_{S_o}(E:S_{int})$$

利用上面恒等式(2-4-7),消去 $H(S)$,得

$$\sum_{j=1}^{n} H(X_j) - T(X_1:X_2:\cdots:X_n) - H_E(S) = T(E:S_o) + T_{S_o}(E:S_{int})$$

利用比率和下标统一的法则,可得:

$$\sum_{j=1}^{n} \overline{H}(X_j) = \overline{T}(E:S_o) + \overline{T}_{S_o}(E:S_{int}) + \overline{T}(X_1:X_2:\cdots:X_n) + \overline{H}_E(S)$$

$$(2\text{-}4\text{-}9)$$

式(2-4-9)就是信息率划分定律的一般形式,因为它把上式左边的和分成右边几个非负的量。为了表示方便,可以把式(2-4-9)中各项给以名称和符号:

$F = \sum_{j=1}^{n} \overline{H}(X_j)$ 总的信息流率

$F_t = \overline{T}(E:S_o)$ 吞吐率

$F_b = \overline{T}_{S_o}(E:S_{int})$ 阻塞率

$F_c = \overline{T}(X_1:X_2:\cdots:X_n)$ 协调率

$$F_n = \overline{H}_E(S) \qquad \text{噪声率}$$

这种信息率划分定律可以写成：
$$F = F_t + F_b + F_c + F_n \qquad (2\text{-}4\text{-}10)$$

下面对各项的物理意义作一定的解释。

总流率 F 是各变量流率之和，如果忽略变量间的关系，它就代表 S 中总的（非确定性）行为（或活动）。因为每一 X_i 假定为（可能是噪声）E 和 S 中其他变量的函数，并且可以看作是计算该函数的实体，所以可以把 F（不太严格地）看成是发生在 S 中的"计算"总量。由式(2-4-9)或式(2-4-10)，F 限定了各个 F_t、F_b、F_c 和 F_n 以及它们的和。因此，它也代表了所有信息率的总体上限。

吞吐率 F_t 度量了 S 输入-输出的流率。或者说，S 作为通道，F_t 度量了通过 S 每步的位数，或 S 的输入和输出间关联的强度。这个比率对于 S（作为机体）的生存是十分重要的。作为一个目标，生存就要支配某个最小的 F_t。按照定义，S 的通道容量 C_s 是 F_t 的最小上限。区分输出率 (S_o) 与吞吐率 F_t 间的差别是重要的，因为如果 S 是信息发生器，则 $H(S_o)$ 可能会超过 F_t。而吞吐量仅仅是与输入 E 有关的输出部分。

阻塞率 F_b 是 S 内有关输入 E 信息被阻塞的比率，且不允许影响输出。为了明白起见，可将 F_b 展开，由式(2-4-6)：
$$F_b = \overline{T}_{S_o}(E; S_{int}) = \overline{H}_{S_o}(E) - \overline{H}_{S_o, S_{int}}(E)$$

注意到 $S_o, S_{int} = S$ 把上式加减 (E)，得
$$F_b = [\overline{H}(E) - \overline{H}_S(E)] - [\overline{H}(E) - \overline{H}_{S_o}(E)]$$
$$= \overline{T}(E; S) - \overline{T}(E; S_o)$$

$\overline{T}(E; S)$ 度量 E 和整个系统 S 之间的关系，或者说是 E 对 S 的影响，也可以说是 S 携带有关 E 的信息。$\overline{T}(E; S_o)$ 是同样的，但只是对 S 的输出子系统。因此，F_b 是 S 所带的而 S_o 没有的关于 E 的信息，即由 S_{int} 所带的关于 E 的信息，但并不反映在输出中。其基本思想是：一般来说，E 以不影响 S_o 的方式作用于 S_{int}，而 F_b 是系统 S 内信息阻塞的一种度量。通常一个系统，在接收环境信息的过程中，往往有滤波器滤去不需要的信息（如噪声），只允许所需的信息作用到输出，F_b 就反映了这个信息阻塞的过程。

协调率 F_c 是 S 中所有变量之间总协调的一种度量。正如 $(X_1; X_2)$ 度量两个变量之间的约束、关系和协调量一样，F_c 是度量所有变量之间的约束、关系和协调量。一般来说，把全局约束分解成每个约束之和是不太可能的。然而，通过分解或划分规则，有可能把 F_c 表示成由几个松耦合子系统组成的分解式。

总体（全局）约束率可以被看成是 S 内部的通信率，允许 S 按整体而不

是以各独立部分之和来工作。当 S 面对非常复杂的问题时,就要求有系统内部信令。而且,为了成功地与问题相适配,所需的最小 F_c 可以解释为问题复杂性的适应,即为了成功地求解问题 S,各部分之间所需的全局合作。

噪声率 F_n 是 S 输入完全知道后,有关 S 每步不确定性的总量。显然,它与内部产生的信息相对应,或者有些人把它当作"自由意志"率。因为它与无明显原因所产生的行为相对应(至少不是由于已知的环境影响 E)。如果输出率(S_o)超过了吞吐率($E:S_o$),则其差就构成了 F_n 部分。它可以看成类似于信道的噪声——不是由输入消息造成的输出消息(message)。当 $F_n=0$ 时,系统就成为确定性的,这时有:

$$F=F_t+F_b+F_c \tag{2-4-11}$$

2.4.3 对递阶智能控制系统的信息流分析

递阶智能控制系统可以分成三级,即组织级、协调级和执行级,它们之间的关系重新画于图 2-14。这个系统可以看作是一个动态系统(DS)。它由三个子系统构成:S_o,S_c,S_E,所以:

$$DS=\{S_o,S_c,S_E\}$$

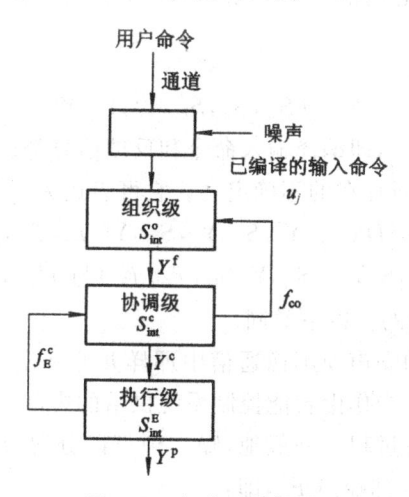

图 2-14 智能系统框图

每一个子系统都有其自己的模型。最一般的组织级模型为:

$$S_o=\{u_j,f_{co},S_{oi},Y^f\}$$

式中,u_j 是送到组织级的已编译的输入命令;f_{co} 是执行所需作业之后,由协调级返回到组织级的离线反馈信息,一般当作组织级附加的外部输入;S_{oi} 是组织级所有内部状态变量的集合;Y^f 是输入到协调级的组织级的输出

(最大可能的、最终规划)。协调级与执行级的模型也可以同样方式来定义：
$$S_c = \{Y^f, f_{Ec}, S_{ci}, Y^c\}$$
$$SE = \{Y^c, S_{Ei}, Y^p\}$$
参照图 2-12,式中各符号的定义就十分清楚。

假定编译命令统计上是独立的,那么根据 2.4.2 节的原则就确定了所有的比率。

对于整个三级递阶智能控制系统,信息率的划分定律描述了系统内部的知识(信息)流;阐述了为选择合适的知识处理对智能控制系统的要求,对无关知识的舍弃、级间和级内的内部协调;尽可能准确地执行所需作业的内部控制策略;存储器交换过程的协调以及吞吐量。以上这些需求是可加的,因此它们都要争用智能控制系统的计算资源。智能控制系统可缩写为：

$$F = F_t + F_b + F_c + F'_n + F_D \tag{2-4-12}$$

式中,F 表示通过控制系统的总的活动率。它分解成总的吞吐率 F_t、阻塞率 F_b、协调率 F_c、外部噪声率 F'_n、内部控制率 F_D。当最后两项合并起来时,$F_n = F_D + F'_n$,就是 2.4.2 节中系统内部总的噪声率。从数学上,各项定义如下：

智能控制系统总的活动率 F 表示为所有内部变量的熵率：

$$F = \sum_{S_i} \overline{H}(S)$$
$$S_i = (S_{oi}, S_{ci}, S_{Ei}, Y^f, Y^c, Y^p) \tag{2-4-13}$$

当所有外部输入,即编译输入命令和反馈信息都已知时,总噪声率代表智能控制系统变量所存在的不确定性。它可表达为：

$$F_n = \overline{H}(S_{oi}, Y^f, S_{ci}, Y^c, S_{Ei}, Y^p / u_j, f_{co}, f_{Ec}) \tag{2-4-14}$$

式中,$F_n = \overline{H}(S_{oi}, Y^f, S_{ci}, Y^c, S_{Ei}, Y^p / u_j, f_{co}, f_{Ec})$ 与 $\overline{H}_{u_j, f_{co}, f_{Ec}}(S_{co}, Y^f, S_{ci}, Y^c, S_{Ei}, Y^p)$ 写法是等效的。以下类同。

要注意,这里的噪声项不像通信中那样并非一定是不希望有的。要把它考虑在内,并把它当作由智能控制系统供给的内部产生信息,作为补充输入,用在内部的决策过程。一般地,噪声项可以分解成两个完全不同的量,即内部控制 F_D 和外部噪声 F'_n,即：

$$F_n = F'_n + F_D \tag{2-4-15}$$

式(2-4-15)中：

$$F'_n = \overline{H}(Y^p / u_j, f_{co}, f_{Ec}) \tag{2-4-16}$$
$$F_D = \overline{H}(S_{oi}, Y^f, S_{ci}, Y^c, S_{Ei}, Y^p / u_j, f_{co}, f_{Ec}, Y^p)$$

式(2-4-15)中,第一项是从智能控制系统输出直接可观测到的,且在组织级编译输入命令和反馈信息已知时,代表了在执行和完成所需作业中的不确定性。因为这一项在智能控制系统输出是可观的,所以关系到智能控制系统完成作业的精确度。第二项,F_D代表三个级相互作用的内部控制过程并产生最后规划,且对所需的作业提出和执行与所选规划相应的实际控制。对这一项可以作进一步分析,以了解智能控制系统各级的内部控制过程:

$$F_D = \overline{H}(S_{oi}, Y^p/u_j, f_{co}, f_{Ec}, Y^p) + \overline{H}(S_{ci}, Y^p/u_j, S_{oi}, Y^f, f_{co}, f_{Ec}, Y^p)$$
$$+ \overline{H}(S_{Ei}/u_j, S_{oi}, Y^f, S_{ci}, Y^c, f_{co}, f_{Ec}, Y^p)$$

式(2-4-15)各项分别代表了尽可能完整和适宜的组织级规划所必须的内部控制过程;在最佳规划Y^f和所有输入及输出都已知情况下,与协调级有关的内部控制过程;所有其他变量都已知时,关于执行级的内部策略。由式(2-4-12)所引出的式(2-4-13)和式(2-4-14)不是唯一的。根据特殊的应用问题,可以导出等效的F_n表达式。在一定的约束下,即熵率之和不超过F_n,则在外部噪声和内部控制策略之间寻求折中是有好处的,也是很重要的。

智能控制系统的总的吞吐率是代表系统输出与编译输入命令和反馈信息之间关系的一个度量,它可表示成:

$$F_t = \overline{T}(u_j, f_{co}, f_{Ec}, Y^p)$$

由式(2-4-6)和(2-4-16),它可分成如下二项:

$$F_t = \overline{H}(Y^p) - F'_n$$

上式第一项说明与执行级过程功能有关的不确定性。在机器人控制中,即是不存在有关输入和所选规划的知识时,机器人手臂的机械运动。在过程控制中,即为控制对象的输出。

智能控制系统的总的阻塞率可以看作是不包含在系统输出但加到系统输入的信息量,它表示成:

$$F_b = \overline{T}(u_j, f_{co}, f_{Ec}; Y^f, S_{oi}, Y^c, S_{ci}, S_{Ei}/Y^p)$$

上式进一步分成二项:

$$F_b = \overline{H}(u_j, f_{co}, f_{Ei}/Y^p) - F_D$$

式中,第一项表示当执行级的过程为已知时,关于编译输入命令和有关反馈的联合的不确定性。

智能控制系统的协调率表示智能控制系统内部信息(知识的处理)的转移,即智能控制系统所有内部变量相互约束的总量。它表达为:

$$F_c = \overline{T}(S_i; Y^p)$$

它可以分解为组织级、协调级和执行级内部的协调F_c^o、F_c^c和F_c^E以及加上三级之间的协调,即

$$F_c = F_c^o + F_c^c + F_c^E + T(S_o; S_c; S_E) \tag{2-4-17}$$

式(2-4-17)的最后一项进一步简化为:

$$\overline{T}(S_o:S_c:S_E) = \overline{T}(S_o:S_c) + \overline{T}(S_o:S_c:S_E)$$
$$= \overline{H}(S_c) - \overline{H}(S_c/S_o) + \overline{H}(S_E) - \overline{H}(S_E/S_o,S_c)$$

式中，

$$\overline{T}(S_o:S_c) = \overline{H}(S_c) - \overline{H}(S_c/S_o) \tag{2-4-18}$$

$$\overline{T}(S_o:S_c:S_E) = \overline{H}(S_E) - \overline{H}(S_E/S_o,S_c) \tag{2-4-19}$$

式(2-4-18)二项之差说明组织级与协调级之间的相互作用。$\overline{H}(S_c)$ 表示与如何建立（和执行）任何控制问题有关的协调级的不确定性，而 $\overline{H}(S_c/S_o)$ 说明在组织级收到信息的基础上如何提出和执行一个特定控制问题的不确定性。式(2-4-19)中的二项之差说明执行与协调级之间的互作用。$\overline{H}(S_E)$ 表示与任何控制问题实际执行有关的执行级的不确定性，而 $\overline{H}(S_E/S_o,S_c)$ 表示由组织级规划并由协调级提出的与控制问题执行有关的不确定性。

关于存储器的交换过程已嵌入在本节所提出的一般表达式中，其特定的表达式与存储存取方式（即长期、短期、或永久、暂时）有关。这里不再详细讨论。

应该指出，信息率划分的分解并不是唯一的。根据特殊的应用问题，可以有其他相似但等效的划分方法。对于智能控制系统各级的信息关系也可以按同样的原则予以描述，这将涉及各级的具体结构，限于篇幅，这里不作介绍。

总之，基于熵和熵率的理论和方法，对于定量地、统一地分析智能控制系统的行为性具有重要的应用价值，如何把这种信息论方法和传统的控制理论及系统论结合起来仍有很多工作可做。

2.5 数字仿真程序结构

在一般情况下，仿真程序由以下三个基本模块构成。

1. 初始化程序块

该功能块主要是对程序中所用到的变量、数组等进行定义，并赋以初值。在通用仿真程序里，这个程序完成被仿真系统的结构组态。

在通用仿真程序中，可视化输入参数程序块是非常复杂的，该程序块直接关系到人-机交互的方便性和程序的通用性。一般人们会花很大的精力来设计输入参数程序块。

2. 主运行程序块

该程序块用来求解被仿真系统的差分方程。所选用的仿真算法不同，得到的差分方程也不同，仿真精度也不一样。不管怎样，这个程序要忠实于原差分方程，它不能改变原差分方程的意义，对于初编程序者来说在这方面是很容易出错的。

用计算机求解差分方程是非常容易的。下面来讨论求解差分方程的一般方法。假设要求解的差分方程的一般形式为

$$x(k+1)=a_0 x(k)+a_1 x(k-1)+\cdots+a_{n-1}x[k-(n-1)]+$$
$$b_{-1}e(k+1)+b_0 e(k)+b_1 e(k-1)+\cdots+b_{n-1}e[k-(n-1)] \quad (2\text{-}5\text{-}1)$$

式中：x 为输出；e 为输入；a_0、a_1、$\cdots$、a_n、b_{-1}、b_0、b_1、$\cdots$、b_{n-1} 为常数。

由式(2-5-1)可知，在求解此差分方程时，要用到计算时刻 $(k+1)T$ 以前若干个采样时刻的输出值和输入值。这可以在内存中设置若干个存储单元，将这些数据存储起来，以便在计算时使用。

对于式(2-5-1)所描述的系统，差分方程阶次为 n，需要在内存中设置 n 个单元，用以存放计算时刻 $(k+1)T$ 以前的 n 个采样时刻的输出量。这些存储单元的安排如图2-15(a)所示。

在计算时，计算时刻以前的 n 个输出量 $x(k)$，$x(k-1)$，$\cdots$，$x[k-(n-1)]$ 分别从第 $n,n-1,n-2,\cdots,2,1$ 单元中取出。取出后把各单元的内容按图示向左平移一个单元。

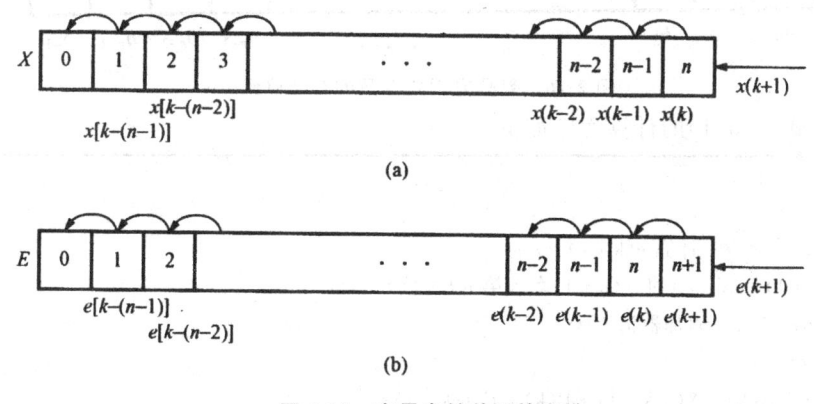

图2-15 变量存储单元的安排
(a) 输出量存储单元；(b) 输入量存储单元

空出来的第 n 单元存放计算出的现时刻的值 $x(k+1)$，供下一步计算时使用。这样，本步的 $k+1,k,k-1,\cdots$ 等各时刻的值在下一步里变为 k，

$k-1,k-2,\cdots$各时刻的值了。所以在每一次计算中,操作顺序总是"取出——平移——存入"。

对于输入变量,也可采用和上述相似的方法处理。根据式(2-5-1)在内存中设置$n+1$个单元用以存放e的各采样时刻值,其安排如图2-15(b)所示。

在计算时,与输出量不同的是,方程右边需要有现时刻的输入值$e(k+1)$。因此在计算差分方程前,应先算出$e(k+1)$,然后把它存入第$(n+1)$单元。计算差分方程时,现时刻以前的n个输入量$e(k),e(k-1),e(k-2),\cdots,e[k-(n-1)]$分别从第$n,n-1,n-2,\cdots,2,1$单元中取出,现时刻输入量$e(k+1)$从第$(n-1)$单元中取出。然后把各单元的内容按图示向左平移一个单元,准备下一步计算。所以每次计算的操作顺序总是"存入——取出——平移"。

综上所述,用数组X的n个单元存放x的各采样时刻值,用E的$n+1$个单元存放e的各采样时刻值,如图2-16所示。用数组A的n个单元存放系数$a_0,a_1,\cdots,a_{n-1}$,用B的$n+1$个单元存放系数$b_0,b_1,\cdots,b_{n-1}$及b_{-1},如图2-16所示。

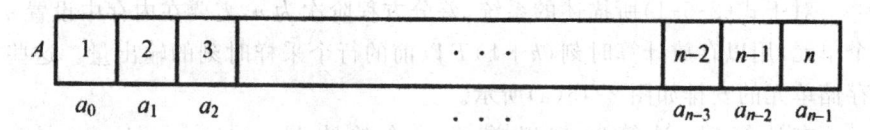

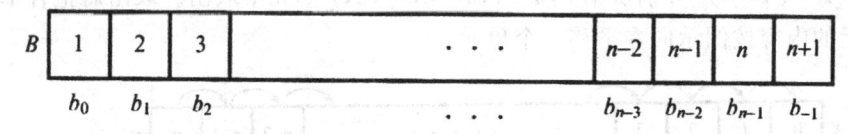

A	1	2	3	$\cdots$	$n-2$	$n-1$	n
	a_0	a_1	a_2	$\cdots$	a_{n-3}	a_{n-2}	a_{n-1}

B	1	2	3	$\cdots$	$n-2$	$n-1$	n	$n+1$
	b_0	b_1	b_2	$\cdots$	b_{n-3}	b_{n-2}	b_{n-1}	b_{-1}

图2-16 差分方程式系数的存储单元

式(2-5-1)的计算程序如下:

```
⋮
e⋯;        /*计算e(k+1)*/
E(n+1)=e;  /*把e(k+1)存入第n+1单元*/
x=0;       /*累加器清零*/
for k=1:n
x=x+A(k)*X(n-k+1)+B(k)*E(n-k+1);
end
x=x+B(n+1)*E(n+1);/*最后得到x(k+1)*/
for k=1:n-1
```

```
   ：
X(k)=X(k+1);   /*把 x 各采样时刻值平移一个单元*/
end
X(n)=x;/*把 x(k+1)存入第 n 个单元*/
for k=1：n
E(k)=E(k+1)
end   /*把 e 各采样时刻值平移一个单元*/
？
```

上面的程序仅仅计算一步。一个仿真程序要计算多少步(仿真时间)取决于问题的需要。如果是为了培训目的进行实时仿真,那么仿真时间根据培训的时间长短来定。如果是进行仿真研究,一般仿真时间取决于系统的稳态时间。因为系统稳态后的响应我们已经知道,所以取仿真时间等于系统稳态时间。

要在仿真计算之前准确地选好计算步距是件不容易的事情。

根据依农定理,为了使被采样的信号无失真地再现,必须满足：

$$\omega_{\min} \geqslant 2\omega_L$$

式中：$\omega_{\min}$ 为最低采样频率,一般取采样频率是再现信号主要频带中的最高频率的 5～10 倍,即 $\omega_{\min}=(5\sim10)\omega_m$;$\omega_L$ 为被再现信号的频带限。

至于主要频带中的最高频率又没有确切的定义,但对于像 $\dfrac{k}{T_s+1}$ 这样简单的低通滤波器(惯性环节),其频谱的主要频带可以认为 ω_m 大约是截止角频率(ω_c)的 10 倍左右 $\left(\omega_m\approx10\omega_c=\dfrac{10}{T}\right)$。所以可以选择

$$\omega_{\min}=\frac{50}{T}\sim\frac{100}{T} \qquad (2\text{-}5\text{-}2)$$

即选择计算步距(为了符合大多数人使用变量名的习惯,不与惯性时间常数 T 混淆,以后用 DT 表示计算步距)。

对于复杂环节仍可取主要频带是开环频率特性的剪切频率的 10 倍,如果仍用 ω_c 表示环节的剪切频率,则计算步距仍为式(2-5-2)。若系统中有几个小闭环时,则 ω_c 应取最快的小闭环频率特性的剪切频率。

对于热工过程对象,一般可描述为：

$$G(s)=\frac{ke^{-\tau s}}{s^m(T_s+1)^n}$$

影响计算精度的是惯性环节,而高阶惯性环节 $\dfrac{K}{(T_s+1)^n}$ 可以用一阶惯性环节 $\dfrac{k}{nT_s+1}$ 近似来代替。所以,对于惯性对象来说,不需要求系统开环

频率特性,按下式近似求得计算步距:

$$DT = \frac{2\pi nT}{(50\sim100)} \qquad (2\text{-}5\text{-}3)$$

式中:DT 为计算步距;n 为被控对象传递函数的阶次;T 为被控对象传递函数的时间常数。

随着系统环节数目的增加,不可能使用一个离散—再现环节,这样会造成求取差分方程困难。在各个环节入口处加入离散—再现环节,会降低仿真精度,这时计算步距就应当减小。

在式(2-5-3)是一个近似的估计公式,没有必要把它写得那么复杂,再做进一步简化,可得到一个实用的仿真计算步距估计公式,即

$$DT = \frac{nT}{(10\sim50)}$$

如果被控对象有若干个,则应以其中 nT 最小的为准。一般使用者按上述区间选择一个适当的计算步距,其仿真结果是令人满意的。一般来说,计算步距选择得越小,计算精度就越高,但耗费的计算时间就越长,在实时仿真时,对计算时间是有要求的。

如果在控制系统中含有"代数环",即该闭环的阶次为零,时间常数也为零,则根据式(2-5-3)得到的计算步距也应为零,但这是不可能做到的。在这种情况下,可用一个等效比例环节来代替该"代数环",计算步距则用其他环节的参数来确定。

仿真时间即是系统稳态时间或系统过渡过程时间,即从加入扰动开始到系统基本稳定为止的时间。如果主要是为了观察系统的稳定性,则仅计算系统响应的 3~4 个周期就足够了。所以仿真时间的估算公式可选为

$$T_s = (5\sim20)nT$$

式中:T_s 为仿真时间;n 为被控对象传递函数的阶次;T 为被控对象传递函数的时间常数。

如果有若干个被控对象,则应以其中 nT 最大的为准。

3. 输出仿真结果程序块

该程序块输出的仿真结果,可以是状态变量、中间变量、输出变量的仿真结果。输出的形式总是数据表格或曲线的形式。在 MATLAB 程序语言里,有各种各样的输出形式,这里不再赘述。

第 3 章　基于模糊推理的智能控制系统

模糊控制是模拟大脑左半球模糊逻辑推理功能的智能控制形式,它通过"若……则……"等规则形式表现人的经验、知识,在符号水平上模拟智能,这样符号的最基本形式就是描述模糊概念的模糊集合。模糊控制的基础是模糊数学,在构成智能控制器或系统时,它与专家控制互相借鉴有益的成果,而且有时可结合在一起。

3.1　模糊控制系统概述

模糊数学是由美国控制论专家 Zadeh 于 1965 年倡导并建立的一门新兴学科,经过许多专家学者的不懈努力,该学科的相关理论和方法在过去 60 多年的时间里不断完善,而其应用也越来越广泛,不仅应用于自然科学领域,在社会科学领域也得到了重视。

从 20 世纪 70 年代开始,控制科学家们逐步将模糊逻辑应用于控制理论中,发展起了一门新的控制技术——模糊控制。与传统的逻辑系统相比,模糊控制不仅在行为方式上与人类的行为和语言表达方式更加接近,而且具备一套行之有效的获取方法,可以有效获取现实世界中的不精确或近似的知识。从本质上讲,模糊控制是一套基于模糊隐含概念和复合推理规则的控制策略。正因为如此,模糊控制在复杂系统控制问题中可谓大放异彩,表现出了十分优异的性能。

目前,模糊控制还没有系统性的理论指导,绝大多数控制科学家都是以经验为基础而完成对模糊控制系统的设计与分析。然而值得注意的是,近些年许多控制论专家将研究的重点转向了模糊系统的动态建模和稳定性分析方面,并且取得了不少研究成果。这些成果促使一些控制论专家坚信可以建立一套完整的理论体系和分析方法,进而对模糊控制进行清晰、透彻的研究和描述,并且可以创建一套专用的工具以推广模糊控制的应用范围。

综合近些年的发展与应用状况来看,模糊控制具有无须建立被控对象数学模型、控制方法有效反映人类智慧、控制手段易于被人接受、构造相对容易、鲁棒性和适应性较好等方面的优点，故而其在各应用领域获得了极高的认可度。在一些智能控制技术比较发达的国家，模糊控制器已经商品化，如摄像机聚焦模糊控制系统、模糊吸尘器、模糊空调器、模糊洗衣机、模糊电梯控制器、火车模糊启动控制器、模糊制动器、吊车模糊控制器等，都是基于模糊理论的智能控制的成功应用。

3.2 模糊控制的数学基础

模糊集合和模糊逻辑推理是模糊控制的基础，这里我们就来讨论模糊集合的有关概念及运算。

3.2.1 模糊集合的定义

一般地，设 U 为某些对象的集合，称为论域，可以是连续的或离散的；u 表示 U 的元素，记作 $U=\{u\}$。

定义 3.2.1（模糊集合） 论域 U 到区间 $[0,1]$ 的任一映射 μ_F，即 $\mu_F: U \to [0,1]$，都确定 U 的一个模糊集合 F；μ_F 称为 F 的隶属函数或隶属度。也就是说，μ_F 表示 u 属于模糊集合 F 的程度或等级。$\mu_F(u)$ 值的大小反映了 u 对模糊集合 F 的从属程度。$\mu_F(u)$ 值接近于 1，表示 u 从属于模糊集合 F 的程度很高；$\mu_F(u)$ 值接近于 0，表示 u 从属于模糊集合 F 的程度很低。

在论域 U 中，可把模糊集合 F 表示为元素 u 与其隶属函数 $\mu_F(u)$ 的序偶集合，记为 $F=\{(u,\mu_F(u))|u \in U\}$。若 U 为连续域，则模糊集 F 可记作 $F=\int_U \frac{\mu_F(u)}{u}$。注意，这里的 $\int$ 并不表示"积分"，只是借用来表示集合的一种方法。若 U 为离散域，则模糊集 F 可记为 $F=\frac{\mu_F(u_1)}{u_1}+\frac{\mu_F(u_2)}{u_2}+\cdots+\frac{\mu_F(u_n)}{u_n}=\sum_{i=1}^{n}\frac{\mu_F(u_i)}{u_i}(i=1,2,\cdots,n)$。注意，这里的 $\sum$ 并不表示"求和"，只是借用来表示集合的一种方法；符号"/"不表示分数，只是表示元素 u_i 与其隶属度 $\mu_F(u_i)$ 之间的对应关系，符号"+"也不表示"加法"，仅仅是个记号，表示模糊集合在论域上的整体。

例 3.2.1 设论域 $U=\{$小明，小花，小果$\}$，评语为"学习好"。设 3 个人学习成绩总评分是小明得 95 分，小花得 90 分，小果得 85 分，3 人都学习好,但又有差异。

若采用普通集合的观点,选取特征函数 $C_A(u)=\begin{cases}1,\text{学习好}\in A\\0,\text{学习差}\in A\end{cases}$,此时特征函数分别为 $C_A(\text{小明})=1,C_A(\text{小花})=1,C_A(\text{小果})=1$。这样就反映不出三者的差异。若采用模糊子集的概念,选取区间 $[0,1]$ 上的隶属度来表示它们属于"学习好"模糊子集 A 的程度,就能够反映出3人的差异。

采用隶属函数 $\dfrac{x}{100}$,由3人的成绩可知3人"学习好"的隶属度为 $\mu_A(\text{小明})=0.95,\mu_A(\text{小花})=0.90,\mu_A(\text{小果})=0.85$。"学习好"这一模糊子集 A 可表示为 $A=\{0.95,0.90,0.85\}$,其含义为小明、小花、小果属于"学习好"的程度分别是 $0.95,0.90,0.85$。

3.2.2 模糊集合的运算

在讨论模糊集合的运算规律之前,我们先给出模糊支集、交叉点及模糊单点的定义。

定义 3.2.2(模糊支集、交叉点及模糊单点) 如果模糊集是论域 U 中所有满足 $\mu_F(u)>0$ 的元素 u 构成的集合,则称该集合为模糊集 F 的支集。当 u 满足 $\mu_F=1.0$,则称此模糊集为模糊单点。

接下来,我们给出模糊集合的基本运算的定义。

定义 3.2.3(模糊集合的基本运算) 设 A 是论域 U 中的一个模糊集,隶属函数为 $\mu_A(u)$;B 也是论域 U 中的一个模糊集,隶属函数为 $\mu_B(u)$,则 $\forall u\in U$,有:

(1)A 与 B 的并(逻辑或)记为 $A\cup B$,隶属函数为
$$\mu_{A\cup B}(u)=\mu_A(u)\vee\mu_B(u)=\max\{\mu_A(u),\mu_B(u)\}$$
(2)A 与 B 的交(逻辑与)记为 $A\cap B$,隶属函数为:
$$\mu_{A\cap B}(u)=\mu_A(u)\wedge\mu_B(u)=\min\{\mu_A(u),\mu_B(u)\}$$
(3)A 的补(逻辑非)记为 $\overline{A}$,隶属函数为
$$\mu_{\overline{A}}(u)=1-\mu_A(u)$$

定义 3.2.4(模糊集合运算的基本定律) 设模糊集合 $A,B,C\in U$,则其并、交和补运算满足下列基本规律:

(1)幂等律。具体表现为 $A\cup A=A,A\cap A=A$。
(2)交换律。具体表现为 $A\cup B=B\cup A,A\cap B=B\cap A$。
(3)结合律。具体表现为 $(A\cup B)\cup C=A\cup(B\cup C),(A\cap B)\cap C=A\cap(B\cap C)$。

(4)分配律。具体表现为 $A\cup(B\cap C)=(A\cup B)\cap(A\cup C)$，$A\cap(B\cup C)=(A\cap B)\cup(A\cap C)$。

(5)吸收律。具体表现为 $A\cup(A\cap B)=A$，$A\cap(A\cup B)=A$。

(6)同一律。具体表现为 $A\cap E=A$，$A\cup E=E$；$A\cap\varnothing=\varnothing$，$A\cup\varnothing=A$。式中，$\varnothing$ 为空集，E 为全集，即 $\overline{\varnothing}=E$。

(7)DeMorgan 律（德·摩根律）。即 $-(A\cap B)=-A\cup(-B)$，$-(A\cup B)=-A\cap(-B)$。

(8)复原律。即 $\overline{\overline{A}}=A$，即 $-(-A)=A$。

(9)对偶律（逆否律）。即 $\overline{A\cup B}=\overline{A}\cap\overline{B}$，$\overline{A\cap B}=\overline{A}\cup\overline{B}$，即 $-(A\cup B)=-A\cap(-B)$，$-(A\cap B)=-A\cup(-B)$。

(10)互补律不成立。即 $-A\cup A\neq E$，$-A\cap A\neq\varnothing$。

例 3.2.2 设 $A=\dfrac{0.9}{u_1}+\dfrac{0.2}{u_2}+\dfrac{0.8}{u_3}+\dfrac{0.5}{u_4}$，$B=\dfrac{0.3}{u_1}+\dfrac{0.1}{u_2}+\dfrac{0.4}{u_3}+\dfrac{0.6}{u_4}$，求 $A\cup B$ 和 $A\cap B$。

解：易知 $A\cup B=\dfrac{0.9}{u_1}+\dfrac{0.2}{u_2}+\dfrac{0.8}{u_3}+\dfrac{0.6}{u_4}$，$A\cap B=\dfrac{0.3}{u_1}+\dfrac{0.1}{u_2}+\dfrac{0.4}{u_3}+\dfrac{0.5}{u_4}$。

例 3.2.3 试证明普通集合中的互补律在模糊集合中不成立，即

$$\mu_A(u)\vee\mu_{\overline{A}}(u)\neq 1, \mu_A(u)\wedge\mu_{\overline{A}}(u)\neq 0$$

证明：设 $\mu_A(u)=0.4$，则 $\mu_{\overline{A}}(u)=1-0.4=0.6$，则：

$$\mu_A(u)\vee\mu_{\overline{A}}(u)=0.4\vee 0.6=0.6\neq 1$$

$$\mu_A(u)\wedge\mu_{\overline{A}}(u)=0.4\wedge 0.6=0.4\neq 0$$

3.2.3 模糊关系

"关系"是来自集合论的一个重要概念，它是不同集合中的元素的关联程度的反映。关系有普通关系和模糊关系之分。顾名思义，所谓普通关系，就是能够用数学方法或简明逻辑描述的关系；而所谓模糊关系，就是比较含糊，无法用数学方法或简明逻辑描述的关系。在模糊集合中，模糊关系处于核心地位。接下来，我们就对模糊关系展开系统的讨论。具体的方法就是把普通关系概念推广到模糊集合，得到模糊关系的定义。

定义 3.2.5[笛卡儿乘积（直积、代数积）] 设 $A_1,A_2,\cdots,A_n$ 是一组模糊集合，它们分别是来自于论域 $U_1,U_2,\cdots,U_n$，显然，直积 $A_1\times A_2\times\cdots\times A_n$ 是由论域 $U_1,U_2,\cdots,U_n$ 构成的乘积空间 $U_1\times U_2\times\cdots\times U_n$ 中的一个模糊集合。于是，可以进一步定义其直积（极小算子）为：

$$\mu_{A_1\times A_2\times\cdots\times A_n}(u_1,u_2,\cdots,u_n)=\min\{\mu_{A_1}(u_1),\mu_{A_2}(u_2),\cdots,\mu_{A_n}(u_n)\}$$

(3-2-1)

代数积为

$$\mu_{A_1 \times A_2 \times \cdots \times A_n}(u_1, u_2, \cdots, u_n) = \mu_{A_1}(u_1) \mu_{A_2}(u_2) \cdots \mu_{A_n}(u_n) \quad (3\text{-}2\text{-}2)$$

显然,上述两式都是隶属函数。

基于定义 3.2.1,我们就可以进一步给出模糊关系的精确定义。

定义 3.2.6(模糊关系) 设有两个模糊集合 U 和 V(非空),其直积为 $U \times V$,模糊集合 R 是 $U \times V$ 中的一个模糊子集,那么,R 即可看作是从 U 到 V 的模糊关系,用数学公式表示则有

$$U \times V = \{((u,v), \mu_R(u,v)) | u \in U, v \in V\} \quad (3\text{-}2\text{-}3)$$

模糊关系可以用模糊矩阵来表示。当 $U = \{u_i\}, V = \{v_i\} (i=1,2,\cdots,m; j=1,2,\cdots,n)$ 是有限集合时,则 $U \times V$ 的模糊关系 R 可以用 $m \times n$ 阶矩阵

$$\boldsymbol{R} = \begin{bmatrix} r_{11} & r_{12} & \cdots & r_{1n} \\ r_{21} & r_{22} & \cdots & r_{2n} \\ \vdots & \vdots & & \vdots \\ r_{m1} & r_{m2} & \cdots & r_{mn} \end{bmatrix}$$

来表示。式中,$r_{ij} = \mu_R(u_i, v_j)$。

模糊关系还可以用模糊图来表示。例如,设模糊关系 R 用模糊矩阵表示时为:

$$\boldsymbol{R} = \begin{array}{c} \\ x_1 \\ x_2 \\ x_3 \end{array} \begin{array}{c} y_1 \quad y_2 \quad y_3 \\ \begin{bmatrix} 0.4 & 0.3 & 0.1 \\ 0.5 & 0.2 & 0.6 \\ 0.0 & 0.1 & 0.9 \end{bmatrix} \end{array}$$

此关系 R 分别用模糊关系图和模糊流通图来表示时如图 3-1 所示。其中,图 3-1(a)为模糊关系图,图 3-1(b)为模糊流通图。

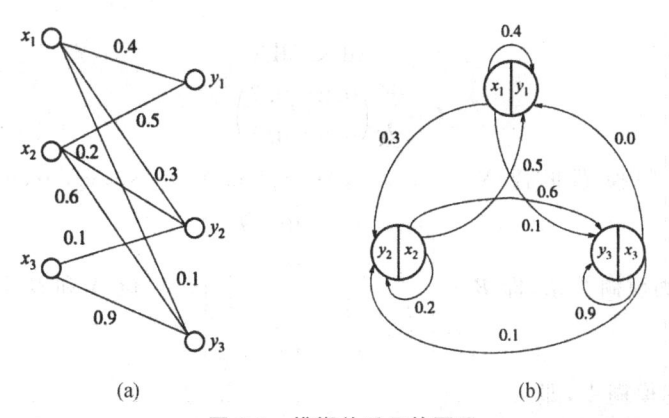

图 3-1 模糊关系尺的图示

定义 3.2.7(复合关系) 若 R 和 S 分别为论域 $U \times V$ 和 $V \times W$ 中的模

糊关系,则 R 和 S 的复合 $R \circ S$ 是一个从 U 到 W 的新的模糊关系,记为

$$R \circ S = \{[(u,w); \sup_{v \in V}(\mu_R(u,v) * \mu_S(v,w) *)], u \in U, v \in V, w \in W\}$$

(3-2-4)

其隶属函数的运算法则为

$$\mu_{R \circ S}(u,w) = \bigvee_{v \in V}(\mu_R(u,v) \wedge \mu_S(u,v))((u,w) \in (U \times W))$$

(3-2-5)

例 3.2.4 设模糊关系 R 描述了儿子、女儿与父亲、叔叔长相的"相像"关系,模糊关系 S 描述了父亲、叔叔与祖父、祖母长相的"相像"关系,则模糊关系 R 和 S 可以描述为:

$$R = \begin{matrix} & 父 & 叔 \\ 子 \\ 女 \end{matrix} \begin{pmatrix} 0.8 & 0.2 \\ 0.3 & 0.5 \end{pmatrix}, S = \begin{matrix} & 祖父 & 祖母 \\ 父 \\ 叔 \end{matrix} \begin{pmatrix} 0.2 & 0.7 \\ 0.9 & 0.1 \end{pmatrix},$$

试求子女与祖父、祖母长相的"相像"关系 C。

解:由复合运算法则得:

$$\mu_C(x_1, z_1) = [\mu_R(x_1, y_1) \wedge \mu_S(y_1, z_1)] \vee [\mu_R(x_1, y_2) \wedge \mu_S(y_2, z_1)]$$
$$= [0.8 \wedge 0.2] \vee [0.2 \wedge 0.9] = 0.2 \vee 0.2 = 0.2,$$

$$\mu_C(x_1, z_2) = [\mu_R(x_1, y_1) \wedge \mu_S(y_1, z_2)] \vee [\mu_R(x_1, y_2) \wedge \mu_S(y_2, z_2)]$$
$$= [0.8 \wedge 0.7] \vee [0.2 \wedge 0.1] = 0.7 \vee 0.1 = 0.7,$$

$$\mu_C(x_2, z_1) = [\mu_R(x_2, y_1) \wedge \mu_S(y_1, z_1)] \vee [\mu_R(x_2, y_2) \wedge \mu_S(y_2, z_1)]$$
$$= [0.3 \wedge 0.2] \vee [0.5 \wedge 0.9] = 0.2 \vee 0.5 = 0.5,$$

$$\mu_C(x_2, z_2) = [\mu_R(x_2, y_1) \wedge \mu_S(y_1, z_2)] \vee [\mu_R(x_2, y_2) \wedge \mu_S(y_2, z_2)]$$
$$= [0.3 \wedge 0.7] \vee [0.5 \wedge 0.1] = 0.3 \vee 0.1 = 0.3,$$

则

$$C = \begin{matrix} & 祖父 & 祖母 \\ 子 \\ 女 \end{matrix} \begin{pmatrix} 0.2 & 0.7 \\ 0.9 & 0.1 \end{pmatrix}$$

设有限模糊集合 $X = \{x_1, x_2, \cdots, x_m\}$ 和 $Y = \{y_1, y_2, \cdots, y_n\}$,$R$ 为 $X \times Y$ 上的模糊关系,即 $R = \begin{pmatrix} r_{11} & r_{12} & \cdots & r_{1n} \\ r_{21} & r_{22} & \cdots & r_{2n} \\ \vdots & \vdots & & \vdots \\ r_{m1} & r_{m2} & \cdots & r_{mn} \end{pmatrix}$。再设 A 和 B 分别为 X 和 Y 上的模糊集,即

$$A = \{\mu_A(x_1), \mu_A(x_2), \cdots, \mu_A(x_m)\}, B = \{\mu_B(y_1), \mu_B(y_2), \cdots, \mu_B(y_n)\}$$

且满足关系 $B = A \circ R$,就称 B 为 A 的像,A 是 B 的原像,R 是 X 到 Y 上的一

个模糊变换。$B=A\circ R$ 的隶属函数运算规则为：

$$\mu_B(y_i)=\bigvee_{i=1}^{m}[\mu_A(x_i)\wedge\mu_R(x_i,y_j)]\quad(j=1,2,\cdots,n)$$

3.2.4　模糊逻辑语言

语言是人们思维和信息交流的重要工具，有两种语言：自然语言和形式语言。人们在日常工作生活中所用的语言属于自然语言，具有语义丰富、使用灵活等特点，同时具有模糊特性，如"陈老师的个子很高""她穿的这套衣服挺漂亮"等。计算机语言就是一种形式语言，形式语言有严格的语法和语义，一般不存在模糊性和歧义。

具有模糊性的语言叫作模糊语言，如高、低、长、短、大、小、冷、热、胖、瘦等。语言变量是自然语言中的词或句，它的取值不是通常的数，而是用模糊语言表示的模糊集合。扎德为语言变量做出了如下定义。

例 3.2.5（语言变量）　对于一个语言变量，可以用多元组 $(x,T(x),U,G,M)$ 来将之表示。式中，x 代表变量名；$T(x)$ 是一个语言值名称的集合，代表变量名 x 的词集；U 代表论域；G 和 M 都代表语法规则，通过规则 G 可以产生语言值名称，而 M 则代表各语言值含义之间的关系。

一般地，语言变量的每个语言值与定义在论域 U 上的模糊数具有一一对应关系。这样，模糊概念与精确数值就通过语言变量的基本词集而建立了联系。基于此，人们根据需要既可以将定性概念定量化，又可以将定量数据定性模糊化。

例如，在一些工业生产常用的窑炉模糊控制系统中，经常会将温度作为语言变量，进而可以将词集 T（温度）设为：

$$T（温度）=\{超高,很高,较高,中等,较低,很低,过低\}$$

上述每个模糊语言如超高、中等、很低等都是定义在论域 U 上的一个模糊集合。

在模糊控制中，模糊控制规则实质上是模糊蕴涵关系。下面简要讨论模糊语言控制规则中所蕴涵的模糊关系：

（1）假设 u 和 v 是定义在论域 U 和 V 上的两个语言变量，人类的语言控制规则为"如果 u 是 A，则 v 是 B"，其蕴涵的模糊关系 R 为

$$R=(A\times B)\bigcup(\overline{A}\times V)$$

式中，$A\times B$ 称作 A 和的 B 笛卡儿乘积，其隶属度运算法则为

$$\mu_{A\times B}(u,v)=\mu_A(u)\wedge\mu_B(v)$$

所以，R 的运算法则为

$$\mu_R(u,v) = [\mu_A(u) \wedge \mu_B(v)] \vee \{[1-\mu_A(u)] \wedge 1\}$$
$$= [\mu_A(u) \wedge \mu_B(v)] \vee [1-\mu_A(u)]$$

(2)设已经定义两个语言变量 u 和 v，且定义控制规则"如果 u 是 A，则 v 是 B；否则 v 是 C"，则对应的模糊关系 R 为

$$R = (A \times B) \cup (\overline{A} \times C)，$$
$$\mu_R(u,v) = \{\mu_A(u) \wedge \mu_B(v)\} \vee \{[1-\mu_A(u)] \wedge \mu_C(v)\}$$

3.3 模糊逻辑推理

3.3.1 模糊近似推理

在模糊逻辑和近似推理中，有两种重要的模糊推理规则，即广义取式（肯定前提）假言推理法（GMP）和广义拒式（否定结论）假言推理法（GMT），分别简称为广义前向推理法和广义后向推理法。

GMP 推理规则可表示为：

前提 1：x 为 A'

前提 2：若 x 为 A，则 y 为 B

——————————————

结论：y 为 $B' = A' \circ (A \rightarrow B)$

即结论 B' 可用 A' 与由 A 到 B 的推理关系进行合成而得到。其隶属函数为

$$\mu_{B'}(y) = \bigvee_{x \in X} \{\mu_{A'}(x) \wedge \mu_{A \rightarrow B}(x,y)\}$$

模糊关系矩阵元素 $\mu_{A \rightarrow B}(x,y)$ 的计算方法可采用 Zadeh 推理法，即：

$$(A \rightarrow B) = (A \wedge B) \vee (1-A)$$

那么，其隶属函数为

$$\mu_{A \rightarrow B}(x,y) = [\mu_A(x) \wedge \mu_B(y)] \vee [1-\mu_A(x)]$$

GMT 推理规则可表示为

前提 1：y 为 B'

前提 2：若 x 为 A，则 y 为 B

——————————————

结论：x 为 $A' = (A \rightarrow B) \circ B'$

即结论 A' 可用 B' 与由 A 到 B 的推理关系进行合成而得到。其隶属函数为

$$\mu_{A'}(x) = \bigvee_{y \in Y} \{\mu_{B'}(x) \wedge \mu_{A \rightarrow B}(x,y)\}$$

模糊关系矩阵元素 $\mu_{A \to B}(x,y)$ 的计算方法可采用 Mamdani 推理法,即
$$(A \to B) = A \wedge B$$
那么,其隶属函数为
$$\mu_{A \to B}(x,y) = [\mu_A(x) \wedge \mu_B(y)] = \mu_{R_{\min}}(x,y)$$
上述两式中的 A、A'、B 和 B' 为模糊集合,x 和 y 为语言变量。

当 $A=A'$ 和 $B=B'$ 时,GMP 就退化为"肯定前提的假言推理",它与正向数据驱动推理有密切关系,在模糊逻辑控制中特别有用。当 $B'=\overline{B}$ 和 $A'=\overline{A}$ 时,GMT 退化为"否定结论的假言推理",它与反向目标驱动推理有密切关系,在专家系统(尤其是医疗诊断)中特别有用。

3.3.2 单输入模糊推理

当输入状态为单输入时,假设有两个语言变量 x 和 y,它们之间存在模糊关系为 $\boldsymbol{R}$,当给语言变量 x 赋予模糊取值 A^* 时,语言变量 y 对应地取值为 B^*。这个结果可以通过模糊推理得到,具体公式为:
$$B^* = A^* \circ \boldsymbol{R} \tag{3-3-1}$$
通常情况下,单输入模糊推理[式(3-3-1)]常用如下两种方法来计算:

(1) Zadeh 法。该方法的具体计算公式为
$$\begin{aligned} B^*(y) &= A^*(x) \circ \boldsymbol{R}(x,y) = \bigvee_{x \in X} \{\mu_{A^*}(x) \wedge \mu_R(x,y)\} \\ &= \bigvee_{x \in X} \{\mu_{A^*}(x) \wedge [\mu_A(x) \wedge \mu_B(y) \vee (1-\mu_A(x))]\} \end{aligned}$$

(2) Mamdani 推理方法。该方法将 $A \to B$ 的模糊蕴涵关系采用 A 和 B 的笛卡儿积表示,即 $\boldsymbol{R} = A \to B = A \times B$,当输入状态为单输入时,具体计算公式为:
$$\begin{aligned} B^*(y) &= A^*(x) \circ \boldsymbol{R}(x,y) = \bigvee_{x \in X} \{\mu_{A^*}(x) \wedge [\mu_A(x) \wedge \mu_B(y)]\} \\ &= \bigvee_{x \in X} \{\mu_{A^*}(x) \wedge \mu_A(x)\} \wedge \mu_B(y) = \alpha \wedge \mu_B(y) \end{aligned}$$
式中,α 代表 A^* 和 A 的交集的高度,又称 A^* 和 A 的适配度,具体计算公式为 $\alpha = \bigvee_{x \in X} \{\mu_{A^*}(x) \wedge \mu_A(x)\}$。进一步分析可知,该方法所得结果可以看作是 α 对 B 进行切割,故而 Mamdani 推理方法又称"削顶法",如图 3-2 所示。

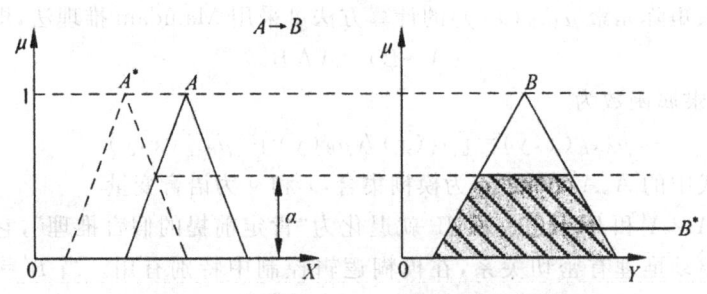

图 3-2　单输入 Mamdani 推理的图形化描述

3.3.3　多输入模糊推理

当输入状态为单输入时,假设输入语言变量有 m 个,分别为 $x_1, x_2, \cdots, x_m$, y 为输出语言变量,R 为 $x_1, x_2, \cdots, x_m$ 与 y 之间的模糊关系。那么,当 $x_1, x_2, \cdots, x_m$ 的模糊取值分别为 $A_1^*, A_2^*, \cdots, A_m^*$ 时,输出语言变量 y 的取值 B^* 计算公式为

$$B^* = (A_1^* \times A_2^* \times \cdots \times A_m^*) \circ R$$

即

$$B^*(y) = (A_1^*(x_1) \times A_2^*(x_2) \times \cdots \times A_m^*(x_m)) \circ R(x_1, x_2, \cdots, x_m, y)$$

$$= \bigvee_{x_1, x_2, \cdots, x_m} \{\mu_{A_1^*}(x_1) \wedge \mu_{A_2^*}(x_2) \wedge \cdots \wedge \mu_{A_m^*}(x_m) \wedge \mu_R(x_1, x_2, \cdots, x_m, y)\}$$

特别地,在输入的情况下,同样能利用 Mamdani 方法并采用图形法来描述模糊推理过程。假设二维模糊规则 R 被描述为

if x is A and y is B then z is C

那么,可以将 R 拆分为

R_1: if x is A then z is C

和

R_2: if y is B then z is C

的交集。其中,R_1 和 R_2 是两个单输入模糊规则。故而,当两个输入变量的模糊取值分别为 A^* 和 B^* 时,可以分别按照单输入模糊规则 R_1 和 R_2 推理得到模糊输出 C_1^* 和 C_2^*,然后再取交集,即可得到两个输入变量在二维模糊规则 R 下的模糊输出 C^*,即

$$C_1^* = A^* \circ (A \times C), C_2^* = B^* \circ (B \times C)$$

$$C^* = C_1^* \wedge C_2^* = [A^* \circ (A \times C)] \wedge [B^* \circ (B \times C)]$$

其运算法则为

$$\mu_{C^*}(z) = \{\bigvee_{x \in X} \mu_{A^*}(x) \wedge [\mu_A(x) \wedge \mu_C(z)]\} \wedge \{\bigvee_{y \in Y} \mu_{B^*}(y) \wedge [\mu_B(x) \wedge \mu_C(z)]\}$$

$$= \{ \bigvee_{x \in X} \mu_{A^*}(x) \wedge \mu_A(x) \wedge \mu_C(z) \} \wedge \{ \bigvee_{y \in Y} \mu_{B^*}(y) \wedge \mu_B(x) \wedge \mu_C(z) \}$$
$$= \{ \alpha_1 \wedge \mu_C(z) \} \wedge \{ \alpha_2 \wedge \mu_C(z) \} = \{ \alpha_1 \wedge \alpha_2 \} \wedge \mu_C(z)$$

上式的图形化意义在于用 α_1 和 α_2 的最小值对 C 进行削顶,如图 3-3 所示。

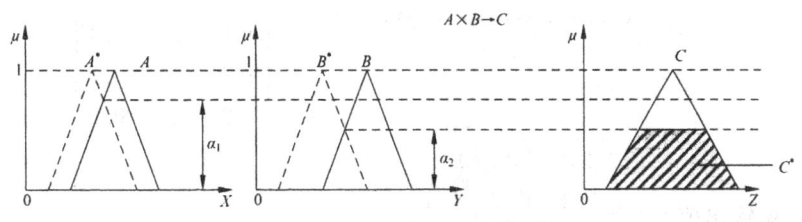

图 3-3 二输入 Mamdani 推理的图形化描述

例 3.3.1 假设某控制系统的输入语言规则为:当误差 e 为 E 且误差变化率 ec 为 EC 时,输出控制量 u 为 U,其中模糊语言变量 E、EC、U 的取值分别为

$$E = \frac{0.8}{e_1} + \frac{0.2}{e_2}, EC = \frac{0.1}{ec_1} + \frac{0.6}{ec_2} + \frac{1.0}{ec_3}, U = \frac{0.3}{u_1} + \frac{0.7}{u_2} + \frac{1.0}{u_3}$$

现已知 $E^* = \frac{0.7}{e_1} + \frac{0.4}{e_2}, EC^* = \frac{0.2}{ec_1} + \frac{0.6}{ec_2} + \frac{0.7}{ec_3}$。试求当误差 e 是 E^* 且误差变化率 ec 是 EC^* 时输出控制量 u 的模糊取值 U^*。

解:先计算模糊关系 $\boldsymbol{R}$,其中模糊推理计算采用 Mamdani 推理法。令

$$\boldsymbol{R}_1 = E \times EC = (0.8, 0.2) \wedge (0.1, 0.6, 1.0) = \begin{pmatrix} 0.1 & 0.6 & 0.8 \\ 0.1 & 0.2 & 0.2 \end{pmatrix},$$

$$\boldsymbol{R} = \boldsymbol{R}_1^{\mathrm{T}} \times U = \begin{pmatrix} 0.1 \\ 0.6 \\ 0.8 \\ 0.1 \\ 0.2 \\ 0.2 \end{pmatrix} \wedge (0.3, 0.7, 1.0) = \begin{pmatrix} 0.1 & 0.1 & 0.1 \\ 0.3 & 0.6 & 0.6 \\ 0.3 & 0.7 & 0.8 \\ 0.1 & 0.1 & 0.1 \\ 0.2 & 0.2 & 0.2 \\ 0.2 & 0.2 & 0.2 \end{pmatrix}$$

则输出控制量 u 的模糊取值 U^* 可按式

$$U^* = (E^* \times EC^*) \circ \boldsymbol{R}$$

求出。又令

$$\boldsymbol{R}_2 = E^* \times EC^* = (0.7, 0.4) \wedge (0.2, 0.6, 0.7) = \begin{pmatrix} 0.2 & 0.6 & 0.7 \\ 0.2 & 0.4 & 0.4 \end{pmatrix}$$

把 $\boldsymbol{R}_2$ 写成行向量形式,并以 $\boldsymbol{R}_2^{\mathrm{T}}$ 表示,则

$$\boldsymbol{R}_2^{\mathrm{T}} = (0.2, 0.6, 0.7, 0.2, 0.4, 0.4),$$

$$U^* = (E^* \times EC^*) \circ \boldsymbol{R} = \boldsymbol{R}_2^{\mathrm{T}} \circ R$$

$$= (0.2, 0.6, 0.7, 0.2, 0.4, 0.4) \circ \begin{pmatrix} 0.1 & 0.1 & 0.1 \\ 0.3 & 0.6 & 0.6 \\ 0.3 & 0.7 & 0.8 \\ 0.1 & 0.1 & 0.1 \\ 0.2 & 0.2 & 0.2 \\ 0.2 & 0.2 & 0.2 \end{pmatrix}$$

$$= (0.3, 0.7, 0.7)$$

即模糊输出值 $U^* = \dfrac{0.3}{u_1} + \dfrac{0.7}{u_2} + \dfrac{0.7}{u_3}$。

3.4 模糊建模

3.4.1 模糊模型

模糊模型是反映模糊系统输入和输出关系的一种数学表达式,不同的研究对象和应用领域,对应不同的模糊模型。

3.4.1.1 基于模糊关系方程的模糊模型

存在一种范围广泛的所谓病态系统,为了对其不精确的信息进行操作,就用模糊关系方程来表达它们的行为特征:

$$\widetilde{Y} = \widetilde{X} \circ R$$

式中,$\widetilde{X}$ 和 $\widetilde{Y}$ 为定义在论域 X 和 Y 中模糊集合,。为复合算子,R 为模糊关系。如前述,常用的复合算子为 max-min 和 max-乘积。$\widetilde{X}$ 还可以进一步写成:

$$\widetilde{X} = (\widetilde{X}_1, \widetilde{X}_2, \cdots, \widetilde{X}_k)$$

k 为 $\widetilde{X}$ 的维数。这种模糊模型常用于医疗诊断、模糊控制系统诊断和决策中。

3.4.1.2 一阶 T—S 模糊模型

这种模型是由 Takagi 和 Sugeno 提出来的,其一般表述为

$$\text{if } x_1 \text{ 是 } A_1 \text{ 和 } x_2 \text{ 是 } A_2 \cdots \text{ 和 } x_k \text{ 是 } A_k, \text{then } y = f(x) \quad (3\text{-}4\text{-}1)$$

式中,结果部分是精确函数,通常是输入变量多项式。当 $f(x)$ 为常数时,

式(3-4-1)称为零阶 T—S 模糊模型;当 $f(x)$ 是 x_i 线性多项式时,即 $y = p_0 + p_1 x_1 + \cdots + p_k x_k$,我们称此为一阶 T—S 模型。由于这种模型的结果是精确函数,不用进行去模糊化运算,因此这种模糊模型获得广泛应用。

3.4.1.3 拟非线性模糊模型

如果 $f(x)$ 是一个非线性连续函数,则式(3-4-1)称为拟非线性模糊模型。由于它在结论部分利用了系统输入变量的高阶信息,使每个模糊子区域内的系统局部模型合成为适当的非线性模型。因此,它比 T-S 一阶模型更合适于表示复杂非线性系统。但构成拟非线性模型的最大困难在于确定 $f(x)$ 的形式(如指数、对数或 S 型函数等),它在很大程度上取决于专家的经验。

为了辨识上的简单,一般取多项式。当输入变量为 2 时,$f(x)$ 定义为

$$f(x_1, x_2) = \sum_{k_1=0}^{r_1} \sum_{k_2=0}^{r_2} C(k_1, k_2) x_1^{k_1} x_2^{k_2}$$

式中,$C(k_1, k_2)$ 和 r_1, r_2 为结论参数。显然,当 $r_1, r_2 > 2$ 且输入变量数目大于 2 时,这种模型结构本身变得太复杂,缺乏工程实用价值。

3.4.2 模糊模型的参数辨识

对于模糊关系模型,其参数辨识就是给定模糊集合 $\tilde{X}$ 和 $\tilde{Y}$,寻求模糊关系 R,使 $\tilde{Y} = \tilde{X} \circ R$。按模糊代数的运算法则,$R$ 可表示成:

$$R = \tilde{Y} \odot \tilde{X} \quad (3\text{-}4\text{-}2)$$

式中,$\odot$ 表示为模糊除法。这个除法必须按语言变量 x 和 y ($x \in X, y \in Y$) 的隶属函数来确定。为了简单,我们假定 x 和 y 的隶属函数具有图 3-4 的梯形函数形式,将语言变量 x 和 y 的值归一化,使:

$$\mu_x(x) \in [0,1] \quad -1 \leqslant x \leqslant 1$$
$$\mu_y(y) \in [0,1] \quad -1 \leqslant y \leqslant 1$$

这样,图 3-4 的梯形函数可以表达为

$$\mu_L = \begin{cases} 1 - \dfrac{a-x}{\alpha} & \text{如果 } x \leqslant a, \alpha > 0 \\ 1 & \text{如果 } a \leqslant x \leqslant b \\ 1 - \dfrac{x-b}{\beta} & \text{如果 } x \geqslant b, \beta > 0 \end{cases}$$

$$L = \{正大,正中,正小,零,负小,负中,负大\}$$
$$= \{PB, PM, PS, ZE, NS, NM, NB\}$$

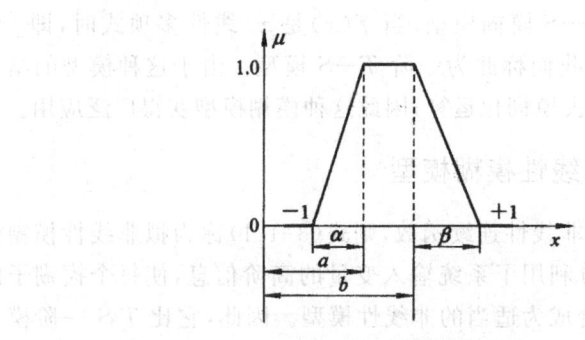

图 3-4 梯形隶属函数

输入和输出变量 x 和 y 的隶属函数可以写成

$$\mu_x(x) = (a,b,\alpha,\beta) \quad \mu_y(y) = (c,d,\gamma,\delta)$$

对于标准的梯形函数，经过近似计算可以得到表 3-1 所示的值。于是式(3-4-2)可以改写成

$$\mu_R = (c,d,\gamma,\delta) \odot (a,b,\alpha,\beta)$$

表 3-1 隶属函数的常数

语言变量	a,c	b,d	α,γ	β,δ
PB	0.55	1.00	0.28	0.00
PM	0.70	0.85	0.56	0.28
PS	0.25	055	0.32	0.33
ZE	0.00	0.00	0.41	0.41
NS	−0.55	−0.25	0.33	0.32
NM	−0.85	−0.70	0.28	0.56
NB	−1.00	−0.55	0.00	0.28

模糊除法的详细运算这里不作推导，其最终结果列于表 3-2。它给出了关系常数 R 的隶属函数 $\mu_R = (g,h,\varphi,\varphi)$。

表 3-2 语言系统关系常数表达

情况	$(c,d,\gamma,\delta) \odot (a,b,\alpha,\beta) =$	注
$c,d,a',b'>0$	$(ca',db', 0.5((c+d)a' + (a'+b')\gamma), 0.5((c+d)\beta' + (a'+b')\delta))$	$a'=1/b$
$c,d<0$ $a',b'>0$	$(ca',db', 0.5((a'+b')\gamma - (c+d)\beta'), 0.5((a'+b')\delta - (c+d)a'))$	$b'=1/a$

续表

情况	$(c,d,\gamma,\delta)\odot(a,b,\alpha,\beta)=$	注
$c,d,a',b'<0$	$(ca',db',-0.5((a'+b')\delta+(c+d)\beta'),0.5((a'+b')\gamma+(c+d)\alpha'))$	$\alpha=4\beta/(a+b)^2$
$c,d>0$ $a',b'<0$	$(ca',db',0.5((c+d)\beta'-(a'+b')\gamma),0.5((c+d)\alpha'-(a'+b')\delta))$	$\beta'=4\alpha/(a+b)^2$

下面举例来说明语言系统的辨识过程。

举例:被辨识的系统是两个蒸汽加热的干燥机,根据要烘干物料的移动和数量,干燥机不同部位上的温度差异很大。所以系统的温度用语言术语表达,如:低些(NS),正常(ZE),高些(PS)等。蒸汽控制阀近似线性,以 0~100 的百分比来标刻,在阀门全开和全闭情况下,干燥机的平均温度分别为 20℃ 和 90℃。

长期经验表明,阀门确定位置 x 和语言温度值 y 之间对应为

$$x(55)-y(PS);x(70)-y(PM);x(80)-y(PB)$$

从这些输入-输出对,系统的模糊关系 R 就可以确定。利用表 3-1 和表 3-2,第一对 $\{x,y\}$ 值经过归一化,使 x 值为 $-1\leqslant x\leqslant1$,得到结果为:

$$R_1=\{0.25\times1.82,0.55\times1.82,$$
$$0.5[(c+d)\times0+(1.82+1.82)\times0.33],$$
$$0.5[(c+d)\times0+(1.82+1.82)\times0.33)]\}$$
$$R_1=(g,h,\varphi,\varphi)=(0.46,1.0,0.60,0.60)$$

这里 x 的隶属函数当作单点,因此 $\alpha=\beta=0,a=b=0.55$。

以相同方式第二对和第三对 $\{x,y\}$ 可得结果为:

$$R_2=(g,h,\varphi,\varphi)=(1.0,1.22,0.8,0.40)$$
$$R_3=(g,h,\varphi,\varphi)=(0.88,1.06,0.70,0.35)$$

三个模糊 R 值的平均为:

$$\hat{R}=(g,h,\varphi,\varphi)=(0.78,1.09,0.70,0.45)$$

为了按物理量纲来表达,R 必须乘上因子(90-20)/100=0.70。

$$\hat{R}=(g,h,\varphi,\varphi)=(0.55,0.76,0.49,0.32)[℃/\%]$$

现在,我们来研究 T—S 一阶模糊模型的辨识问题。重写式(3-4-1):

$$\text{if } x_1 \text{ 是 } A_1 \text{ 和}\cdots\text{和 } x_k \text{ 是 } A_k,\text{then } y=p_0+p_1x_1+\cdots+p_kx_k$$

上式是由一个线性方程和连接词"和"来表征,分三个部分:

(1)$x_1,\cdots,x_k$:组成隐含前件(前提)的变量。

(2)$A_1,\cdots,A_k$:前件中模糊集的隶属函数,简称为前件参数。

(3)$p_0,\cdots,p_k$:后件(结果)参数。

利用受控系统的输入-输出数据进行辨识,就是要选择前件变量;辨识前件和后件的参数。整个辨识过程的算法可由图 3-5 来说明。

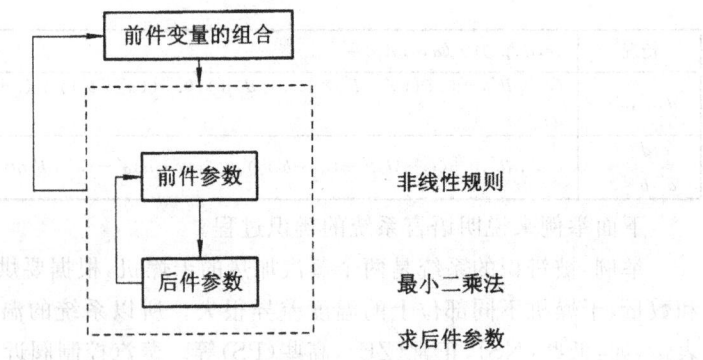

```
┌─────前件变量的组合─────┐
│         ↓              │
│     前件参数    非线性规则
│         ↓              │
│     后件参数    最小二乘法
│                 求后件参数
└────────────────────────┘
```

图 3-5 算法的概要

现在我们来讨论系统的模糊辨识方法。

3.4.2.1 后件参数的辨识方法

为了一般化,设一个系统表示如下的隐函数关系:

R^1: if x_1 是 A_1^1, ···, 和 x_4 是 A_k^1,

then $y = p_0^1 + p_1^1 x_1 + ··· + p_k^1 x_k$

R^n: if x_1 是 A_1^n, ···, 和 x_k 是 A_k^n,

then $y = p_0^n + p_1^n x_1 + ··· + p_k^n x_k$

则

$$y = \frac{\sum \mu_{R^i} \cdot y^i}{\sum \mu_{R^i}}$$

式中,$y^i = p_0^i + p_1^i x_1 + ··· + p_k^i x_k$。所以,对输入 $(x_1, ···, x_k)$,得输出:

$$y = \frac{\sum_{i=1}^{n}(A_1^i(x_1) \wedge ··· \wedge A_k^i(x_k)) \cdot (p_0^i + p_1^i x_1 + ··· + p_k^i x_k)}{\sum_{i=1}^{n}(A_1^i(x_1) \wedge ··· \wedge A_k^i(x_k))}$$

(3-4-5)

令 β_i 为

$$\beta_i = \frac{A_1^i(x_1) \wedge ··· \wedge A_k^i(x_k)}{\sum_{i=1}^{n}(A_1^i(x_1) \wedge ··· \wedge A_k^i(x_k))}$$

则

$$y = \sum_{i}^{n} \beta_i (p_0^i + p_1^i x_1 + ··· + p_k^i x_k)$$

$$= \sum_{i=1}^{n} (p_0^i \beta_i + p_1^i x_1 \cdot \beta_i + ··· + p_k^i x_k \cdot \beta_i)$$

当输入-输出数据 $x_{1j},x_{2j},\cdots,x_{kj}$ 和 $y_j(j=1,2,\cdots,m)$ 给定,按式(3-4-5),利用最小二乘法就可得到后件参数 $p_0^i,p_1^i,\cdots,p_k^i,i=1,\cdots,n$。

把以上的关系写成矩阵形式:

$$Y = XP$$

式中,$Y=(y_1,\cdots,y_m)^{\mathrm{T}}$,$P=(p_0^1\cdots p_0^n p_1^1\cdots p_1^n p_k^1\cdots p_k^n)^{\mathrm{T}}$

$$X = \begin{bmatrix} \beta_{11}\cdots\beta_{n1} & x_{11}\beta_{11}\cdots x_{1m}\beta_{m1}\cdots x_{k1}\beta_{11}\cdots x_{km}\beta_{m1} \\ \beta_{12}\cdots\beta_{n2} & x_{12}\beta_{12}\cdots x_{2m}\beta_{m2}\cdots x_{k1}\beta_{12}\cdots x_{km}\beta_{m2} \\ \cdots & \\ \beta_{1m}\cdots\beta_{nm} & x_{1n}\beta_{1n}\cdots x_{nm}\beta_{nm}\cdots x_{k1}\beta_{1n}\cdots x_{km}\beta_{nm} \end{bmatrix}$$

这里,x 是 $k\times m$ 阶的输入变量矩阵,β 是 $m\times n$ 阶矩阵,即

$$\beta_{ij} = \frac{A_1^i(x_{1j})\wedge\cdots\wedge A_k^i(x_{kj})}{\sum_j A_1^i(x_{1j})\wedge\cdots\wedge A_k^i(x_{kj})}$$

所以 X 是 $m\times n(k+1)$ 阶矩阵。这样,参数向量 P 可以计算为

$$P = (X^{\mathrm{T}}X)^{-1}X^{\mathrm{T}}Y$$

上述方法与推理方法一致,即如果拥有足够多数目的无噪声输出数据,这个辨识方法可以获得与原系统相同的参数。

参数向量也可按稳态卡尔曼滤波器来计算。所谓稳态卡尔曼滤波器,是指给出最小方差来计算线性代数方程组参数的算法。

现在举例说明上述后件参数的辨识方法。

假设一个系统的行为

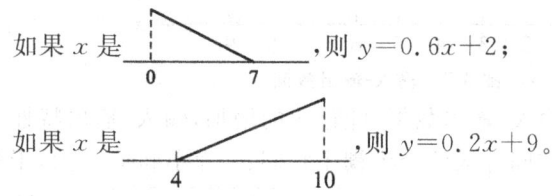

如果 x 是 ⟋̄|₀₇ ,则 $y=0.6x+2$;

如果 x 是 _⟋|₄ ₁₀ ,则 $y=0.2x+9$。

在模型的前件与原系统一样的条件下,从含噪声的输入-输出数据可以辨识后件参数,结果如下:

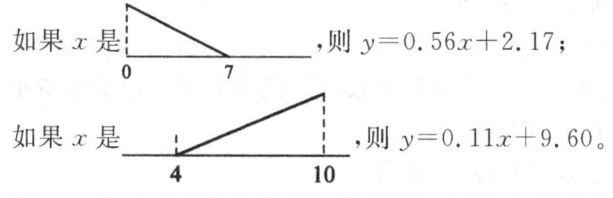

如果 x 是 ⟋̄|₀₇ ,则 $y=0.56x+2.17$;

如果 x 是 _⟋|₄ ₁₀ ,则 $y=0.11x+9.60$。

图 3-6 表示了后件参数辨识的结果。图中虚线是模糊辨识所得模型,实线为原模型。

图 3-6 辨识的结果

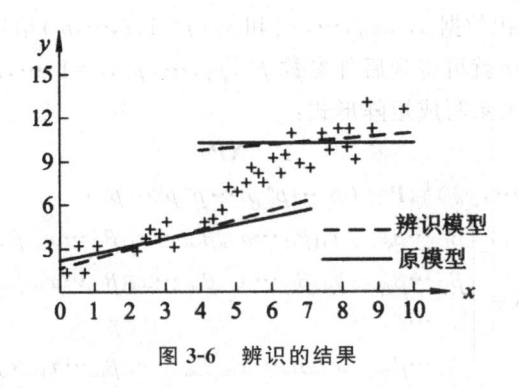

3.4.2.2 前件参数的辨识

假定前件变量已经选择,下面来讨论如何辨识前件中的模糊集,即如何把前件变量空间划分成模糊子空间。

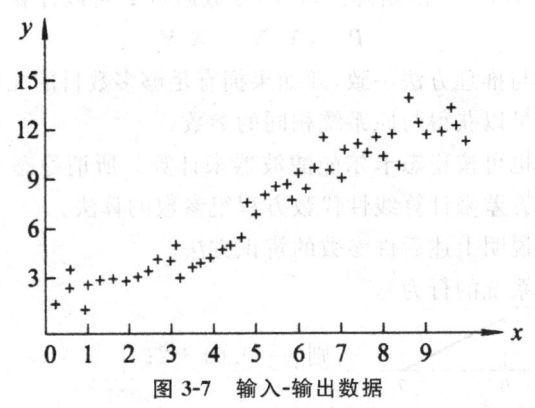

图 3-7 输入-输出数据

譬如,图 3-7 中的输入-输出数据,随输入的增加,输入-输出特性发生变化,所以可暂时把 x 空间分成两个模糊子空间:x 为小和 x 为大,于是具有以下隐含的模型:

如果 x 为小,则 $y=a_1x+b_1$;

如果 x 为大,则 $y=a_2x+b_2$。

接着,必须确定"小"和"大"的隶属函数以及在后件中的参数 a_1、b_1 和 a_2、b_2。这个问题实质上是寻求隶属函数的最优参数使特性指标最小。这个过程就称作"前件参数的辨识"。

举例:设原系统具有以下两个隐含:

如果 x 是 _____ ,则 $y=0.6x+2$;

如果 x 是 ╱‾ ,则 $y=0.2x+9$。
　　　　　4　10

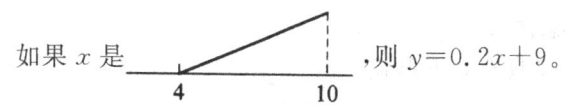

输入-输出带噪声的数据和后件的隐含函数表示于图 3-8。按复合方法求非线性规则,辨识结果前件参数如下:

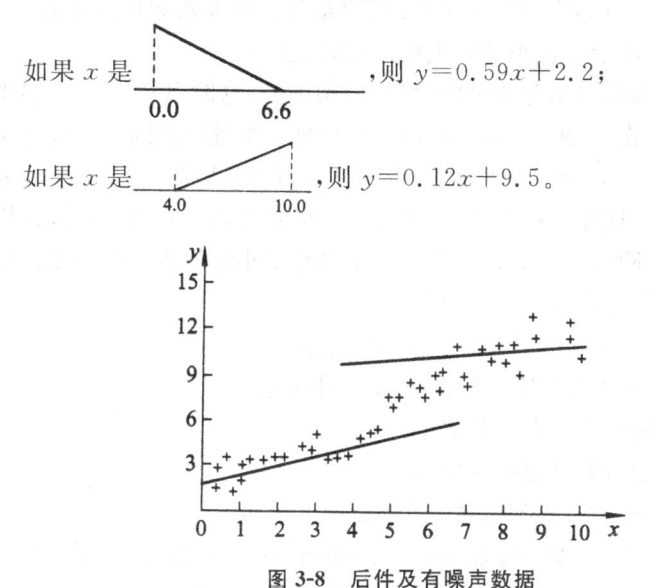

如果 x 是 ╲___ ,则 $y=0.59x+2.2$;
　　　　　0.0　6.6

如果 x 是 ___╱ ,则 $y=0.12x+9.5$。
　　　　　4.0　10.0

图 3-8　后件及有噪声数据

可见辨识结果相当精确。如果输入-输出的数据中不含噪声,那么辨识结果应与原系统参数完全相同。

3.4.3　模糊模型的结构辨识

3.4.3.1　启发式搜索法

假定需要建立一个有 k 个输入 $x_1,\cdots,x_k$ 点和单输出系统的模糊模型,用启发式搜索方法进行模糊输入空间划分的算法为:

步骤 1　把 x_1 的范围划分成两个模糊子空间"大"和"小",其他变量 $x_2,\cdots,x_k$ 不予划分。这意味着只有 x_1 在隐含前件出现,因此这个模型由 2 个隐含组成。

如果 x_1 是大,则……

如果 x_1 是小,则……

这个模型叫作模型 1—1。同样,将 x_2 分成两个子空间,而其他变量是 $x_1,x_3,\cdots,x_k$ 不予划分,这个模型叫模型 1—2。按同样方法我们就有 k 个模型,每一模型由 2 个隐含组成。

一般而言,模型 1—i 具有如下形式:

如果 x_i 是大,则……

如果 x_i 是小,则……

步骤 2 用前面两节讨论的方法,找出最佳前件参数和后件参数。从 k 个模型中选出特性指标最小的最优模型,称为稳态。

步骤 3 从步骤 2 的稳态开始,譬如模型 1—i,这时只有变量 x_i 出现在隐含前件之中。将 x_i 和 $x_j(l,2,\cdots,n)$ 组合,每一变量的范围各分成 2 个模糊子空间。对 x_i—x_j 组合,可将 x_i 分成 4 个子空间,如"大""中等大""小""中等小"。这样,得到 k 个模型,每个模型命名为模型 2—j,各模型包含 4 个(2×2)隐含。然后再次找出一个具有最小特性指标的模型。如在步骤 1 一样,称此为步骤 3 中的稳态。

步骤 4 重复步骤 3,将另一变量放入前件。

步骤 5 以下判据中任一个满足,即停止搜索:

(1)稳态的特性指标低于预定值。

(2)稳态的隐含数目超过预定数。

前件变量选择的过程如图 3-9 所示。

显然,这种方法的搜索速度较慢,当变量增多时,组合也会"爆炸"。

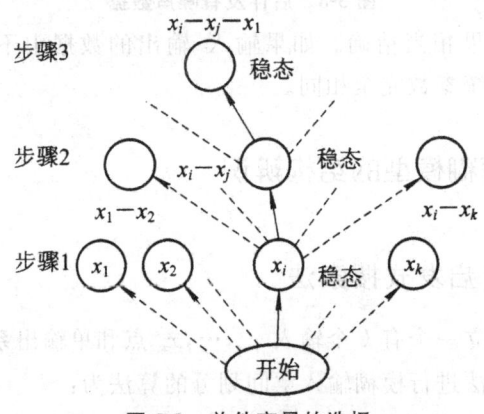

图 3-9 前件变量的选择

3.4.3.2 模糊网格法

这种方法如图 3-10(a)所示,按照某一确定的过程,如等分,来划分模糊空间,即确定输出语言项与模糊区域的关系。划分后的模糊空间就称为模糊网格,它确定了模糊规则的结构。

这种方法适用于输入变量少的情况。譬如有 10 个输入,每个输入有 2 个

MF,就会造成 $2^{10}=1024$ 个 if—then 模糊规则,这个问题也常叫作维数的灾难。

3.4.3.3 树形划分法

图 3-10(b)表示了这种划分的方法。沿着相应的树,可以单独地划分区域。树形划分方法减轻了规则数呈指数增加的问题,然而为了定义这些区域,对每一输入需更多的 MF,而且这些 MF 常常不具有清晰的语言意义,如"小""大"等。换句话说,在 $X \times Y$ 空间大致上保持正交性,而在 X 或 Y 空间不具备正交性。

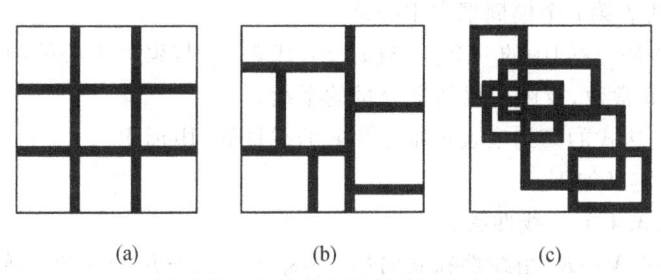

图 3-10 各种输入空间的划分方法
(a)模糊网格法;(b)树形划分法;(c)自适应模糊网格法

3.4.3.4 自适应模糊网格法

这种方法如图 3-10(c)所示,也称扩充网格(Scatter Grid)法。它根据先验知识或一般模糊网格法确定模糊网格,然后,利用梯度下降法优化模糊网格的位置和大小,以及网格间相互重叠的程度。它是一种具有学习功能的算法,可以把规则限制到合理的数目。其缺点是对每个输入变量要预先确定语言值的数目,这需要大量的启发性知识。随着输入量的增加,学习的复杂性也呈指数增长。

3.4.3.5 模糊聚类法

假定在 p 维实数空间中存在 n 个向量模式,即
$$x_1, x_2, \cdots, x_n \in R^p$$
设结构中含有 C 个类,规定目标函数为:
$$J = \sum_{i=1}^{c} \sum_{k=1}^{n} (\mu_{ik})^m \delta_{ik} \tag{3-4-6}$$
式中, $\mu_{ik} \in [0,1]$,是第 k 个模式属于第 i 类的隶属程度,它必须满足以下两个条件:

(1) $\sum_{i=1}^{c} \mu_{ik} = 1$,对所有 k。

(2) 所有的类非空，$n > \sum_{i=1}^{c} \mu_{ik} > 0$，对所有 i，m 为参数，控制隶属值对特性指标的影响。δ_{ik} 描述第 k 个模式和聚类中心之间的距离。

$$\left.\begin{aligned} \delta_{ik} &= (1-g)D_{ik}^2 + gd_{ik}^2 \\ g &= [0,1] \\ d_{ik} &= |x_k - v_i| \\ D_{ik} &= \left\{ |x_k - v_i|^2 - \sum_{j=1}^{r} (<x_k - v_i, S_{ij}>)^2 \right\}^{1/2} \end{aligned}\right\} \quad (3\text{-}4\text{-}7)$$

式中，v_i 代表第 i 个模糊聚类中心。

x_k 是 R^p 空间中的一个点，故 $x_k - v_i$ 代表 x_k 与聚类中心的距离。g 是 0 与 1 之间常数，反映了以两个分量的平衡。

D_{ik} 表达式的第二项表示维数为 r 的线性簇，用标积 $<\cdot,\cdot>$ 来表示。线性簇的定义如下：

定义 3.4.1 线性簇。

通过点 $V \in R$，由线性独立向量 $\{s_1, s_2, \cdots, s_r\} \in R^p \in R$ 所张成的 $r(0 \leqslant r \leqslant p)$ 维线性簇是集合：

$$V_r = (r; s_1, s_2, \cdots, s_r) = \left\{ y = V + \sum_{j=1}^{r} c_j s_j, c_j \in R \mid y \in R^p \right\}$$

由此定义，可得以下特殊的线性簇：

$$V_0 = (V; \varnothing) = v \quad \text{"点"簇}$$
$$V_1 = (V; s) = L(v; s) \quad \text{"直线"簇}$$
$$V_2 = (V; s_i, s_j) = P(v; s_i, s_j) \text{"平面"簇}$$
$$V_{p-1} = (V; \{s_i\}) = HP(v; \{s_i\}) \text{"超平面"簇}$$

这样，当 $r=1$ 和 $r=2$ 情况下，D_{ik} 和 d_{ik} 的几何解释可如图 3-11 所示。

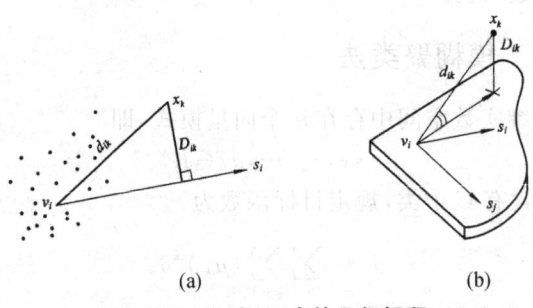

图 3-11 D_{ik} 和 d_{ik} 次的几何解释

(a) $r=1$；(b) $r=2$

在讨论模糊聚类的算法之前，先定义几个参量：

定义 3.4.2 划分矩阵 U。

划分矩阵 $U = \{\mu_{ik}\}$ $i=1,2,\cdots,c; k=1,2,\cdots,n$

$$\mu_{ik} = \frac{1}{\left\{\sum_{j=1}^{c} \delta_{ik}/\delta_{jk}\right\}^{1/m-1}} \tag{3-4-8}$$

定义 3.4.3 聚类中心 v_i。

$$v_i = \frac{\sum_{k=1}^{n}(\mu_{ik})^m x_k}{\sum_{k=1}^{n}(\mu_{ik})^m} \tag{3-4-9}$$

这相当于用面积中心法去模糊化。

定义 3.4.4 广义扩充矩阵 $\sum_i$。

$$\sum\nolimits_i = \left[\sum_{k=1}^{n} \mu_{ik}^m (x_k - v_i)(x_k - v_i)^T\right] \tag{3-4-10}$$

对 $\sum_i$ 矩阵求特征值,选择其中 r 个最大的特征值,对应于其中第 j 个特征值的特征向量,即为式(3-4-7)中的 S_{ij}。可以证明,只有当式(3-4-8)和式(3-4-9)成立时,目标函数 J 式(3-4-6)才有局部极小值。模糊聚类的目的就是对整个划分矩阵 $U=\{\mu_{ik}\}$ 和聚类参数 v_i 和 S_{ij},使 J 最小。

模糊聚类算法描述如下:

(1) 参数初始化。给定 c、r 和 m,m 一般选 2。选定 μ_{ik} 的初始值。

(2) 根据式(3-4-9)计算 v_i。

(3) 根据 μ_{ik} 和 v_i,按式(3-4-10)计算广义扩充矩阵 $\sum_i$。

(4) 选择 $\sum_i$ 最大 r 个特征向量,即 S_{ij},这里 $r \leqslant p$。当 $r=1$ 时,表示为按直线簇分类;当 $r=2$ 时,为按平面簇分类。

(5) 根据式(3-4-7)和式(3-4-8)更新 μ_{ik},即划分矩阵。

(6) 判断 $\mu_{\text{new}} - \mu_{\text{old}}$ 是否小于规定阈值 λ。如果 $\mu_{\text{new}} - \mu_{\text{old}} \leqslant \lambda$,则停止;否则转(2)。

确定了聚类中心,模糊模型的结构就可由组成局部模型的线性簇确定。值得指出的是,此模型是无方向的,即在聚类阶段没有区分输入和输出。因此,可以确定任意个数的变量为输入,而其余的变量为输出。

3.5 模糊逻辑控制器的结构与设计

3.5.1 模糊控制的基本原理

根据前文所述可知,模糊控制是一种以模糊理论为基础,建立在模糊语言变量和模糊逻辑推理之上的智能控制技术或方法。由于模糊理论的特性,模糊控制可以在推理、决策等方面模仿人的行为。模糊控制的基本思想是:首先,深入综合操作人员或专家的经验,进而编制合理的模糊规则;其次,采集传感器发出的实时信号,进而将其模糊化并输入到模糊规则中;第三,模糊规则在接收到输入之后便进行模糊推理,并得到复合其约定的模糊输出结果;最后,将模糊输出结果传送到执行器上,完成控制过程。

如图 3-12 所示,给出了模糊控制的基本原理框图。通过图 3-12 可以看出,在整个模糊控制系统中,模糊控制器处于核心地位,而整个控制过程均由计算机程序控制实现。具体地说,模糊控制必须通过一套完整有效的算法(模糊算法)来实现。一般地,被控制量的精确值可以由微机经中断采样的方式获得,在获得被控制量的精确值后,将其与给定值比较,即可获得误差信号 E,可作为模糊控制系统的一个输入量。将误差信号 E 模糊化,表示为模糊语言,进而得到其的模糊语言集合的一个子集 e(模糊向量),而模糊决策正是将模糊向量 e 输入模糊关系 R 进而得到模糊控制量 u 的过程,即

$$u = e \circ R$$

图 3-12 模糊控制原理框图

3.5.2 模糊控制系统的分类

一般地,模糊控制系统的分类方法及类型如下:

(1) 按信号的时变特性分类。根据信号时变特性的不同,可以将模糊控制系统分为恒值模糊控制系统和随动模糊控制系统。

(2) 按模糊控制的线性特性分类。对开环模糊控制系统 S,设输入变量为 u,输出变量为 v。对任意输入偏差 Δu 和输出偏差 Δv,满足 $\dfrac{\Delta v}{\Delta u}=k$ ($u\in U,v\in V$)。定义线性度 δ,用于衡量模糊控制系统的线性化程度,即 $\delta=\dfrac{\Delta v_{\max}}{2\xi\Delta u_{\max}m}$。式中,$\Delta v_{\max}=v_{\max}-v_{\min}$,$\Delta u_{\max}=u_{\max}-u_{\min}$,$\xi$ 为线性化因子,m 为模糊子集 V 的个数。设 k_0 为一经验值,则定义模糊系统的线性特性如下:

① 当 $|k-k_0|\leqslant\delta$ 时,系统 S 为线性模糊系统。
② 当 $|k-k_0|>\delta$ 时,系统 S 为非线性模糊系统。

(3) 按静态误差是否存在分类。根据静态误差是否存在,可以将模糊控制系统分为有差模糊控制系统和无差模糊控制系统。

(4) 按系统输入变量的多少分类。控制输入个数为 1 的系统为单变量模糊控制系统,控制输入个数大于 1 的系统为多变量模糊控制系统。

3.5.3 模糊控制器的结构

模糊控制器(FC)是模糊控制系统的核心部分,又称模糊逻辑控制器(FLC)。在设计模糊控制器时,一般采用模糊条件语句来描述模糊控制规则,故而人们也将模糊控制器称作模糊语言控制器。如图 3-13 所示,给出了模糊控制器的组成结构示意图。

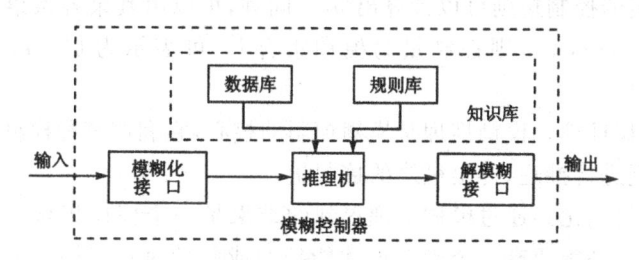

图 3-13 模糊控制器的组成结构示意图

通过图 3-13 可以看出,模糊控制器主要由输入量模糊化接口、数据库、规则库、推理机和输出解模糊接口五个关键部分组成。限于本书篇幅,这里不再详述组成模糊控制器的各元素的具体功能,有兴趣的读者可以参阅相关文献资料。

3.5.4 模糊控制器的设计

控制系统的设计是针对实际应用的受控对象进行的,其设计过程与受控对象密不可分。随着受控对象的不同和控制要求的高低,控制系统可能比较复杂,也可能比较简单,模糊控制系统的设计也不例外。接下来,我们将对模糊控制器的设计步骤进行简要讨论,并在此基础上分析两个模糊控制器的实例,其设计思想和方法可供其他受控对象参考。

模糊控制器的设计步骤如下:

(1)模糊控制器的结构。单变量二维模糊控制器是最常见的结构形式。

(2)定义输入、输出模糊集。对误差 e、误差变化 ec 及控制量 u 的模糊集及其论域定义是:e、ec 和 u 的模糊集均为{NB,NM,NS,ZO,PS,PM,PB}。例如,e、ec 的论域均为{$-3,-2,-1,0,1,2,3$},u 的论域为{$-4.5,-3,-1.5,0,1,3,4,5$}。

(3)定义输入、输出隶属函数。误差 e、误差变化 ec 及控制量 u 的模糊集和论域确定后,需对模糊变量确定隶属函数,即对模糊变量赋值,确定论域内元素对模糊变量的隶属度。

(4)建立模糊控制规则。根据人的直觉思维推理,由系统输出的误差及误差的变化趋势来设计消除系统误差的模糊控制规则。模糊控制规则语句构成了描述众多被控过程的模糊模型。在条件语句中,误差 e、误差变化 ec 及控制量 u 对于不同的被控对象有着不同的意义。

(5)建立模糊控制表。上述描写的模糊控制规则可采用模糊规则表来描述,表中共有 49 条模糊规则,各个模糊语句之间是"或"的关系,由第一条语句所确定的控制规则可以计算出 u_1。同理,可以由其余各条语句分别求出控制量 $u_2,\cdots,u_{49}$,则控制量为模糊集合 U,可表示为 $U=u_1+u_2+\cdots+u_{49}$。

(6)模糊推理。模糊推理是模糊控制的核心,它利用某种模糊推理算法和模糊规则进行推理,得出最终的控制量。

(7)反模糊化。通过模糊推理得到的结果是一个模糊集合。但在实际模糊控制中,必须要有一个确定值才能控制或驱动执行机构。将模糊推理结果转化为精确值的过程称为反模糊化。

需要特别强调的是,反模糊化方法的选择与隶属度函数形状的选择、推理方法的选择相关。Matlab 是模糊控制器仿真的主要软件之一,它提供了五种反模糊化方法,分别是:centroid,面积重心法;bisector,面积等分法;mom,最大隶属度平均法;som,最大隶属度取小法;lom,最大隶属度取大法。在 Matlab 中,可通过 setfis()设置反模糊化方法,通过 defuzz()执行反模糊化运算。

3.6 带自调整因子的模糊控制器的设计

3.6.1 控制规则的解析描述

模糊控制理论发展初期,大都采用吊钟形的隶属函数(正态函数),但近几年几乎都已改用三角形的隶属函数,这是由于三角形曲线形状简单,当输入量变化时,比正态分布的隶属函数具有更大的灵敏性,且在性能上与吊钟形几乎没有差别的缘故。

通常,由于事先对被控对象缺乏先验知识,往往难以选择有效的隶属函数。此时,一般选择隶属函数为对称三角形,而使输入变量 e、ec 和输出变量 u 的等级量论域相等,它们的模糊变量论域也相等,且模糊变量与等级量的个数也相等。例如:

选取:$\{E\} = \{EC\} = \{U\} = \{-3, -2, -1, 0, 1, 2, 3\}$

$\{\bar{E}\} = \{\overline{EC}\} = \{\bar{U}\} = \{NB, NM, NS, ZO, PS, PM, PB\}$

它们的隶属函数曲线如图 3-14 所示。得到该模糊控制器的控制表见表 3-3。

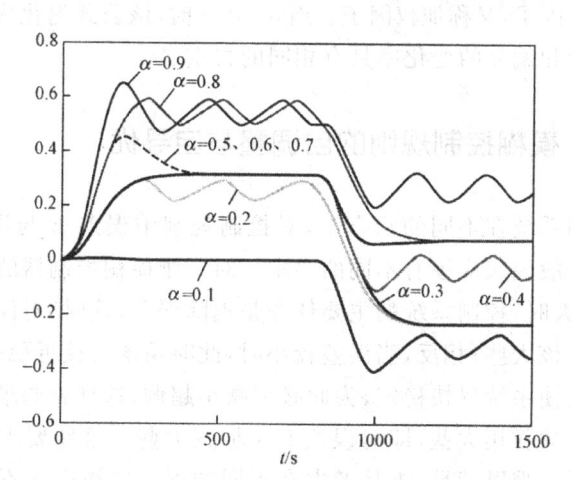

图 3-14 $\alpha = [0.1\ \ 0.2\ \ 0.3\ \ 0.4\ \ 0.5\ \ 0.6\ \ 0.7\ \ 0.8\ \ 0.9]$ 时的控制效果

表 3-3　论域相等时的模糊控制表

EC \ EU	-3	-2	-1	0	1	2	3
-3	3	3	2	2	1	1	0
-2	3	2	2	1	1	0	-1
-1	2	2	1	1	0	-1	-1
0	2	1	1	0	-1	-1	-2
1	1	1	0	-1	-1	-2	-2
2	1	0	-1	-1	-2	-2	-3
3	0	-1	-1	-2	-2	-3	-3

从表 3-3 中不难看出,此表给出的控制规则可以用一个解析表达式概括为

$$U = -<(E+EC)/2> \tag{3-6-1}$$

即模糊控制器的输出等于误差和误差变率等级量的平均值。式(3-6-1)中的负号表示控制器为负作用,<>表示尖括号内的数值四舍五入至最近整数。

为了适应不同被控对象的要求,在式(3-6-1)的基础上引进一个调整因子 α,则得到一种带有调整因子的控制规则,即

$$U = -<\alpha E + (1-\alpha)EC> \quad \alpha \in (0,1)$$

式中,α 为调整因子,又称加权因子。当 $\alpha=0.5$ 时,该公式退化成式(3-6-1),即此时偏差量和偏差的变化率具有相同的权重。

3.6.2　模糊控制规则的自调整与自寻优

模糊控制系统在不同的状态下,对控制规则中误差 E 与误差变化 EC 的加权程度一般说来应该有不同的要求。对二维模糊控制器的控制系统而言,当误差较大时,控制系统的主要任务是消除误差,这时,对误差在控制规则中的加权应该大些;相反,当误差较小时,此时系统已接近稳态,控制系统的主要任务是使系统尽快稳定,为此必须减小超调,这样就要求在控制规则中误差变化起的作用大些,即对误差变化加权大些。这些要求只靠一个固定的加权因子 α 难以满足,于是考虑在不同的误差等级引入不同的加权因子,以实现对模糊控制规则的自调整。

3.6.2.1 带有两个调整因子的控制规则

根据上述思想,考虑两个调整因子 α_1 及 α_2,当误差较小时,控制规则由 α_1 来调整;当误差较大时,控制规则由 α_2 来调整。如果选取:

$$\{E\} = \{EC\} = \{U\} = \{-3, -2, -1, 0, 1, 2, 3\} \quad (3\text{-}6\text{-}2)$$

则控制规则可表示为:

$$U = \begin{cases} -<\alpha_1 E + (1-\alpha_1)EC>, E = \pm 1, 0 \\ -<\alpha_2 E + (1-\alpha_2)EC>, E = \pm 2, \pm 3 \end{cases}$$

式中,$\alpha_1, \alpha_2 \in (0,1)$。

例 3.6.1 已知某汽包水位系统中的汽包水位与给水量之间的传递函数为:

$$G(s) = \frac{0.034}{s(44s+1)}$$

根据上述规则,设计带有两个自调整因子的模糊控制器,选取 $\alpha_1=0.4$、$\alpha_2=0.6$ 和 $\alpha_1=0.5$、$\alpha_2=0.8$ 及 $\alpha_1=\alpha_2=0.5$,模糊控制器的输入输出变量的基本论域为 $[-1.5, 1.5]$,比较带有一个及两个调整因子的模糊控制器的控制性能。

控制效果如图 3-15 所示。从响应曲线中可以看出,合理选择两个调整因子,会得到较好的控制效果,这表明带两个调整因子的控制规则具有一定的优越性。但是,模糊控制效果的好坏,更主要取决于模糊控制器的输入、输出变量的基本论域、等级量论域以及扰动值的大小,因此,选择调整因子时,要与这些参数共同选择。

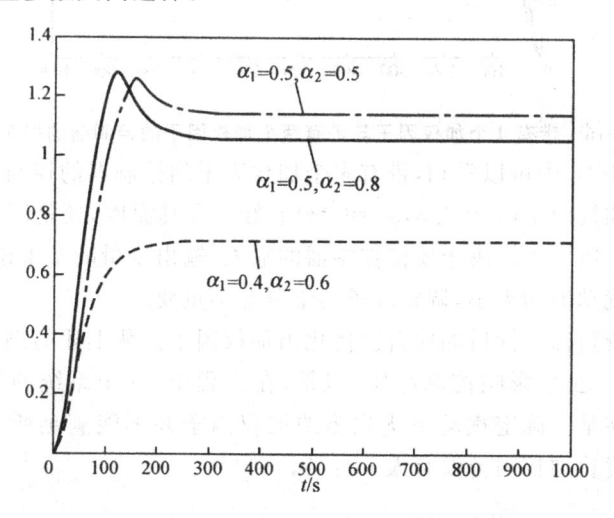

图 3-15 带有两个自调整因子控制器的控制效果比较

3.6.2.2 带有多个调整因子的控制规则

如果对于每一个误差等级都各自引入一个调整因子，就构成了带多个调整因子的控制规则。从理论上讲，这样有利于满足控制系统在不同被控状态下对调整因子的不同要求。例如，当选取误差 E、误差变化 EC 及控制量 U 的论域仍如式（3-6-2）所示时，则带多个调整因子的控制规则可表示为

$$U = \begin{cases} -<\alpha_0 E + (1-\alpha_0)EC>, E=0 \\ -<\alpha_1 E + (1-\alpha_1)EC>, E=\pm 1 \\ -<\alpha_2 E + (1-\alpha_2)EC>, E=\pm 2 \\ -<\alpha_3 E + (1-\alpha_2)EC>, E=\pm 3 \end{cases}$$

式中，加权系数 α_0、α_1、α_2、α_3。当加权因子取为 $\alpha_0=0.45$，$\alpha_1=0.55$，$\alpha_2=0.65$，$\alpha_3=0.75$ 时，对于例 3.6.1 控制系统的阶跃响应曲线如图 3-16 所示。

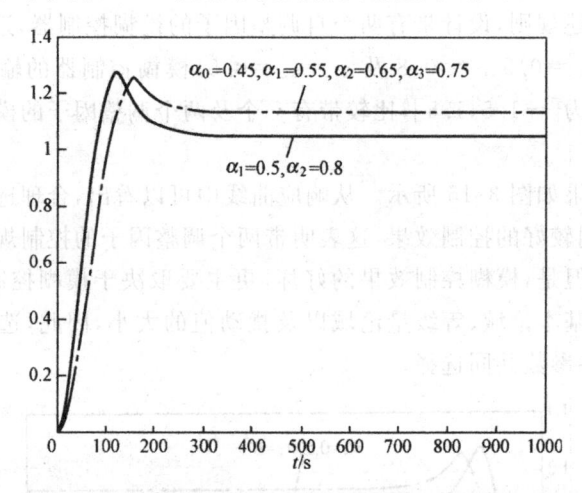

图 3-16 带有 4 个加权因子与带有两个加权因子的控制器的控制效果

从图 3-16 中可以看到，带有多个加权因子的控制器的控制品质并不比带有两个加权因子（$\alpha_1=0.5$，$\alpha_2=0.8$）的好。究其原因，还是因为模糊控制器的控制品质主要取决于模糊控制器的输入、输出变量的基本论域、等级量论域以及扰动值的大小，调整因子的细分并不重要。

许多资料都在探讨如何自己优化出加权因子。从上述的例题中可以看到，加权因子虽然影响控制品质，但是，在工程中，一个系统的扰动是未知的，因此，在某一确定扰动下优化出的加权因子并不能满足所有扰动的需要，因此，优化加权因子没有太大意义。

3.6.3 变量的论域及扰动量对模糊控制效果的影响

3.6.3.1 偏差及偏差变化率的初始论域对模糊控制效果的影响

对于例 3.6.1 给出的系统，选择调整因子 $\alpha_1=0.5, \alpha_2=0.8, E=EC=U=[-3,3], u=[-1.5,1.5]$，偏差及偏差变化率的初始论域取不同的值时，所得到的控制效果如图 3-17 所示。

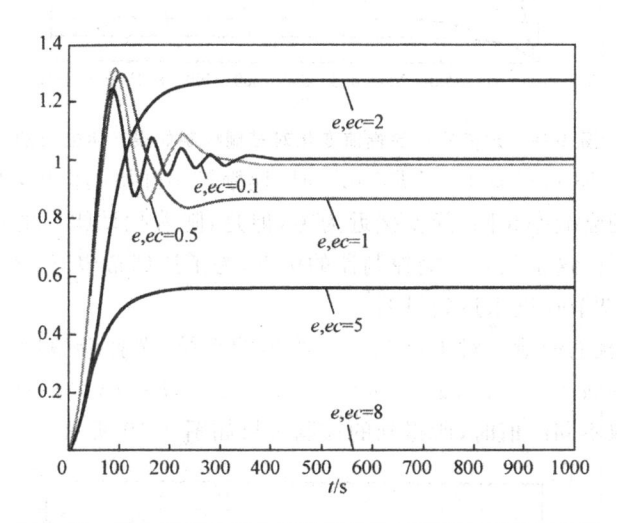

图 3-17 偏差及偏差变化率的初始论域不同时的控制效果

从图 3-17 中可以看到，当取 $e=ec=[-0.1,0.1]$ 时，控制效果最好，如果再考虑控制器的输出，当 $e=ec=[-0.5,0.5]$ 时综合控制效果最好。随着初始论域的增大，控制效果越来越差，当 $e=ec=[-8,8]$ 时，论域过大，扰动量小到以至于不能使控制器输出产生控制作用。由此可见，选择初始论域的重要性。特别指出的是，此实验仅仅是在扰动量 $R=1$ 的情况下得到的结果，当 R 发生变化时，控制效果会不同。

3.6.3.2 扰动量的变化对模糊控制效果的影响

（1）定值扰的影响。对于例 3.6.1 给出的系统，选择调整因子 $\alpha_1=0.5, \alpha_2=0.8, e=ec=[-0.5,0.5], u=[-1.5,1.5]$ 定值扰动量取不同的值时，所得到的控制效果如图 3-18 所示。

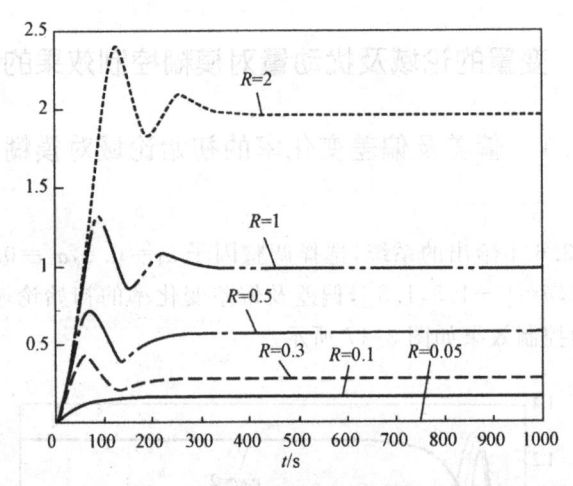

图 3-18　定值扰动的幅值变化对模糊控制效果产生的影响

从图 3-18 可以看出,当 $R\geqslant 0.1$ 时,模糊控制开始起作用,当 $R\geqslant 1$ 时,系统响应的衰减率相同,静差接近为零,但是,随着扰动幅值的增大调节速度明显降低。这也正是模糊控制器的优点,为了达到希望值,又不使系统过调,以减小调节速度来达到目的。

(2) 内扰的影响。对于例 3.6.1 给出的系统,选择调整因子 $\alpha_1=0.5$,$\alpha_2=0.8$,$e=ec=[-0.5,0.5]$,$u=[-1.5,1.5]$,$E=EC=U=[-3,3]$,内部扰动量取不同的值时,所得到的控制效果如图 3-19 所示。

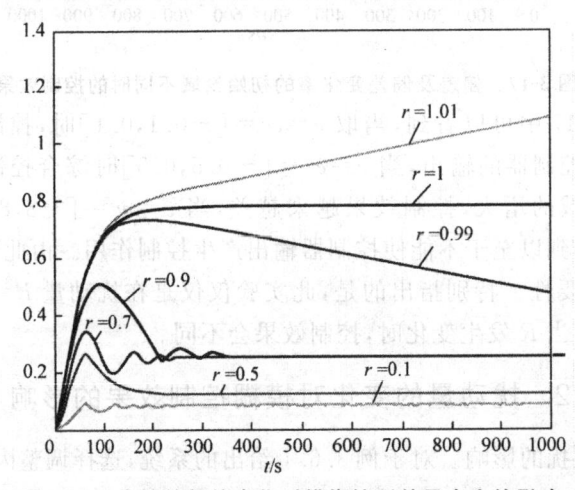

图 3-19　内扰的幅值变化对模糊控制效果产生的影响

从图 3-19 中可以看出,在此参数下的模糊控制器无法消除内扰,而且,随着 r 幅值的增大,系统变为发散。因此,对于内扰来讲,该模糊控制器的设计是失败的。

3.6.3.3 偏差、偏差变化率及输出的等级量论域对模糊控制效果的影响

对于例 3.6.1 给出的系统,选择调整因子 $\alpha_1=0.5, \alpha_2=0.8, e=ec=[-0.5,0.5], u=[-1.5,1.5], R=1$,偏差、偏差变化率及输出的等级量论域取不同的值时,所得到的控制效果如图 3-20 所示。

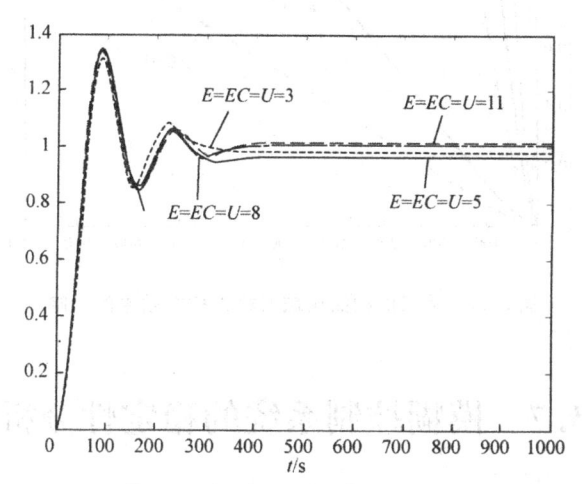

图 3-20 等级量论域变化对模糊控制效果产生的影响

从图 3-20 中可以看出,定值扰动时,等级量的论域变化对控制效果产生的影响是非常小的,主要原因在于,模糊控制并不是根据误差及其变化率的变化立即改变控制器的输出,只有当这个变化达到一定程度时,控制器的输出才发生变化。这也是模糊控制器输出的变化频率较低的原因。

3.6.3.4 输出的初始论域对模糊控制效果的影响

对于例 3.6.1 给出的系统,选择调整因子 $\alpha_1=0.5, \alpha_2=0.8, e=ec=[-0.5,0.5], R=1$,控制器输出的初始论域取不同的值时,所得到的控制效果如图 3-21 所示。

从图 3-21 中可以看出,当输出的初始论域较小时($u=0.05$、0.1),控制系统的响应速度比较缓慢,当初始论域较大时,响应速度加快,超调量也逐渐加大。其原因是,输出的初始论域就是执行器一次变化允许的最大行程,当选择较小的行程时,控制作用也弱,使系统缓慢地达到希望值,反之亦然。虽然模糊控制器输出的初始论域可以影响控制品质,但是,在实际应用时,并不能随意选取,要视工程中的实际情况而定。

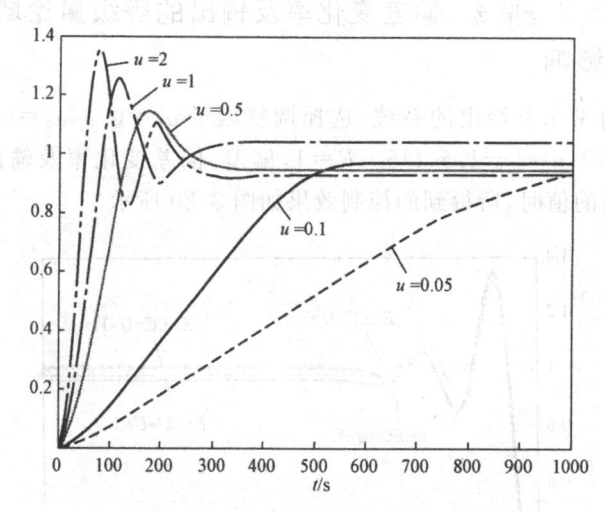

图 3-21　输出的初始论域对模糊控制效果的影响

3.7　模糊控制系统的稳定性分析

在自动控制系统的设计和实现中,首先要考虑的问题是系统的稳定性。任何系统在外界"扰动"的作用下都会偏离原平衡状态,产生初始偏差,当"扰动"消失后,系统由初始偏差状态恢复到原平衡状态的能力称为"稳定性"。如果"扰动"消失后,系统不能够恢复原平衡状态或偏差越来越大,则称该系统是不稳定的。

在经典控制理论和现代控制理论中已经提出了许多判断系统稳定性的有效方法。而模糊控制器是一种语言控制器,其结构与一般的控制器不同,所以原有的控制理论对它无法直接使用。本节介绍几种模糊控制系统的稳定性分析方法。

对于模糊控制系统的稳定性分析,常用的方法有描述函数法、相平面法、Lyapunov 判据分析法、Popov 判据分析法。

相平面分析法是一种直观且可以用来进行系统优化的方法,它的主要缺点是局限于二阶系统,但由于大部分的高阶系统可以近似成为二阶系统,所以该方法在实际应用中还是可行的。Lyapunov 判据分析法可以对任何系统提出精确的稳定性特性描述,然而使用起来非常复杂。Popov 判据分析法相比之下较简单,但只适用于一些具体的稳定性分析问题。本节主要介绍相平面分析法、稳定区间法和 Lyapunov 判据分析法。

3.7.1 相平面分析法

相平面分析法是分析非线性二阶系统的一种直观的图解方法。该方法也可以推广到模糊控制系统中。虽然这种方法只适用于二阶系统,但很大一类系统均可采用二阶系统来近似。

模糊控制就其本质上说是非线性控制,而相平面是解决常规非线性问题简单而直观的有效方法。虽然模糊控制比常规非线性控制复杂,但它有自己的特点。

设单输入输出二阶系统的模糊模型用如下的模糊条件句来描述。
$R_i: IF\ E=E_i\ AND\ \dot{E}=\dot{E}_i\ THEN\ U=U_{ij}, i=1,2,\cdots,m; j=1,2,\cdots,n$
那么,一个模糊控制器最终等价为一个图 3-22 所示的控制总表。如果把 $e,\dot{e}$ 的坐标轴画在表的中间(如图中的点线),那么对于给定的控制对象 $G(s)$,则容易用其在控制表上的 $e\dot{e}$ 轨迹来分析模糊控制系统的稳定性。

例如,给定一个模糊控制系统,其控制总表如图 3-22 所示,控制对象为 $G(s)=\dfrac{K}{s(T_s+1)}$。当系统输入为阶跃函数且初始点为 A 点时,模糊控制系统的相轨迹为图中曲线所示。可以清楚地看出,该模糊控制系统是稳定的。同时,也可以看出,在系统稳定时,也出现了连续的振荡现象。

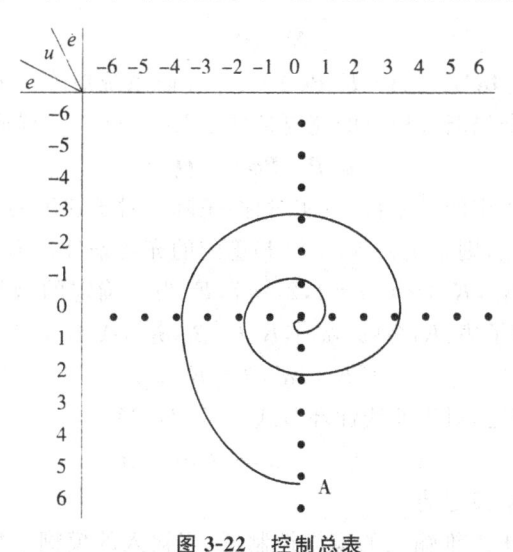

图 3-22 控制总表

使用相平面法不仅可以分析一个给定的模糊控制系统的稳定性及系统性能,而且还可以很直观地通过改变 $e,\dot{e}$ 的档级分布和控制值的大小,对模糊控制器做进一步的改进和调试,以获得最佳的控制效果。

3.7.2 稳定区间法

模糊控制系统稳定性分析的相平面法为解决模糊控制系统设计和调试中的问题提供了直观的手段,同样,阿依捷尔曼问题解决非线性系统稳定性的方法也为分析、设计模糊控制系统提供了一条方便可行的途径。

对于由两输入-输出模糊控制器构成的模糊控制系统,其控制器输入为误差 e 和误差的变化率 $\dot{e}$,输出为控制量 u,控制对象为 $G(s)$,系统的输入输出分别为 R 和 Y。现将对象 $G(s)$ 用状态方程描述为:

$$\begin{cases} \dot{X} = AX + Bu \\ Y = CX \end{cases} \qquad (3-7-1)$$

式中,X 为 n 维状态向量;A,B 和 C 分别为对象的系统矩阵、控制矩阵和输出矩阵。

设模糊控制器的输出 u 是输入 e 和 $\dot{e}$ 的二元非线性函数:

$$u = f(e, \dot{e}) \qquad (3-7-2)$$

这里用一个线性函数:

$$u = K_1 e + K_2 \dot{e} \qquad (3-7-3)$$

代替式(3-7-2)。代入对象的状态方程(3-7-1),可得整个系统的状态方程:

$$\dot{X} = \varphi X \qquad (3-7-4)$$

式中,$\varphi = (I + K_2 BC)^{-1}(A - K_1 BC)$ 为 $n \times n$ 阶系统矩阵。由 Lyapunov 定理可知,系统为全局渐近稳定的充要条件是 Lyapunov 方程成立,即

$$\varphi^T P + P \varphi = -Q \qquad (3-7-5)$$

式中,P 和 Q 是正定的赫米特(或实对称)矩阵。对于这里的系统矩阵 φ,如使式(3-7-3)成立,则系统方程(3-7-4)稳定的充要条件是 K_1,K_2 满足集合 $\{(K_1, K_2) | F_i(K_1, K_2) = 0, i = 1, 2, \cdots\}$,$F_i$ 为一确定的函数。在集合中,我们选取这样的子集:$K_1 \in [\alpha_1, \alpha_2]$,$K_2 \in [\beta_1, \beta_2]$,或不等式:

$$\alpha_1 \leqslant K_1 \leqslant \alpha_2, \beta_1 \leqslant K_2 \leqslant \beta_2 \qquad (3-7-6)$$

由阿依捷尔曼问题,对于非线性环节式(3-7-2),当

$$\alpha_1 e + \beta_1 \dot{e} < f(e, \dot{e}) < \alpha_2 e + \beta_2 \dot{e} \qquad (3-7-7)$$

时,非线性系统是稳定的。

事实上,对于二维输入的模糊控制器,当输入的模糊子集趋于无穷时,其输出 u 满足式(3-7-3),即输出是输入的线性函数。当输入的模糊子集数为有限情况时,控制器输出 $u \approx K_1 e + K_2 \dot{e}$。

实际上,式(3-7-6)和式(3-7-7)给出的是空间直角坐标系中过原点的

两个平面方程：

$$\begin{cases} \pi_1 : u = \alpha_1 e + \beta_1 \dot{e} \\ \pi_2 : u = \alpha_2 e + \beta_2 \dot{e} \end{cases} \quad (3-7-8)$$

这两个平面所夹的空间就是模糊控制系统的稳定区间。

3.7.3 Lyapunov 判据分析法

Lyapunov 判据理论是判定系统稳定性的精确方法，已经广泛应用于线性和非线性系统。但在模糊控制系统的分析中还没有建立起像常规控制那样的稳定性分析理论，下面介绍一种按 Lyapunov 意义下的稳定性定义来分析模糊控制系统稳定性的方法。

由于模糊控制系统是通过计算机来实现的，是一个离散时间系统，所以可以把模糊控制系统写成如下的形式：

$$R^1 : \text{if } x(k) \text{ is } A_1^i \text{ and} \cdots \text{and } x(k-n+1) \text{ is } A_n^i$$
$$\text{then } x(k+1) = a_1^i x(k) + \cdots + a_n^i x(k-n+1)$$

式中，$i = 1, 2, \cdots, l$。

第 i 个隐含的后件部分中，线性子系统可以重写成矩阵形式，即：

$$\boldsymbol{x}(k+1) = \boldsymbol{A}\boldsymbol{x}(k)$$

式中，$\boldsymbol{x}(k) \in \mathbf{R}^n$，$\boldsymbol{A}_i \in \mathbf{R}^n \times \mathbf{R}^n$。

$$\boldsymbol{x}(k+1) = [x(k), x(k-1), \cdots, x(k-n+1)]^T$$

$$\boldsymbol{A}_i = \begin{bmatrix} a_1^i & a_2^i & \cdots & a_{n-1}^i & a_n^i \\ 1 & 0 & \cdots & 0 & 0 \\ 0 & 1 & \cdots & 0 & 0 \\ \vdots & \vdots & & \vdots & \vdots \\ 0 & 0 & \cdots & 1 & 0 \end{bmatrix}$$

推理得到的模糊系统输出为：

$$x(k+1) = \sum w_i \boldsymbol{A}_i \boldsymbol{x}(k) / \sum_{i=1}^{l} w_i \quad (3-7-9)$$

式中，l 是模糊隐含的数目；$w_i = \prod_{p=1}^{n} A_p^i [x(k-p+1)]$。

对于由下式描述的离散系统：

$$\boldsymbol{x}(k+1) = f(x(k))$$

式中，$\boldsymbol{x}(k) \in \mathbf{R}^n$；$f(x(k))$ 是 $n \times 1$ 的函数向量，对所有 k，$f(0) = 0$，具有以下性质：假如存在一个对 $\boldsymbol{x}(k)$ 连续的标量函数 $V(\boldsymbol{x}(k))$，使得

(1) $V(0) = 0$。

(2) $V(x(k))>0$,对 $x(k)\neq 0$。

(3) 当 $x(k)\to\infty$,$V(x(k))\to\infty$。

(4) $\Delta V(x(k))<0$,对 $x(k)\neq 0$。

引理 3-1 如果 P 是一个正定矩阵,使:
$$A^{\mathrm{T}}PA-P<0,\text{且 } B^{\mathrm{T}}PB-P<0$$
式中,$A,B,P\in\mathbf{R}^n$,则
$$A^{\mathrm{T}}PB+B^{\mathrm{T}}PA-2P<0$$

证明从略。

定理 3.7.1 如果对所有子系统,存在一个公共正定矩阵 P,使 $A_i^{\mathrm{T}}PA_i-P<0$(对所有 $i=1,2,\cdots,l$),则模糊系统式(3-7-9)对平衡状态是全局渐近稳定的。

证明 考虑标量函数 $V(x(k))$,使
$$V(x(k))=x^{\mathrm{T}}(k)Px(k)$$
式中,P 是一个正定矩阵,此函数满足以下性质:

(1) $V(0)=0$。

(2) $V(x(k))>0$,对 $x(k)\neq 0$。

(3) 当 $x(k)\to\infty$,$V(x(k))\to\infty$。

(4) $\Delta V(x(k))=V(x(k+1))-V(x(k))$
$$=x^{\mathrm{T}}(k+1)Px(k+1)-x^{\mathrm{T}}(k)Px(k)$$
$$=\left(\sum_{i=1}^{l}w^iA_ix^{\mathrm{T}}(k)/\sum_{i=1}^{l}w^i\right)^{\mathrm{T}}P\left(\sum_{i=1}^{l}w^iA_ix(k)/\sum_{i=1}^{l}w^i\right)$$
$$-x^{\mathrm{T}}(k)Px(k)$$
$$=x^{\mathrm{T}}(k)\Bigg\{\left(\sum_{i=1}^{l}w^i/\sum_{i=1}^{l}w^i\right)^{\mathrm{T}}$$
$$P\left(\sum_{i=1}^{l}w^iA_i/\sum_{i=1}^{l}w^i\right)-P\Bigg\}x(k)$$
$$=\sum_{i,j=1}^{l}w^iw^jx^{\mathrm{T}}(k)\{A_i^{\mathrm{T}}PA_j-P\}x(k)/\sum_{i=1}^{l}w^iw^i$$
$$=\Bigg[\sum_{i,j=1}^{l}(w^i)^2x^{\mathrm{T}}(k)\{A_i^{\mathrm{T}}PA_i-P\}x(k)$$
$$+\sum_{i<j}^{l}w^iw^jx^{\mathrm{T}}(k)\{A_i^{\mathrm{T}}PA_j-A_j^{\mathrm{T}}PA_i-2P\}x(k)\Bigg]\Big/\sum_{i=1}^{l}w^iw^i。$$

式中,$i=1,2,\cdots,l$,$w^i\geqslant 0$ 且 $\sum_{i,j=1}^{l}w^iw^j>0$。

根据引理 3-1 和假设条件,得
$$\Delta V(x(k))<0$$

因此 $\Delta V(x(k))$ 是一个 Lyapunov 函数,所以模糊控制系统式(3-7-9)是渐近稳定的。当 $l=1$ 时,定理 3.7.1 就演变为线性离散系统的 Lyapunov 稳定理论。

如果存在一个公共的正定矩阵 P,则所有 A_i 都是稳定的。但反过来,即使所有 A_i 都是稳定的,未必总存在一个公共正定矩阵,模糊控制系统也许会全局渐近稳定。

定理 3.7.2 假定 A_i 是稳定的非奇异矩阵,$i=1,2,\cdots,l$,如果存在一个公共正定矩阵 P,使:
$$A_i^T P A_i - P < 0$$
则 A_i 和 A_j 是一个稳定的矩阵,$i,j=1,2,\cdots,l$。

3.8 基于模糊补偿的机械手自适应模糊控制

3.8.1 系统描述

机器人的动态方程为:
$$D(q)\ddot{q} + C(q,\dot{q})\dot{q} + G(q) + F(q,\dot{q},\ddot{q}) = \tau$$
式中,$D(q)$ 为惯性力矩;$C(q,\dot{q})$ 是向心力和哥氏力;$G(q)$ 是重力项,$F(q,\dot{q},\ddot{q})$ 是由摩擦力 F_r、扰动 τ_d、负载变化的不确定项组成的。

3.8.2 基于模糊补偿的控制

假设 $D(q)$、$C(q,\dot{q})$ 和 $G(q)$ 为已知,且所有状态变量可测。定义误差函数为
$$s = \dot{\tilde{q}} + \Lambda \tilde{q}$$
式中,Λ 为正定阵,$\tilde{q}(t)$ 为跟踪误差,$\tilde{q}(t) = q(t) - q_d(t)$,$q_d(t)$ 为理想角度。

定义
$$\dot{q}_r(t) = \dot{q}_d(t) - \Lambda \tilde{q}(t)$$

为了保证 $s \to 0$,定义 Lyapunov 函数:
$$V(t) = \frac{1}{2} s^T D s$$
式中,D 为正定阵。

由于

$$s = \dot{\tilde{q}} + \Lambda\tilde{q} = \dot{q} - \dot{q}_d + \Lambda\tilde{q} = \dot{q} - \dot{q}_r$$
$$D\dot{s} = D\ddot{q} - D\ddot{q}_r = \tau - C\dot{q} - G - F - D\ddot{q}_r$$

根据机械手物理特性,有 $s^T\dot{D}s = 2s^TCs$,则

$$\dot{V}(t) = s^T D\dot{s} + \frac{1}{2}s^T\dot{D}s = -s^T(-\tau + C\dot{q} + G + F + D\ddot{q}_r - Cs)$$
$$= -s^T(D\ddot{q}_r + C\dot{q}_r + G + F - \tau) \qquad (3\text{-}8\text{-}1)$$

式中,F 表示 $F(q,\dot{q},\ddot{q})$ 为未知非线性函数。

采用基于 MIMO 的模糊系统 $\hat{F}(q,\dot{q},\ddot{q}|\Theta)$ 来逼近未知函数 $F(q,\dot{q},\ddot{q})$。设计并分析以下两种基于模糊补偿的自适应控制律。

3.8.2.1 自适应控制律的设计

设计控制律为

$$\tau = D(q)\ddot{q}_r + C(q,\dot{q})\dot{q}_r + G(q) + \hat{F}(q,\dot{q},\ddot{q}|\Theta) - K_D s \qquad (3\text{-}8\text{-}2)$$

式中,$K_D = \mathrm{diag}(K_i), K_i > 0, i = 1, 2, \cdots, n$,且构造模糊系统如下:

$$\hat{F}(q,\dot{q},\ddot{q}|\Theta) = \begin{bmatrix} \hat{F}_1(q,\dot{q},\ddot{q}|\Theta_1) \\ \hat{F}_2(q,\dot{q},\ddot{q}|\Theta_2) \\ \vdots \\ \hat{F}_n(q,\dot{q},\ddot{q}|\Theta_n) \end{bmatrix} = \begin{bmatrix} \Theta_1^T\xi(q,\dot{q},\ddot{q}) \\ \Theta_2^T\xi(q,\dot{q},\ddot{q}) \\ \vdots \\ \Theta_n^T\xi(q,\dot{q},\ddot{q}) \end{bmatrix}$$

式中,$\xi(q,\dot{q},\ddot{q})$ 为模糊系统基函数向量,θ 为模糊系统自适应调节参数。

模糊逼近误差为

$$\omega = F(q,\dot{q},\ddot{q}) - \hat{F}(q,\dot{q},\ddot{q}|\Theta^*)$$

定义 Lyapunov 函数:

$$V(t) = \frac{1}{2}\left(s^T D s + \sum_{i=1}^{n}\tilde{\theta}_i^T \Gamma_i \tilde{\theta}_i\right)$$

式中,$\tilde{\theta}_i = \theta_i^* - \theta_i$,$\theta_i^*$ 为理想调节参数,θ_i 为实际调节参数。

参考式(3-8-1),将控制律式(3-8-2)代入:

$$\dot{V}(t) = -s^T(\hat{F}(q,\dot{q},\ddot{q}) - \hat{F}(q,\dot{q},\ddot{q}|\Theta) + K_D s) + \sum_{i=1}^{n}\tilde{\Theta}_i^T \Gamma_i \dot{\tilde{\Theta}}_i$$
$$= -s^T(F(q,\dot{q},\ddot{q}) - \hat{F}(q,\dot{q},\ddot{q}|\Theta) + \hat{F}(q,\dot{q},\ddot{q}|\Theta^*)$$
$$\quad - \hat{F}(q,\dot{q},\ddot{q}|\Theta^*) + K_D s) + \sum_{i=1}^{n}\tilde{\Theta}_i^T \Gamma_i \dot{\tilde{\Theta}}_i$$
$$= -s^T(\tilde{\Theta}^T \xi(q,\dot{q},\ddot{q}) - \omega + K_D s) + \sum_{i=1}^{n}\tilde{\Theta}_i^T \Gamma_i \dot{\tilde{\Theta}}_i$$
$$= -s^T K_D s - s^T \omega + \sum_{i=1}^{n}(\tilde{\Theta}_i^T \Gamma_i \dot{\tilde{\Theta}}_i - s_i \tilde{\Theta}_i^T \xi(q,\dot{q},\ddot{q}))$$

式中，$\tilde{\boldsymbol{\Theta}} = \boldsymbol{\Theta}^* - \boldsymbol{\Theta}$。

设计自适应律为

$$\dot{\boldsymbol{\Theta}}_i = -\boldsymbol{\Gamma}_i^{-1} s_i \boldsymbol{\xi}(\boldsymbol{q}, \dot{\boldsymbol{q}}, \ddot{\boldsymbol{q}}), i = 1, 2, \cdots, n \tag{3-8-3}$$

则

$$\dot{V}(t) = -\boldsymbol{s}^T \boldsymbol{K}_D \boldsymbol{s} - \boldsymbol{s}^T \boldsymbol{\omega}$$

由于 $\boldsymbol{K}_D > 0$，w 是最逼近误差，通过设计足够多规则的模糊系统，可使 w 充分小，并满足 $|\boldsymbol{s}^T w| \leqslant \boldsymbol{s}^T \boldsymbol{K}_D \boldsymbol{s}$，从而使得 $\dot{V} \leqslant 0$，闭环系统稳定。

由于

$$-2\boldsymbol{s}^T w \leqslant \leqslant \boldsymbol{s}^T \boldsymbol{s} + w w^T$$

则

$$\dot{V} \leqslant -\boldsymbol{s}^T \boldsymbol{K}_D \boldsymbol{s} + \frac{1}{2}\boldsymbol{s}^T \boldsymbol{s} + \frac{1}{2}\|w\|^2 = -\frac{1}{2}\boldsymbol{s}^T(2\boldsymbol{K}_D - 1)\boldsymbol{s} + \frac{1}{2}\|w\|^2 \leqslant$$
$$-\frac{1}{2}l_{\min}(2\boldsymbol{K}_D - 1)\|\boldsymbol{s}\|^2 + \frac{1}{2}\|w\|_{\max}^2$$

其中，$l(\cdot)$ 为矩阵的特征值，$l(2\boldsymbol{K}_D - 1) > 0$，则满足 $\dot{V} \leqslant 0$ 的收敛性结果为

$$\|\boldsymbol{s}\| \leqslant \frac{\|w\|_{\max}}{\sqrt{l_{\min}(2\boldsymbol{K}_D - 1)}}$$

可见，收敛误差 $\|\boldsymbol{s}\|$ 与 $\boldsymbol{K}_D$ 特征值、最小逼近误差 w 有关，$\boldsymbol{K}_D$ 特征值越大，$\|w\|_{\max}$ 越小，收敛误差越小。

由于 $V \geqslant 0, \dot{V} \leqslant 0$，则 V 有界，因此 $\boldsymbol{\theta}_i$ 有界，但无法保证 $\boldsymbol{\theta}_i$ 收敛于 $\boldsymbol{\theta}_i^*$，即无法保证 $F(\boldsymbol{q}, \dot{\boldsymbol{q}}, \ddot{\boldsymbol{q}})$ 的逼近误差收敛于 0。

3.8.2.2 鲁棒自适应控制律

为了消除逼近误差 w 造成的影响，使 $\dot{V}(t) \leqslant 0$ 恒成立，保证系统绝对稳定，在控制律中采用了鲁棒项。设计鲁棒自适应控制律为

$$\boldsymbol{\tau} = \boldsymbol{D}(\boldsymbol{q})\ddot{\boldsymbol{q}}_r + \boldsymbol{C}(\boldsymbol{q}, \dot{\boldsymbol{q}})\dot{\boldsymbol{q}}_r + \boldsymbol{G}(\boldsymbol{q}) + \hat{\boldsymbol{F}}(\boldsymbol{q}, \dot{\boldsymbol{q}}, \ddot{\boldsymbol{q}}|\boldsymbol{\Theta}) - \boldsymbol{K}_D \boldsymbol{s} - \boldsymbol{W}\mathrm{sgn}(\boldsymbol{s})$$
$$\tag{3-8-4}$$

式中，$\boldsymbol{W} = \mathrm{diag}[\omega_{M_1}, \cdots, \omega_{M_n}]\omega_{M_i} \geqslant |\omega_i|, i = 1, 2, \cdots, n$。

同理，将控制律式(3-8-4)代入 $\dot{V}(t)$，得

$$\dot{V}(t) = -\boldsymbol{s}^T \boldsymbol{K}_D \boldsymbol{s} \leqslant 0$$

由于当且仅当 $\boldsymbol{s} = 0$ 时，$\dot{V} = 0$，即当 $\dot{V} \equiv 0$ 时，$\boldsymbol{s} \equiv 0$，根据 LaSalle 不变性原理，闭环系统为渐近稳定，即当 $t \to \infty$ 时，$\boldsymbol{s} \to 0$，系统的收敛速度取决于 $\boldsymbol{K}_D$。

由于 $V \geqslant 0, \dot{V} \leqslant 0$，则当 $t \to \infty$ 时，V 有界，从而 $\tilde{\boldsymbol{\theta}}_i$ 有界。

假设机器人关节个数为 n 个，如果采用基于 MIMO 的模糊系统 $\hat{\boldsymbol{F}}(\boldsymbol{q}, \dot{\boldsymbol{q}}, \ddot{\boldsymbol{q}}|\boldsymbol{\Theta})$ 来逼近 $\boldsymbol{F}(\boldsymbol{q}, \dot{\boldsymbol{q}}, \ddot{\boldsymbol{q}})$，则对每个关节构造模糊系统来说，输入变

量个数为 3 个。如果针对 n 个关节机器人力臂,对每个输入变量设计 k 个隶属函数,则规则总数为 k^{3n}。

例如,机器人关节个数为 2,每个关节输入变量个数为 3,每个输入变量设计 5 个隶属函数,则规则总数为 $5^{3\times2}=5^6=15625$,如此多的模糊规则会导致计算量过大。为了减少模糊规则的个数,应针对 $F(q,\dot{q},\ddot{q},t)$ 的具体表达形式分别进行设计。

3.8.3 基于摩擦补偿的控制

当 $F(q,\dot{q},\ddot{q})$ 只包括摩擦项 F_r 时,模糊系统输入变量由 3 个变为 1 个,规则总数由 k^{3n} 变为 k^n。可只考虑针对摩擦进行模糊逼近的模糊补偿。由于摩擦力只与速度信号有关,用于逼近摩擦的模糊系统可表示为 $\hat{F}(\dot{q}|\boldsymbol{\theta})$,可根据基于传统模糊补偿的控制器设计方法,即式(3-8-2)、式(3-8-3)和式(3-8-4)来设计控制律。

模糊自适应控制律设计为
$$\tau = \boldsymbol{D}(q)\ddot{\boldsymbol{q}}_\mathrm{r} + \boldsymbol{C}(q,\dot{q})\dot{\boldsymbol{q}}_\mathrm{r} + \boldsymbol{G}(q) + \hat{\boldsymbol{F}}(\dot{\boldsymbol{q}}|\boldsymbol{\theta}) - \boldsymbol{K}_\mathrm{D}s$$

鲁棒模糊自适应控制律设计为
$$\tau = \boldsymbol{D}(q)\ddot{\boldsymbol{q}}_\mathrm{r} + \boldsymbol{C}(q,\dot{q})\dot{\boldsymbol{q}}_\mathrm{r} + \boldsymbol{G}(q) + \hat{\boldsymbol{F}}(\dot{\boldsymbol{q}}|\boldsymbol{\theta}) - \boldsymbol{K}_\mathrm{D}s - \boldsymbol{W}\mathrm{sgn}(s) \quad (3\text{-}8\text{-}5)$$

自适应律设计为
$$\dot{\boldsymbol{\theta}}_i = -\boldsymbol{\Gamma}_i^{-1} s_i \boldsymbol{\xi}(\dot{\boldsymbol{q}}), i = 1, 2, \cdots, n \quad (3\text{-}8\text{-}6)$$

模糊系统设计为
$$\hat{\boldsymbol{F}}(\dot{\boldsymbol{q}}|\boldsymbol{\theta}) = \begin{bmatrix} \hat{F}_1(\dot{q}_1) \\ \hat{F}_2(\dot{q}_2) \\ \vdots \\ \hat{F}_n(\dot{q}_n) \end{bmatrix} = \begin{bmatrix} \boldsymbol{\theta}_1^\mathrm{T} \boldsymbol{\xi}^1(\dot{q}_1) \\ \boldsymbol{\theta}_2^\mathrm{T} \boldsymbol{\xi}^1(\dot{q}_2) \\ \vdots \\ \boldsymbol{\theta}_n^\mathrm{T} \boldsymbol{\xi}^n(\dot{q}_n) \end{bmatrix}$$

3.8.4 仿真实例

双关节刚性机械手的动力学方程的具体表达为
$$\begin{pmatrix} D_{11}(q_2) & D_{12}(q_2) \\ D_{21}(q_2) & D_{22}(q_2) \end{pmatrix} \begin{pmatrix} \ddot{q}_1 \\ \ddot{q}_2 \end{pmatrix} + \begin{bmatrix} -C_{12}(q_2)\dot{q}_2 & -C_{12}(q_2)(\dot{q}_1+\dot{q}_2) \\ C_{12}(q_2)\dot{q}_1 & 0 \end{bmatrix}$$
$$\begin{pmatrix} g_1(q_1+q_2)g \\ g_2(q_1+q_2)g \end{pmatrix} + F(q,\dot{q},\ddot{q}) = \begin{pmatrix} \tau_1 \\ \tau_2 \end{pmatrix}$$

其中

$$D_{11}(q_2) = (m_1+m_2)r_1^2 + m_2 r_2^2 + 2m_2 r_1 r_2 \cos(q_2)$$
$$D_{12}(q_2) = D_{21}(q_2) = m_2 r_2^2 + m_2 r_1 r_2 \cos(q_2)$$
$$D_{22}(q_2) = m_2 r_2^2$$
$$C_{12}(q_2) = m_2 r_1 r_2 \sin(q_2)$$

令 $\mathbf{y}=[q_1,q_2]^T$, $\mathbf{\tau}=[\tau_1,\tau_2]^T$, $\mathbf{x}=[q_1,\dot{q}_1,q_2,\dot{q}_2]^T$。取系统参数为 $r=1\text{m}$，$r_2=0.8\text{m}$，$m_1=1\text{kg}$，$m_2=1.5\text{kg}$。

控制目标是使双关节的输出 q_1，q_2 分别跟踪期望轨迹 $q_{d1}=0.3\sin t$，$q_{d2}=0.3\sin t$。定义隶属函数为

$$\mu_{A_i^l}(x_i) = \exp\left(-\left(\frac{x_i-\bar{x}_i^l}{\pi/24}\right)^2\right)$$

式中，$\bar{x}_i^l$ 分别为 $-\pi/6$，$-\pi/12$，0，$\pi/12$ 和 $\pi/6$，$i=1,2,3,4,5$，A_i 分别为 NB，NS，ZO，PS，PB。

针对带有摩擦的情况，采用基于摩擦模糊补偿的机械手控制，取控制器设计参数为 $\lambda_1=10$，$\lambda_2=10$，$\mathbf{K}_D=20\mathbf{I}$，$\mathbf{I}$ 为 2×2 单位阵，$\Gamma_1=\Gamma_2=0.0001$。取系统初始状态为 $q_1(0)=q_2(0)=\dot{q}_1(0)=\dot{q}_2(0)=0$，取摩擦项 $\mathbf{F}_r(\dot{\mathbf{q}}) = \begin{bmatrix} 15\dot{q}_1+6\text{sign}(\dot{q}_1) \\ 15\dot{q}_2+6\text{sign}(\dot{q}_2) \end{bmatrix}$，取干扰项 $\mathbf{\tau}_d = \begin{bmatrix} 0.05\sin(20t) \\ 0.1\sin(20t) \end{bmatrix}$。在鲁棒控制律中，取 $\mathbf{W}=\begin{bmatrix} 1.5 & 0 \\ 0 & 1.5 \end{bmatrix}$。

采用鲁棒控制律式(3-8-5)，自适应律取式(3-8-6)，仿真结果如图 3-23～图 3-25 所示。

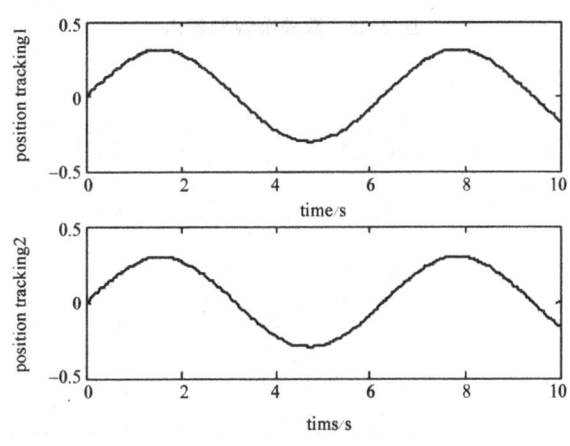

图 3-23 双关节位置跟踪

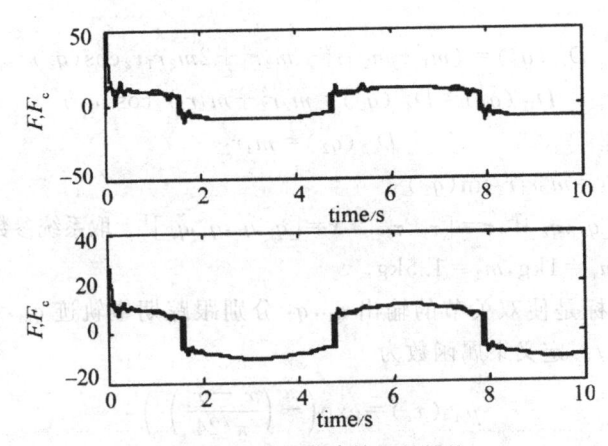

图 3-24 双关节摩擦及其补偿

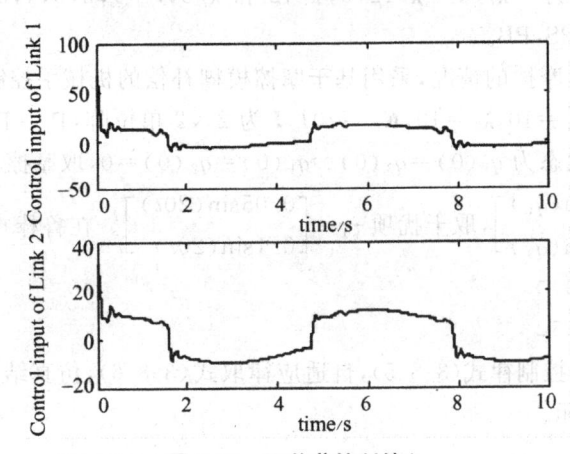

图 3-25 双关节控制输入

第4章 基于神经元网络的智能控制系统

基于神经网络的智能控制又称为神经控制,它是在连接机制上模拟人脑右半球形象思维和神经推理功能的神经计算模型。神经元是构成神经网络的最小单元,它在细胞水平上模拟智能。神经元模型、神经网络模型和学习算法构成了神经网络的三要素。

4.1 神经元网络的模型及连接方式

4.1.1 神经元网络的模型

组成网络的每一个神经元其模型表示如图4-1所示,根据上节关于动物神经细胞的构造,该模型具有多输入 $x_i, i=1,2,\cdots,n$ 和单输出 y,模型的内部状态由输入信号的加权和给出。神经单元的输出可表达成

$$y(t) = f\left[\sum_{i=1}^{n} w_i x_i(t) - \theta\right]$$

式中:θ 是神经单元的阈值;n 是输入的数目;t 是时间;权系数 w_i 代表了连接的强度,说明突触的负载。激励取正值;禁止激励取负值。输出函数 $f(x)$ 通常取 1 和 0 的双值函数或连续、非线性的 Sigmoid 函数。

从控制工程角度来看,为了采用控制领域中相同的符号和描述方法,可以把神经元网络改变为图4-2所示形式。以后会看到,很多神经元网络结构都可以归属于这个模型,该模型有三个部件:

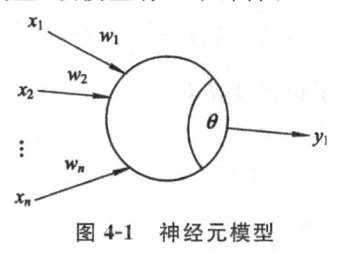

图4-1 神经元模型

(1)(一个)加权的加法器。
(2)线性动态单输入单输出(SISO)系统。
(3)静态非线性函数。

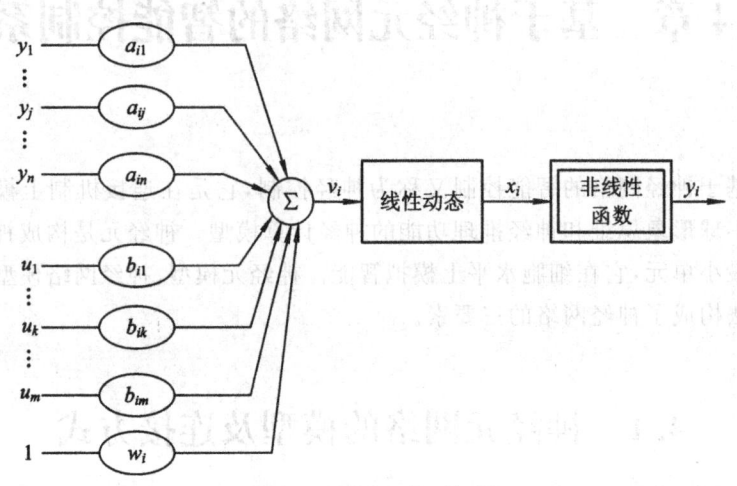

图 4-2 神经元模型框图

加权加法器可表示为

$$v_i(t) = \sum_{j=1}^{n} a_{ij} y_i(t) + \sum_{k=1}^{m} b_{ik} u_k(t) + w_i$$

式中:y_i 是所有单元的输出;u_k 是为外部输入;a_{ij} 和 b_{ik} 为相应的权系数;w_i 为常数,$i,j=1,2,\cdots,n,k=1,2,\cdots,m$。$n$ 个加权的加法器单元可以方便地表示成向量—矩阵形式:

$$\boldsymbol{v}(t) = \boldsymbol{A}\boldsymbol{y}(t) + \boldsymbol{B}\boldsymbol{u}(t) + \boldsymbol{w} \tag{4-1-1}$$

式中:v 为 N 维列向量;y 为 N 维向量;u 为 M 维向量;A 为 $N \times N$ 矩阵;B 为 $N \times M$ 矩阵;w 为 N 维常向量,它可以与 u 合在一起,但分开列出有好处。

线性动态系统是 SISO 线性系统,输入为 v_i,输出为 x_i,按传递函数形式描述为

$$\overline{x}_i(s) = H(s)\overline{v}_i(s) \tag{4-1-2}$$

该式表示为拉氏变换形式。在时域,将该式变成

$$x_i = \int_{-\infty}^{t} h(t-t') v_i(t') \mathrm{d}t'$$

式中,$H(s)$ 和 $h(t)$ 组成了拉氏变换对。

$$H(s)=1, \quad h(t)=\delta(t)$$

$$H(s)=\frac{1}{s}, \quad h(t)=\begin{cases} 0 & t<0 \\ 1 & t\geq 0 \end{cases}$$

$$H(s)=\frac{1}{1+sT}, \quad h(t)=\frac{1}{T}e^{-t/T}$$

$$H(s)=\frac{1}{a_0 s+a_1}, \quad h(t)=\frac{1}{a_0}e^{-(a_1/a_0)t}$$

$$H(s)=e^{-sT}, \quad h(t)=\delta(t-T)$$

上面表达式中,δ 是狄拉克函数。在时域中,相应的输入输出关系为

$$x_i(t)=v_i(t)$$

$$\dot{x}_i(t)=v_i(t)$$

$$T\dot{x}_i(t)+x_i(t)=v_i(t)$$

$$a_0\dot{x}_i(t)+a_1 x_i(t)=v_i(t)$$

$$x_i(t)=v_i(t-T)$$

第一、二和三的形式就是第四种形式的特殊情况。

也有用离散时间的动态系统,例如:

$$a_0 x_i(t+1)+a_1 x_i(t)=v_i(t)$$

这里 t 是整时间指数。

静态非线性函数 $g(\cdot)$ 可从线性动态系统输出 z_i 给出模型的输出:

$$y_i=g(x_i) \tag{4-1-3}$$

常用的非线性函数的数学表示及其形状如表 4-1 所示。

表 4-1 非线性函数

名 称	特 征	公 式	图 形
阈值	不可微,类阶跃,正	$g(x)=\begin{cases}1 & x>0 \\ 0 & x\leq 0\end{cases}$	
阈值	不可微,类阶跃,零均	$g(x)=\begin{cases}1 & x>0 \\ -1 & x\leq 0\end{cases}$	
Sigmoid	可微,类阶跃,正	$g(x)=\dfrac{1}{1+e^{-x}}$	

续表

名 称	特 征	公 式	图 形
双曲正切	可微，类阶跃，零均	$g(x)=\tanh(x)$	
高斯	可微，类脉冲	$g(x)=e^{-(x^2/\sigma^2)}$	

表 4-1 中所列的非线性函数相互之间存在密切的关系。可以看到，Sigmoid 函数和 tanh 函数是相似的，前者范围为 0 到 1；而后者范围从 -1 到 $+1$。阈值函数也可看成 Sigmoid 和 tanh 函数高增益的极限。类脉冲函数可以从可微的类阶跃函数中产生，反之亦然。

大家知道，处在不同部位上的神经元往往各有不同的特性，譬如眼睛原动系统具有 Sigmoid 特性；而在视觉区具有高斯特性。应按照不同的情况，建立不同的合适模型。还有一些非线性函数，如对数，指数，也很有用，但还没有建立它们生物学方面的基础。

4.1.2 神经元的连接方式

神经元本身按计算或表示而言并没有很强大的功能，但是按多种不同方式连接之后，可以在变量之间建立不同关系，给出多种强大的信息处理能力。神经元的三个基本元件可以按不同的方式连接起来。如果神经元都是静态的[$H(s)=1$]，那么神经元的结合可以按一组代数方程来描述。把式(4-1-1)、式(4-1-2)和式(4-1-3)联合起来，可得

$$\left.\begin{array}{l} \bm{x}(t)=\bm{A}\bm{y}(t)+\bm{B}\bm{u}(t)+\bm{w} \\ \bm{y}(t)=g(\bm{x}(t)) \end{array}\right\} \qquad (4\text{-}1\text{-}4)$$

式中 $\bm{x}$ 是 N 维向量，$g(\bm{x})$ 是非线性函数。如果 $g(\bm{x})$ 取以下形式的阈值函数：

$$g(\bm{x})=\begin{cases} 1, & x>0 \\ -1, & x\leqslant 0 \end{cases}$$

$\bm{B}=0$，则式(4-1-4)就表示了 Adline(自适应线性)网络。这是一个单层的静态网络。

神经元网络可以连接成多层，有可能在输入和输出之间给出更为复杂的非线性映射，这种网络典型的也是非动态的。这时，连接矩阵 $\bm{A}$ 使输出被划分成多个层次，在一个层次中的神经元只接收前一层次中神经元来的输入(在第一层，接收网络的输入)，网络中没有反馈。例如，在一个三层网

络中，每层含有 N 个神经元，我们可将方程(4-1-4)中网络向量 x, y, u 和 w 划分，写成

$$\begin{bmatrix} x^1(t) \\ x^2(t) \\ x^3(t) \end{bmatrix} = A \begin{bmatrix} y^1(t) \\ y^2(t) \\ y^3(t) \end{bmatrix} + B \begin{bmatrix} u^1(t) \\ u^2(t) \\ u^3(t) \end{bmatrix} + \begin{bmatrix} w^1 \\ w^2 \\ w^3 \end{bmatrix}$$

式中，上标表示网络中相应的层次。矩阵 A 和 B 的结构如下：

$$A = \begin{bmatrix} O_{NN} & O_{NN} & O_{NN} \\ A^2 & O_{NN} & O_{NN} \\ O_{NN} & A^3 & O_{NN} \end{bmatrix}, B = \begin{bmatrix} B^1 & O_{NM} & O_{NM} \\ O_{NM} & O_{NM} & O_{NM} \\ O_{NM} & O_{NM} & O_{NM} \end{bmatrix}$$

式中，O_{NN} 是 $N \times N$ 的零矩阵，$O_{N \times M}$ 是 $N \times M$ 的零矩阵，A^2 和 A^3 是 $N \times N$ 的矩阵，而 B^1 是 $N \times M$ 的权矩阵。对第一层有

$$\left. \begin{array}{l} x^1(t) = B^1 u^1(t) + w^1 \\ y^1(t) = g(x^1(t)) \end{array} \right\}$$

对第二层和第三层，有

$$\left. \begin{array}{l} x^l(t) = A^l y^{l-1}(t) + w^l \\ y^l(t) = g(x^l(t)) \end{array} \right\}$$

式中，$l = 2, 3$。

可以从表 4-1 选取不同的 $g(x)$。如果选择 Sigmoid 函数，这就是 Rumelhart 提出的反传(BP)网络。

在网络中引入反馈，就产生动态网络，其一般的动态方程可以表示为：

$$x(t) = F[x(t), u(t), \theta]$$
$$y(t) = G(x(t), \theta)$$

这里，x 代表状态，u 是外部输入，θ 代表网络参数，F 是代表网络结构的函数，G 是代表状态变量和输出之间关系的函数。Hopfield 网络就是一种具有反馈的动态网络。

起初，反馈(回归)网络引入到联想或内容编址存储器(CAM)，用作模式识别。未受污染的模态用作稳定平衡点，而它的噪声变体应处在吸引域。这样，建立了与一组模式有关的动态系统。如果整个工作空间正确地由 CAM 划分，那么任何初始状态条件(相应于一个样板)应该有一个对应于未受污染模式的稳态解，这种分类器的动态过程实际上是一个滤波器。

4.2 前馈神经网络

4.2.1 感知神经网络

4.2.1.1 单层感知器网络

图 4-3 所示为单层的感知器网络结构。

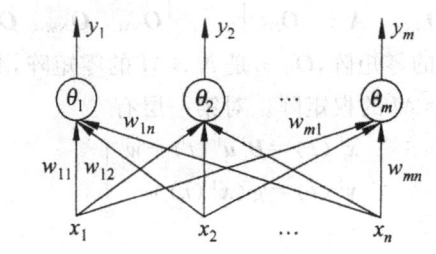

图 4-3 单层感知器网络

图中，$x = [x_1 \quad x_2 \quad \cdots \quad x_n]^T$ 是输入特征向量，w_{ji} 是 x_i 到 y_j 的连接权，输出量 $y_j (j = 1, 2, \cdots, m)$ 是按照不同特征的分类结果。由于按不同特征的分类是互相独立的，因而可以取出其中的一个神经元来讨论，如图 4-4 所示。其输入到输出的变换关系为：

$$s_j = \sum_{i=1}^{n} w_{ji} x_i - \theta_j$$

$$y_j = f(s_j) = \begin{cases} 1 & s_j \geqslant 0 \\ 0 & s_j < 0 \end{cases}$$

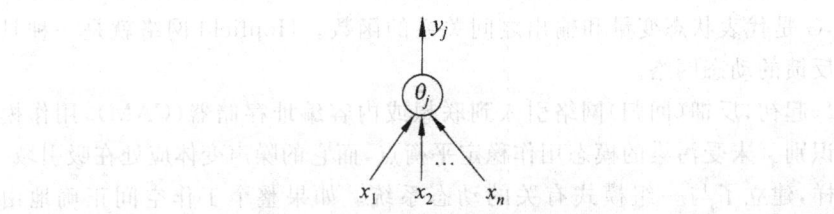

图 4-4 单个神经元的感知器

若有 P 个输入样本 $x^p (p = 1, 2, \cdots, P)$，经过该感知器的输出 y_j 只有两种可能，即 1 和 -1，从而说明它将输入模式分成了两类。若将 $x^p (p = 1, 2, \cdots, P)$ 看成是 n 维空间的 P 个点，则该感知器将该 P 个点分成了两类，它们分属于 n 维空间的两个不同的部分。

为便于说明，下面以二维空间为例，如图 4-5 所示，设图中的"○"和"×"表示输入的特征向量点，其中"○"和"×"表示具有不同特征的两类向量。现在要求用单个神经元感知器将其分类。

根据感知器的变换关系,可知分界线的方程为:
$$w_1 x_1 + w_2 x_2 - \theta = 0$$
显然,这是一条直线方程。它说明,只有那些线性可分模式类才能用感知器来加以区分。图 4-6 中的异或关系,显然它是线性不可分的。因此单层感知器不可能将其正确分类。历史上,Minshy 正是利用这个典型例子指出了感知器的致命弱点,从而导致了 20 世纪 70 年代神经元网络的研究低潮。

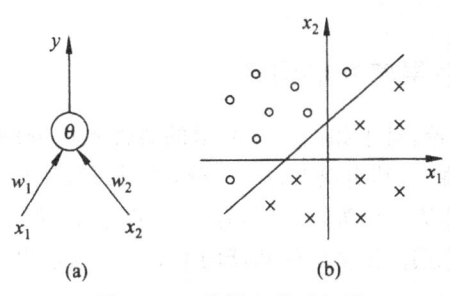

图 4-5 二维输入的感知器

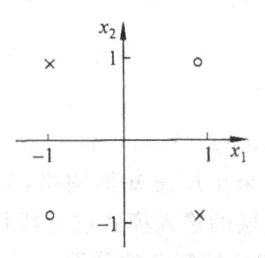

图 4-6 异或关系的线性不可分

从图 4-5 可以看出,若输入模式是线性可分的,则可以找到无穷多条直线来对其进行正确的分类。现在的问题是,如果已知一组输入样本模式以及它们所属的特征类,如何找出其中一条分界线能够对它们进行正确的分类。对于一般情况其问题可描述为:已知输入与输出样本 x_p 和 $d_p(p=1,2,\cdots,P)$,这里 x_p 和 d_p 表示第 p 组输入向量和期望的输出。问题是如何设计感知器网络的连接权 $w_i(i=1,2,\cdots,n)$ 和 θ,以使该网络能实现正确的分类。也就是说,如何根据样本对连接权和阈值进行学习和调整。这里样本相当于"教师",所以这是一个有监督的学习问题。下面给出一种学习算法。

(1) 随机地给定一组连接权 $w_i(0),k=0$。

(2) 任取其中一组样本 x_p 和 d_p,计算:
$$s = \sum_{i=0}^{n} w_i x_{pi} \ (\text{设取 } x_{p0}=1, w_0=-\theta)$$

$$y_p = f(s) = \begin{cases} 1 & s \geq 0 \\ -1 & s < 0 \end{cases}$$

(3)按下式调整连接权：
$$w_i(k+1)=w_i(k)+\alpha(d_p-y_p)x_{pi} \quad i=1,2,\cdots,n$$
其中,取 $\alpha>0$, α 称为学习率。

(4)在样本集中选取另外一组样本,并让 $k+1 \to k$,重复上述(2)~(4)的过程,直到 $w_i(k+1)=w_i(k)(i=1,2,\cdots,n)$。可以证明,该学习算法收敛的充分必要条件是输入样本是线性可分的。同时,学习率 α 的选取也是十分关键的。α 选取太小,学习太慢；α 太大,学习过程可能出现修正过头,从而产生振荡。

4.2.1.2 多层感知器网络

根据上面的讨论,对于如图 4-7 所示的线性不可分的输入模式,只用单层感知器网络不可能对其实现正确的区分,这时可采用如图 4-8 所示的多层感知器网络。其中,第 1 层为输入层,有 n_1 个神经元；第 Q 层为输出层,有 n_Q 个输出,中间层为隐层。该多层感知器网络的输入与输出变换关系为：

$$s_i^{(q)} = \sum_{j=0}^{n_{q-1}} w_{ij}^{(q)} x_j^{(q-1)} \quad [x_0^{(q-1)}=\theta_i^{(q)}, w_{i0}^{(q)}=-1]$$

$$x_i^{(q)} = f[s_i^{(q)}] = \begin{cases} 1, & s_i^{(q)} \geqslant 0 \\ -1, & s_i^{(q)} < 0 \end{cases}$$

$$i=1,2,\cdots,n_q; j=1,2,\cdots,n_{q-1}; q=1,2,\cdots,Q$$

这时每一层相当于一个单层感知器网络,如对于第 q 层,它形成一个 n_{q-1} 维的超平面,它对于该层的输入模式进行线性分类,但是由于多层的组合,最终可实现对输入模式的较复杂的分类。

例如,对于如图 4-6 所示的异或关系,可采用如图 4-8 所示的多层感知器网络来实现对它的正确分类。

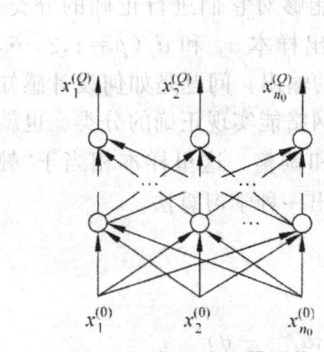

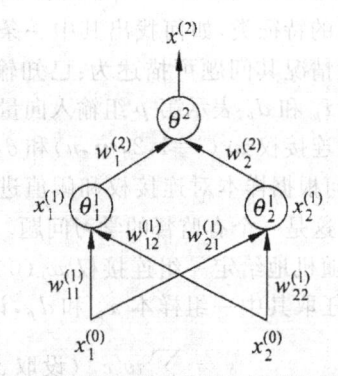

图 4-7　多层感知器网络　　　图 4-8　实现异或关系的多层感知器网络

具体做法如下：

(1) 利用上述学习算法，设计连接权系数 $w_{11}^{(1)}$ 和 $w_{12}^{(1)}$，以使得其分界线为图 4-9(a) 中的 L_1，即 L_1 的直线方程为：

$$w_{11}^{(1)} x_1^{(0)} + w_{12}^{(1)} x_2^{(0)} - \theta_1^{(1)} = 0$$

且相应于 P_2 的输出为 1，相应于 P_1、P_3 和 P_4 的输出为 -1。

(2) 设计连接权系数 $w_{21}^{(1)}$ 和 $w_{22}^{(1)}$，以使得其分界线为图 4-9(a) 中的 L_2，且使得相应于 P_1、P_2 和 P_3 的输出为 1，相应于 P_4 的输出为 -1。

(3) 在 $x_1^{(1)}$ 和 $x_2^{(1)}$ 平面中 [见图 4-9(b)]，这时只有 3 个点 Q_1、Q_2 和 Q_3，括弧中标出了所对应的第一层的输入模式。Q_1、Q_2 和 Q_3 是第二层(即神经元 $x^{(2)}$ 的输入模式。现在只要设计连接权系数 $w_1^{(2)}$ 和 $w_2^{(2)}$，以使得其分界线为图 4-9(b) 中的 L_3，即可将 Q_2 与 Q_1、Q_3 区分开来，即将 (P_1, P_3) 与 (P_2, P_4) 区分开来，从而正确地实现异或关系。

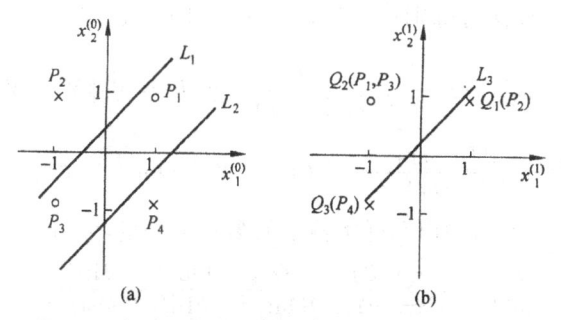

图 4-9 实现异或关系多层感知器网络的模式划分

可见，适当地设计多层感知器网络可以实现任意形状的划分。

4.2.2 BP 神经网络的基本结构

BP 神经网络由输入层、输出层和隐含层组成。其中，隐含层可以为一层或多层。如图 4-10 所示，是含有一层隐含层 BP 神经网络的典型结构图。BP 神经网络在结构上类似于多层感知器，但两者侧重点不同。

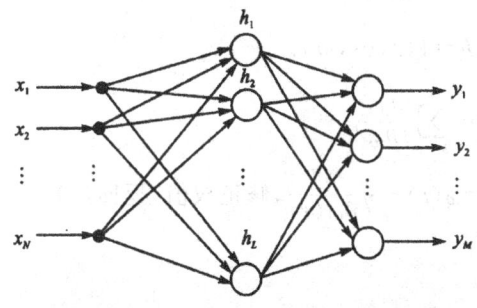

图 4-10 BP 神经网络的结构

4.2.3 BP 学习算法

BP 学习算法的基本思想是：通过一定的算法调整网络的权值，使网络的实际输出尽可能接近期望的输出。在本网络中采用误差反传(BP)算法来调整权值。

假设有 m 个样本 $(\hat{X}_h, \hat{Y}_h)(h=1,2,\cdots,m)$，将第 h 个样本的 $\hat{X}_h$ 输入网络，得到的网络输出为 Y_h，则定义网络训练的目标函数为 $J = \frac{1}{2}\sum_{h=1}^{m}\|\hat{Y}_h - Y_h\|^2$。网络训练的目标是使 J 最小，其网络权值 BP 训练算法可描述为 $\omega(t+1) = \omega(t) - \eta\frac{\partial J}{\partial \omega(t)}$，式中，$\eta$ 为学习率。针对 $\omega_{jk}^{(2)}$ 和 $\omega_{ij}^{(1)}$ 的具体情况，训练算法可分别描述为 $\omega_{jk}^{(2)}(t+1) = \omega_{jk}^{(2)}(t) - \eta_1\frac{\partial J}{\partial \omega_{jk}^{(2)}(t)}$，$\omega_{ij}^{(1)}(t+1) = \omega_{ij}^{(1)}(t) - \eta_2\frac{\partial J}{\partial \omega_{ij}^{(1)}(t)}$。令 $J = \frac{1}{2}\|\hat{Y}_h - Y_h\|^2$，则 $\frac{\partial J}{\partial \omega} = \sum_{h=1}^{m}\frac{\partial J_h}{\partial \omega}$，$\frac{\partial J_h}{\partial \omega_{jk}^{(2)}} = \frac{\partial J_h}{\partial Y_{hk}}\frac{\partial Y_{hk}}{\partial \omega_{jk}^{(2)}} = -(\hat{Y}_{hk} - Y_{hk})\text{Out}_j^{(2)}$，式中，$Y_{hk}$ 和 $\hat{Y}_{hk}$ 分别为第 h 组样本的网络输出和样本输出的第 k 个分量，而且有：

$$\frac{\partial J_h}{\partial \omega_{ij}^{(1)}} = \sum_k \frac{\partial J_h}{\partial Y_{hk}}\frac{\partial Y_{hk}}{\partial \text{Out}_j^{(2)}}\frac{\text{Out}_j^{(2)}}{\partial \text{In}_j^{(2)}}\frac{\partial \text{In}_j^{(2)}}{\partial \omega_{ij}^{(1)}}$$

$$= -\sum_k (\hat{Y}_{hk} - Y_{hk})\omega_{jk}^{(2)}\varphi'\text{Out}_i^{(1)}$$

上述训练算法可以总结如下：

(1)依次取第 h 组样本 $(\hat{X}_h, \hat{Y}_h)(h=1,2,\cdots,m)$，将 $\hat{X}_h$ 输入网络，得到网络输入 Y_h。

(2)计算 $J = \frac{1}{2}\sum_{h=1}^{m}\|\hat{Y}_h - Y_h\|^2$，如果 $J < \varepsilon$，退出训练；否则，进行第(3)~(5)步。

(3)计算 $\frac{\partial J_h}{\partial \omega}(h=1,2,\cdots,m)$。

(4)计算 $\frac{\partial J}{\partial \omega} = \sum_{h=1}^{m}\frac{\partial J_h}{\partial \omega}$。

(5) $\omega(t+1) = \omega(t) - \eta\frac{\partial J}{\partial \omega(t)}$，修正权值，返回(1)。

4.3　Hopfield 神经网络

感知神经网络、BP 神经网络与径向基函数神经网络都属于前向型神经网络(或前馈神经网络)。在这类网络中,各层神经元节点接收前一层输入的数据,经过处理输出到下一层,数据正向流动,没有反馈连接。从控制系统的观点看,它缺乏系统动态性能。反馈神经网络的输出除了与当前输入和网络权值有关以外,还与网络之前的输入有关。典型的反馈神经网络有 Hopfield 神经网络、Elman 神经网络、CG 网络模型、盒中脑模型和双向联想记忆等。这里我们重点讲述 Hopfield 神经网络。在 1982 年和 1984 年,美国加州理工学院 John Hopfield 教授先后提出离散型和连续型 Hopfield 神经网络,引入"能量函数"的概念,给出了连续型 Hopfield 神经网络的硬件电路,同时开拓了神经网络用于联想记忆和优化计算的新途径。

4.3.1　Hopfield 神经网络的基本结构

最初提出的 Hopfield 网络是离散型网络,输出只能取 0 或 1,分别表示神经元的抑制和兴奋状态。离散型 Hopfield 神经网络的结构如图 4-11 所示。通过该图容易发现,离散型 Hopfield 神经网络是一个单层网络,其中包含神经元节点的个数为 n。对于每个节点而言,其输出都和其他神经元的输入相连接,而且其输入又和其他神经元的输出相连接。对于每一个神经元节点,其工作方式仍同之前一样,即

$$\begin{cases} s_i(k) = \sum \omega_{ij} x_j(k) - \theta_i \\ x_i(k+1) = f(s_i(k)) \end{cases} \quad (4\text{-}3\text{-}1)$$

式中,$\omega_{ii} = 0$;θ_i 为阈值;$f(\cdot)$ 是变换函数。对于离散型 Hopfield 网络,$f(\cdot)$ 通常为二值函数,1 或 -1,0 或 1。

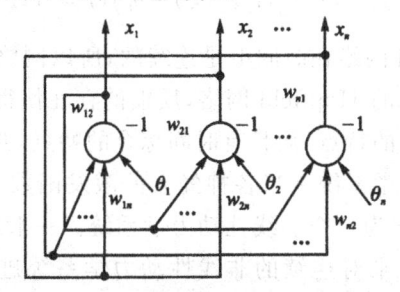

图 4-11　离散型 Hopfield 神经网络结构

Hopfield 网络的输出层采用连续函数作为传输函数，被称为连续型 Hopfield 网络。连续型 Hopfield 网络的结构和离散型 Hopfield 网络的结构相同。不同之处在于，其传输函数不是阶跃函数或符号函数，而是 S 型的连续函数。对于连续型 Hopfield 网络的每一神经元节点，其工作方式为

$$\begin{cases} s_i = \sum_{j=1}^{n} \omega_{ij} x_j - \theta_j \\ \dfrac{\mathrm{d}y_i}{\mathrm{d}t} = -\dfrac{1}{\tau} y_i + s_i \\ x_i = f(y_i) \end{cases} \quad (4\text{-}3\text{-}2)$$

4.3.2　Hopfield 神经网络的工作方式

一般地，离散型 Hopfield 网络的工作方式有以下两种：

(1) 异步方式。这种工作方式的基本特点是任意时刻都仅有一个神经元改变状态，而网络中的其余神经元均保持原有状态，既不输出也不输入，人们又将该方式称为串行工作方式。在异步方式下，神经元的选择既可以采用随机方式，也可以人为设置预定顺序。例如，当第 i 个神经元处于工作点时，整个网络的状态变化方式为

$$\begin{cases} x_i(k+1) = f\left(\sum_{j=1}^{n} \omega_{ij} x_j(k) - \theta_i\right) \\ x_j(k+1) = x_j(k), j \neq i \end{cases} \quad (4\text{-}3\text{-}3)$$

(2) 同步方式。这种工作方式的基本特点是在某一时刻可能有 n_1 ($0 < n_1 \leqslant n$) 个神经元同时改变状态，而网络中的其余神经元均保持原有状态，既不输出也不输入，人们又将该方式称为并行工作方式。与异步方式相同，神经元的选择既可以采用随机方式，也可以人为设置预定顺序。当 $n_1 = n$ 时，称为全并行方式，此时所有神经元都按照式(4-3-1)改变状态，即

$$x_i(k+1) = f\left(\sum_{j=1}^{n} \omega_{ij} x_j(k) - \theta_i\right) (i = 1, 2, \cdots, n)$$

连续型 Hopfield 网络在时间上是连续的，所以网络中各神经元是并行工作的。对连续时间的 Hopfield 网络，反馈的存在使得各神经元的信息综合不仅具有空间综合的特点，而且有时间综合的特点，并使得各神经元的输入输出特性为一动力学系统。当各神经元的激发函数为非线性函数时，整个连续 Hopfield 网络为一个非线性动力学系统。一般地，人们总是倾向于采用非线性微分方程来对连续的非线性动力学系统进行数学描述。如图 4-12 所示，给出了连续 Hopfield 网络的硬件实现方案，该方案提供的电路

可以快速地自动求解前述非线性微分方程,准确率十分可观。

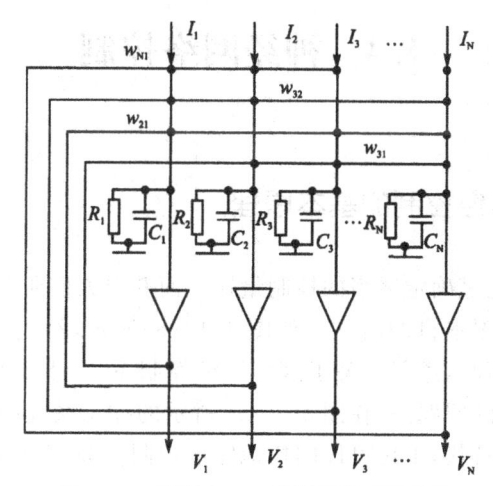

图 4-12 连续 Hopfield 网络的硬件实现

一般地,若网络的状态 x 满足 $x=f(Wx-\theta)$,则称 x 为网络的吸引子或稳定点。连续 Hopfield 网络的能量函数可定义为

$$E=-\frac{1}{2}\sum_{i=1}^{n}\sum_{j=1}^{n}\omega_{ij}x_jx_i+\sum_{i=1}^{n}x_i\theta_i+\sum_{i=1}^{n}\frac{1}{\tau_i}\int_{0}^{x_i}f^{-1}(\eta)\mathrm{d}\eta$$

$$=-\frac{1}{2}\pmb{x}^\mathrm{T}\pmb{W}\pmb{x}+\pmb{x}^\mathrm{T}\pmb{\theta}+\sum_{i=1}^{n}\frac{1}{\tau_i}\int_{0}^{x_i}f^{-1}(\eta)\mathrm{d}\eta \tag{4-3-4}$$

因此,可得到能量关于状态 x_i 的偏导为

$$\frac{\partial E}{\partial x_i}=-\sum_{j=1}^{n}\omega_{ij}x_j+\theta_i+\frac{1}{\tau_i}\int_{0}^{x_i}f^{-1}(x_i)=-\sum_{j=1}^{n}\omega_{ij}x_j+\theta_i+\frac{1}{\tau_i}\int_{0}^{x_i}y_i=-\frac{\mathrm{d}y_i}{\mathrm{d}t}$$

$$\tag{4-3-5}$$

进而,可求得能量对时间的导数为

$$\frac{\mathrm{d}E}{\mathrm{d}t}=\sum_{i=1}^{n}\left(-\frac{\mathrm{d}y_i}{\mathrm{d}t}\frac{\mathrm{d}x_i}{\mathrm{d}t}\right)=-\sum_{i=1}^{n}\left(\frac{\mathrm{d}y_i}{\mathrm{d}x_i}\frac{\mathrm{d}x_i}{\mathrm{d}t}\frac{\mathrm{d}x_i}{\mathrm{d}t}\right)=-\sum_{i=1}^{n}\left(\frac{\mathrm{d}y_i}{\mathrm{d}x_i}\right)\left(\frac{\mathrm{d}x_i}{\mathrm{d}t}\right)^2$$

$$\tag{4-3-6}$$

由于 $x_i=f(y_i)$ 为 S 型函数,属于单调增函数。因此,反函数 $y_i=f^{-1}(x_i)$ 也是单调增函数,可知 $\frac{\mathrm{d}y_i}{\mathrm{d}x_i}>0$, $\frac{\mathrm{d}E}{\mathrm{d}t}\leqslant 0$。

4.4 神经网络控制

4.4.1 神经控制的基本原理

众所周知,通过确定适当的控制量输入而获得人们所想要的输出结果,这是控制系统的根本目的所在。如图 4-13(a)所示,给出了一个简单的反馈控制系统的原理示意图。关于这个反馈控制系统,不是我们要讨论的重点。我们所关心的问题是,在图 4-13(a)所示的控制系统中,将其控制器用神经网络控制器替代,不仅可以同样地完成控制任务,而且可以获得更好的控制效果。接下来,我们就来讨论神经网络的工作原理。设控制系统的输入为 u,输出为 y,u 与 y 满足非线性关系。也就是说,y 是 u 的非线性函数,即

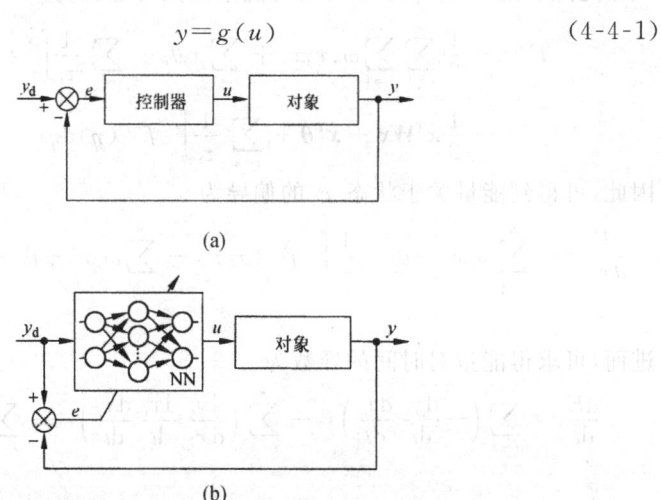

$$y = g(u) \tag{4-4-1}$$

图 4-13 反馈控制与神经控制的对比

假设我们期望得到的系统输出为 y_d,那么,确定最佳的输入量 u,使得 $y = y_d$,就是系统控制的目的所在。在基于神经网络的智能控制系统中,神经网络需要实现从输入到输出的某种映射功能。换句话说,神经网络就是要实现某类特定的函数变换规则,使得人们可以在向神经网络的智能控制系统输入某一量 u 的情况下,获得与期望输出 y_d 相吻合的结果。设

$$u = f(y_d) \tag{4-4-2}$$

为了使得 $y = y_d$,我们把式(4-4-2)代入式(4-4-1)中,则有

$$y = g[f(y_d)] \tag{4-4-3}$$

容易发现,如果 $f(\cdot) = g^{-1}(\cdot)$,便可实现 $y = y_d$。

实践经验表明,当采用神经网络控制时,通常被控对象不仅十分复杂,而且具有十分显著的不确定性,故而要想建立式(4-4-3)中的非线性函数 $g(\cdot)$,是一项十分困难的工作。事实上,能够逼近非线性函数,这是神经网络最显著的能力之一,利用神经网络的这一功能便可以模拟 $g(\cdot)$。

模拟得到的 $g(\cdot)$,其具体形式一般都是未知的,但是,人们可以利用神经网络的学习算法来逐步减小 y 与 y_d 之间的误差,使得模拟结果逐步逼近 $g^{-1}(\cdot)$。具体做法是,对调整神经网络联接权值进行适当的挑战,使得

$$e = y_d - y \to 0 \tag{4-4-4}$$

通过以上事实可以看出,逐步逼近 $g^{-1}(\cdot)$ 是一种对被控对象求逆的过程。

基于神经网络智能控制的种类很多,目前最常见的类型有神经网络直接反馈控制、神经网络专家系统控制、神经网络模糊逻辑控制和神经网络滑模控制等。

4.4.2 基于传统控制理论的神经控制

在传统控制系统中,神经网络常常被用于实现传统控制中的某些特定环节,如辨识、估计、优化计算等。具体的应用方式多种多样,限于本书篇幅,这里我们仅列举如下几种最常用的方式。

(1)神经逆动态控制。设系统的状态观测值与输入控制信号满足的映射关系为:

$$x(t) = F[u(t), x(t-1)]$$

其中,$x(t)$ 表示状态观测值;$u(t)$ 表示输入控制信号;F 表示二者之间的映射法则,它可能已知也可能是未知的,为了便于讨论,事先约定 F 是可逆的,即 $u(t)$ 可从 $x(t)$ 和 $x(t-1)$ 中求出,通过训练神经网络的动态响应为:

$$u(t) = H[x(t), x(t-1)]$$

H 即为 F 的逆动态。

(2)神经 PID 控制。将神经元或神经网络和常规 PID 控制相结合,根据被控对象的动态特性变化情况,利用神经元或神经网络的学习算法,在控制过程中对 PID 控制参数进行实时优化调整,达到在线优化 PID 控制性能的目的。上述这样的复合控制形式统称为神经元 PID 控制或神经 PID 控制。

(3)模型参考神经自适应控制。将神经网络的相关技术应用到传统的模型参考自适应控制系统之中,或是改进其原有的对象模型和控制器,或是

对其自适应机构进行转型升级,或是对其控制参数进行优化等,这样的系统统称为模型参考神经自适应控制。

(4)神经自校正控制。如图 4-14 所示,给出了基于单神经网络的神经自校正控制系统结构示意图。在这类控制系统中,评价函数一般取为 $e = y_d - y$,或采用形式 $e(t) = M_y[y_d(t) - y(t)] + M_u u(t)$。其中,$M_y$ 和 M_u 为适当维数的矩阵。该方法的有效性在水下机器人姿态控制中得到了证实。

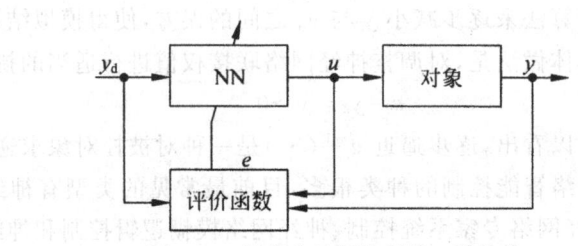

图 4-14 神经自校正控制的一种结构

除上述形式外,神经网络和传统控制的结合形式,还有神经内膜控制、神经预测控制、神经最优决策控制等形式,限于本书篇幅,这里不再赘述。

4.4.3 神经 PID 控制

在传统的控制技术领域,PID 调节器由于其具有结构简单、参数整定、便于调节等方面的优点而得到了广泛的应用。然而,随着应用的日趋广泛,这类调节器的局限性也不断暴露出来,如参数难以自动适应环境、面对复杂系统控制的有效性不足、并行处理能力较弱、鲁棒性欠佳等。与之相反,神经网络却刚好具有十分强大的自适应和并行处理能力,而其鲁棒性也非常好,如果将神经网络应用到传统的 PID 调节器中,则刚好可以弥补 PID 调节器的上述不足,使其性能得到更加充分的发挥。接下来,我们就对神经 PID 控制展开简要的讨论。

根据 PID 控制的有关理论可知,只有同步调整 PID 控制的比例、积分、微分三种控制方式,找出它们既配合又制约的最佳非线性组合关系,才能使得 PID 控制获得最好的效果。在非线性表示能力方面,神经网络有其独特的强大之处,这得益于它对系统性能的强大的学习能力,如果将神经网络应用到 PID 控制技术中,那么获得具有最佳组合的 PID 控制器就是比较容易实现了。

一般地,人们在设计 PID 控制器时,常常采用 BP 网络结构。BP 神经网络具有比较强的自学习能力,凭借该能力,神经网络可以十分准确地找到最合适的 P、I、D 参数,从而实现某一最佳控制。如图 4-15 所示,给出了采用 BP 神经网络设计的 PID 控制系统的结构示意图。通过图 4-15 我们可以看到,神经 PID 控制器主要包括如下两个部分:

(1) 经典的 PID 控制器。该部分的主要功能是对被控对象直接进行闭环控制,同时在线整定 K_P、K_I、K_D 这三个参数。

(2) 神经网络。实时监控系统运行状态,通过自学习、调整权系数等方式有效配置 K_P、K_I、K_D 这三个可调参数,PID 控制器的控制效果达到最佳。

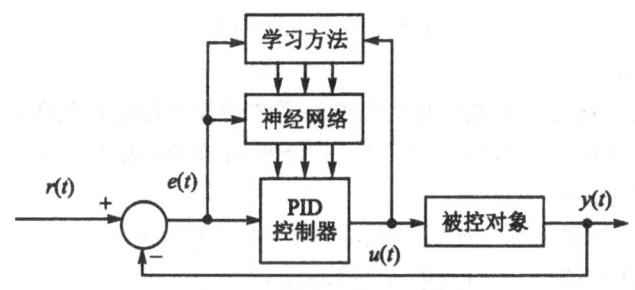

图 4-15 神经网络 PID 控制

一般地,PID 控制器的控制过程满足公式:

$$u(k)=u(k-1)+K_P\Delta e(k)+K_I e(k)+K_D\Delta^2 e(k) \quad (4-4-5)$$

式中,K_P 为比例系数;K_I 为积分系数;K_D 为微分系数。如果将 K_P、K_I、K_D 这三个系数看作依赖于系统运行状态可调,那么上式可以改写为

$$u(k)=f[u(k-1),K_P,K_I,K_D,e(k),\Delta e(k),\Delta^2 e(k)] \quad (4-4-6)$$

式中,$f[\cdot]$ 表示一类非线性映射(函数),通常与 K_P、K_I、K_D、$u(k-1)$、$y(k)$ 等相关。

4.5 神经元网络控制非线性动态系统的能控性与稳定性

非线性动态系统的复杂性,使得常规的数学方法难以对它的控制特性进行精确的分析,至今还没有建立完整的非线性系统控制理论。采用神经元网络可以对一类非线性系统进行辨识和控制。有关能控性和稳定性的分析大都建立在直觉和定性的基础上,本节拟根据 Narendra 等人提出的方法,对神经元网络控制的非线性系统能控性和稳定性分析方法作一些概略的介绍。需要指出的是,我们把讨论只局限在可以线性化的系统范畴内。分析的思路是:先给出原非线性系统稳定和可控条件,然后分析采用神经元网络后这些条件是否还满足。

如果考虑调节器问题,且假定系统的状态是可以获得的。对离散时间,系统可描述为:

$$\sum : x(k+1) = f[x(k), u(k)] \tag{4-5-1}$$

对系统估计采用图 4-16 结构,图中 NN_f 为神经元网络。经过训练之后,设过程是能够准确地由模型来表示:

$$\begin{aligned}
\hat{x}(k+1) &= NN_f[\hat{x}(k), u(k), \hat{\theta}] \\
&= NN_f[\hat{x}(k), u(k)] \\
&\quad NN_f[\hat{x}(k), u(k)]
\end{aligned} \tag{4-5-2}$$

$\hat{\theta}$ 为辨识参数。

现在讨论通过反馈线性化的非线性系统的控制稳定性问题。给定非线性系统方程式(4-5-1),问题是:经过以下两种变换,该系统是否局部等效于一个线性系统?

(1)状态空间坐标变换 $z = \Phi(x), \Phi(\cdot)$ 可逆且连续可微。

(2)存在反馈律 $u(k) = \Psi[x(k), v(k)]$。

如果反馈律可以实现,则对任意所希望的平衡点附近,采用线性系统理论和工具就可以使控制系统式(4-5-1)稳定。

应用上述变换,有

$$z(k+1) = \Phi[x(k+1)] = \Phi[f(\Phi^{-1}(z(k)), \Psi(\Phi^{-1}(z(k)), v(k)))] \tag{4-5-3}$$

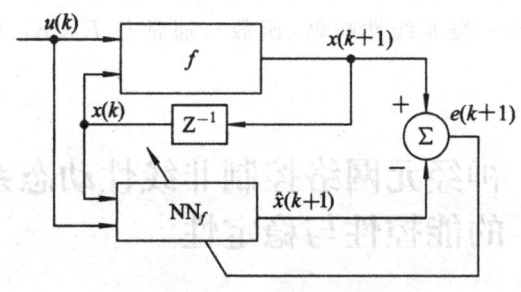

图 4-16 f 估计的结构

$z(k)$ 是状态,$v(k)$ 是新的输入。如果这种变换存在,它使式(4-5-3)为线性,则该系统称为反馈可线性的;如果变换只存在于(0,0)的邻域,则系统在(0,0)点是局部反馈可线性的。

系统成为局部反馈可线性的充要条件可在有关的文献中找到,这里给出其中一种的描述方法。为此需要一个定义。

定义 4.5.1 令 $\gamma \in R^n$ 为一个集合,在此集合中确定 d 个平滑函数 s_1,$s_2, \cdots, s_d : \gamma \to R^n$。在任意给定点 $x \in \gamma$,向量 $s_1(x), s_2(x), \cdots, s_d(x)$ 张成一

个向量空间(R^n 的子空间),令这个取决于 x 的向量空间由 $\Delta(x)$ 来表示：
$$\Delta(x) = \text{span}[s_1(x), s_2(x), \cdots, s_d(x)]$$
由此,我们对每一 x,赋以一个向量空间。这种赋予称为一个分配。

再回到原系统式(4-5-1),令
$$f_x(x,u) = \frac{\partial}{\partial x}f(x,u), f_u(x,u) = \frac{\partial}{\partial u}f(x,u)$$

定义以下在 R^n 中取决于 u 的分配：
$$\Delta_0(x,u) = 0$$
$$\Delta_1(x,u) = f_x^{-1}(x,u)\text{lm}f_u(x,u)$$
$$\Delta_{i+1}(x,u) = f_x^{-1}(x,u)[\Delta_i(f(x,u),u) + \text{lm}f_u(x,u)]$$

式中,$\text{lm}f_u(x,u)$ 是 f_u 值域;$f_x^{-1}V$ 表示在线性映射下 f_x 子空间 V 的逆象。

$\Delta_i(\cdot,u) = 0$ 是取决于 u 的分配,可以证明：
$$\Delta_0(x,u) \subset \Delta_1(x,u) \subset \Delta_2(x,u) \cdots$$

式中 Δ_i 是最多 n 步后获得最大秩。最后,对 x 和 u,f 的雅可比表示为 $df = (f_x, f_u)$。这样,我们有以下的定理。

定理 4.5.1 令 $(x=0, u=0)$ 为系统式平衡点,并且假定 $\text{rank}[-df(0,0)] = n$ 的系统[式(4-5-1)]在 $(0,0)$ 为局部反馈可线性的充分必要条件为 $\Delta_1(x,u), \Delta_2(x,u) \cdots$ 都是维数恒定且在 $(0,0)$ 附近与 u 无关,$\dim\Delta_n(0,0) = n$。

对一个线性系统：$x(k+1) = Ax(k) + bu(k)$,上述分配分别由 $\Delta_0(x,u) = 0, \Delta_1(x,u) = A^{-1}\text{lm}b, \Delta_{i+1}$ 递推地由 $\Delta_{i+1}(x,u) = A^{-1}(\Delta_i + \text{lm}b)$ 给出。

可以看到,对线性系统,如 Δ_i 描述了子空间,该子空间可以在 i 步内控制到原点。显然,对线性系统,这些子空间都是维数恒定且与 u 无关。因此,定性地说,上述定理可以解释为这些性质在反馈和二次坐标变换情况下是不变的,只有那些原来就拥有这些性质的系统才能变换成线性。

例 4.5.1 给定二阶系统：
$$x_1(k+1) = x_2(k)$$
$$x_2(k+1) = [1 + x_1(k)]u(k)$$

对此系统,有
$$f_x(x,u) = \begin{pmatrix} 0 & 1 \\ u & 0 \end{pmatrix}, f_u(x,u) = \begin{pmatrix} 0 \\ 1+x_1 \end{pmatrix}$$

在原点秩的条件满足
$$\Delta_0(x,u) = 0, \Delta_1(x,u) = \text{span}\begin{pmatrix} 1 \\ 0 \end{pmatrix}, \Delta_2(x,u) = R^2$$

因此,这系统是局部反馈可线性的,根据这简单的例子,具有下面形式的任何输入：
$$u(k) = \frac{v(k)}{1+x_1(k)}$$
可使系统局部线性化。

例 4.5.2 给定系统：
$$x_1(k+1) = f_1[x_1(k), x_2(k)]$$
$$x_2(k+1) = f_2[x_1(k), x_2(k), u(k)]$$

这里 u 只直接影响一个状态。对此系统,我们有
$$f_x(x,u) = \begin{pmatrix} f_{11}(x) & f_{12}(x) \\ f_{21}(x,u) & f_{22}(x,u) \end{pmatrix}$$
$$f_u(x,u) = \begin{pmatrix} 0 \\ f_{2u}(x,u) \end{pmatrix}$$
$$f_{ij} \equiv (\partial f_i)/(\partial x_j) \text{ 和 } x = (x_1, x_2)$$

如果 $f_{2u}(x,u) \neq 0$ 和 $f_{12}(x) \neq 0$，在原点秩的条件满足。分配由下面给出：
$$\Delta_0 = 0, \Delta_1 = \text{span} \begin{pmatrix} -f_{12}(x) \\ f_{11}(x) \end{pmatrix}$$

Δ_1 只决定于 x, Δ_1 和 f_u 一起张成了整个空间：$\Rightarrow \Delta_2 = R^2$ 因此系统是局部反馈可线性的。

现在利用上面结果来讨论利用神经元网络后系统的稳定性问题。

如果已有了对象的方程式,而且它们满足反馈线性化条件,并已知其解存在,那么我们的任务就是寻求两个映射: $\Phi: R^n \rightarrow R$ 和 $\Psi: R^{n+1} \rightarrow R$,并受以下约束：
$$z = \Phi(x), v = \Psi(x,u)$$
和
$$z(k+1) = \Phi[x(k+1)] = \Phi[f(x(k), \Psi(x(k), u(k)))]$$
$$= Az(K) + BV(K)$$

式中,A, b 是可控对。

另一方面,如果我们只有一个实际对象的模型,它由式(4-5-2)给出,那么问题是:式(4-5-1)可反馈线性化是否也意味模型式(4-5-2)也是可反馈线性化？

根据辨识过程,我们假定在运行区 D,模型的误差为 $\varepsilon \ll 1$,即：
$$\|NN_f(x,u) - f(x,u)\| = \|e(x,u)\| < \varepsilon \quad \text{对所有 } x, u \in D$$

对 NN_f 施加 Φ 和 Ψ 变换,得
$$\Phi[NN_f(x(k), \Psi(x(k), u(k)))]$$
$$= \Phi[f(x,k), \Psi(x(k), u(k)) +$$

$$e(x(k),\Psi(x(k),u(k)))]$$

因为 $\Phi(\cdot)$ 是一个平滑函数,如果 $\|e(\cdot,\cdot)\|<\varepsilon$,且假定 ε 小,则式(4-5-3)可以写成

$$\Phi[f(x(k)),\Psi(x(k),u(k))]+e_1[x,u,\Psi(\cdot),\Phi(\cdot)]$$
$$=Az+bv+e_1[x,u,\Psi(\cdot),\Phi(\cdot)] \qquad (4-5-4)$$

e_1 的界是 ε 和 $\sup\|\partial\Phi/\partial x\|$ 的函数。因此,如果模型式(4-5-2)足够准确,它就可以转换成式(4-5-4)形式,近似于一个线性系统。现在的目的是同时训练两个神经网络 NN_Ψ 和 NN_Φ(见图4-17),使得当模型输入为 $v=NN_\Psi(x,u)$ 时,$\hat{z}=NN_\Phi(x)$ 跟踪线性模型输出 $z(k)$。模型的方程为

$$z(k+1)=Az(k)+bv(k) \qquad (4-5-5)$$

式中,A,b 是可控对。

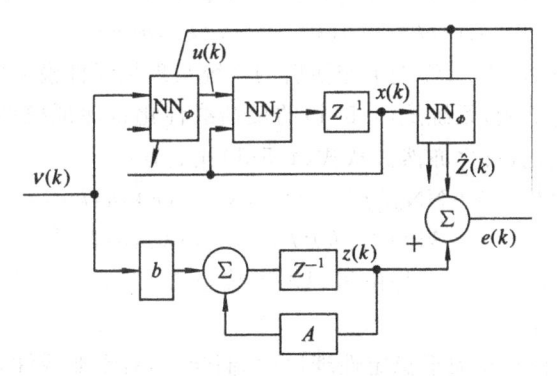

图 4-17 反馈线性化结构

不失一般性,我们可以假定 $\Phi(0)=0$(将 x 的原点映射到 z 的原点)。因此,如果两个系统都在原点开始,瞬时误差由下式给定:$e(k)=z(k)-\hat{z}(k)$,在区间内的特性指标可由 I 来表征:

$$I=\sum_k\|z(k)-\hat{z}(k)\|^2\equiv\sum_k\|e(k)\|^2$$

因为 NN_Φ 垂直接连到输出,它的权可以用静态反传法来调节。但模型包含了反馈回路。

为了计算特性指标相对于 NN_Ψ 权值的梯度,需要应用动态反传的方法。

假定 $\theta\in\Theta(NN_\Phi)$,式中 Θ 是 NN_Φ 参数的集合,I 对 θ 的梯度推导如下:

$$\frac{dI}{d\theta}=-2\sum_k[z(k)-\hat{z}(k)]^T\frac{d\hat{z}(k)}{d\theta}$$

$$\frac{d\hat{z}(k)}{d\theta}=\sum_j\frac{\partial\hat{z}(k)}{\partial x_j(k)}\cdot\frac{\partial x_j(k)}{\partial\theta}$$

$$\frac{\mathrm{d}x_j(k)}{\mathrm{d}\theta} = \sum_j \frac{\partial x_j(k)}{\partial x_j(k-1)} \cdot \frac{\partial x_j(k-1)}{\partial \theta} + \frac{\partial x_j(k)}{\partial \theta}$$

因此输出对 θ 的梯度由线性系统的输出给出：

$$\frac{\mathrm{d}x(k+1)}{\mathrm{d}\theta} = A \frac{\mathrm{d}x(k)}{\mathrm{d}\theta} + b \frac{\mathrm{d}v(k)}{\mathrm{d}\theta}$$

$$\frac{\mathrm{d}\hat{z}(k)}{\mathrm{d}\theta} = c^{\mathrm{T}} \frac{\partial x(k)}{\partial \theta}$$

式中，$[\mathrm{d}x(k)/(\mathrm{d}\theta)]$，$\mathrm{d}v(k)/\mathrm{d}\theta$ 是状态向量输入。a,b,c 由下式决定：

$$a_{ij} = \partial x_j(k+1)/\partial x_j(k), b_i = 1, c_i = \partial \hat{z}(k)/\partial x_i(k)$$

状态初始条件设置为 0。

一旦 NN_Φ 和 NN_Ψ 训练完毕，$\hat{z}(k)$ 的特性由下式给定：

$$\hat{z}(k+1) = NN_\Phi\{NN_f[x(k), NN_\Psi(x(k), u(k))]\}$$
$$= A\hat{z}(k) + bv(k) + e_2[x(k), u(k)] \qquad (4-5-6)$$

这里 e_2 是一个小误差，代表了变换后的系统与理想线性模型的偏差。

前面已经证明，系统式(4-5-1)的反馈线性化将保证模型式(4-5-1)的近似反馈线性化，反之亦然。从式(4-5-1)我们有：

$$z(k+1) = NN_\Phi[f(x(k), NN_\Psi(x(k), u(k)))]$$
$$= Az(k) + bv(k) + e_l[x(k), u(k)]$$

式中，$e_l = e_1 + e_2$。第一项是由辨识不准确造成的；第二项是由模型不理想线性化所引起的。

根据 Lyapunov 关于稳定性理论，我们知道，对于非线性系统：

$$x(k+1) = f[x(k)]$$

如果 f 在平衡点附近是 Lipschitz 连续，那么系统式(4-5-6)在扰动作用下强稳定的充要条件是该系统是渐近稳定的。

现在系统式(4-5-5)在输入为零时是渐近稳定的，因此按上述理论，它在扰动作用下是强稳定的，即对于每一个 ε_0，存在 $\varepsilon_l(\varepsilon_0)$ 和 $r(\varepsilon_0)$，如果

$$\|\varepsilon_l(x,0)\| < \varepsilon_l, \text{对所有} x < r$$

则
$$A\tilde{z}(k+1) = A\tilde{z}(k) + e_l(x(k), 0) \qquad (4-5-7)$$

将收敛于围绕原点的 ε_0 球 B_{ε_0}。

为了了解扰动 e_l 对式(4-5-7)的影响，令 $\tilde{z}(k, z_i)$ 表示为式(4-5-7)的解，且 $\tilde{z}(k, z_i) = z_i$；同样，令 $z(k, z_i)$ 表示为线性方程 $z(k+1) = Az(k)$ 的解，令 $e_l^n(z_i) \equiv \tilde{z}(n, z_i) - z(n, z_i)$。

我们有以下命题：

命题 如果存在一个集合 S，对所有 $z \in S$，$\|\varepsilon_l^n(z)\| < \varepsilon_l^n$，则对所有 S 内部的初始条件，系统式(4-5-6)至多 n 步收敛到围绕原点 ε_l^n 球。

这个命题证明很简单，因为对 $k \geq n$，$A^k x = 0$。

最后，因为 NN_Φ 训练得把 z 的原点映射到 x 的原点，所以也将收敛到以原点为球心的 ε' 球。这里 ε' 由 $NN_\Phi^{-1}(B_\varepsilon^l)$ 确定。

这一节我们只对非反馈线性化这个特殊的非线性问题进行稳定性分析。对于其他情况，也可以用类似的思路进行能控性和稳定性分析。至今，在这方面的研究还是比较肤浅，大多数是定性的，还有很多理论问题有待进一步深入研究。

第 5 章　专家控制技术

专家控制系统是用计算机模拟控制领域专家，对复杂对象控制过程的智能决策行为实现的一种计算机控制系统。它区别于传统控制的显著特点是基于知识的控制，知识包括理论知识、专家控制经验、规则等。专家控制器是专家系统的一种简化形式。仿人智能控制是一种基于规则的控制形式。

5.1　专家系统

在智能控制领域，专家控制系统(Expert Systems)简称专家系统，它是一类典型的知识工程系统。随着人工智能科学的高速发展，专家控制系统优先得到了控制科学家们的重视，发展也十分迅速，目前已经成为智能控制领域应用最为广泛的重要分支之一。

专家控制系统的起源可以追溯到 20 世纪 60 年代，1965 年美国斯坦福大学研制出了 DENDRAL，这是世界上第一个专家控制系统。自此而后，专家控制系统得到了控制科学界的高度重视，在短短 20 年的时间里，各个专业领域都积极组织专业控制人员开展适用于自身专业应用的专家控制系统，获得了丰硕的成果。近年来，在计算机技术发展的推动下，专家控制系统的开发与应用取得了更大的突破，为其所服务的各个行业领域都带了十分可观的经济效益。

从根本原理上看，每一个学科专家控制系统都是将与该学科相关的大量专业知识和经验有效地集成起来，凭借人工智能技术强大的自学习、自适应能力，模仿该行业专家或专业人员进行推理或判断，从而获得与人脑相差较小或无差别的决策结果，为该行业复杂问题提供有效的解决方案。由此看来，大量的知识与经验是专家控制系统功能发挥的根本决定因素，而如何将大量知识和经验表达出来并加以运用，是设计专家控制系统的关键所在。

当然，专家控制系统并不能简单地与传统的计算机程序相等同，对于待解决的问题，专家控制所提供的算法往往只能获得一些比较模糊但可以协助问题解决的方案，而不是精确的解决方案。

根据专家系统的工作机理，可以分为基于规则的专家系统、基于框架的专家系统和基于模型的专家系统。

(1)基于规则的专家系统。基于规则的专家系统是个计算机程序，该程序使用一套包含在知识库内的规则对工作存储器内的具体问题信息(事实)进行处理，通过推理机推断出新的信息。一个基于规则专家系统的完整结构示于图5-1。其中，知识库、推理机和工作存储器是构成本专家系统的核心，已在上面叙述过。其他组成部分或子系统如下：

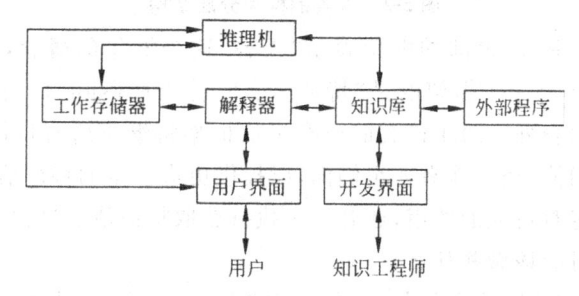

图 5-1 基于规则专家系统的结构

所有专家系统的开发软件，包括外壳和库语言，都将为系统的用户和开发者提供不同的界面。用户可能使用简单的逐字逐句的指示或交互图示。在系统开发过程中，开发者可以采用原码方法或被引导至一个灵巧的编辑器。

解释器的性质取决于所选择的开发软件。大多数专家系统外壳(工具)只提供有限的解释能力，诸如，为什么提这些问题以及如何得到某些结论。库语言方法对系统解释器有更好的控制能力。

(2)基于框架的专家系统。框架提供一种比规则更为丰富的获取问题知识的方法，不仅提供某些目标的包描述，而且还规定该目标如何工作。为了说明设计和表示框架中的某些知识值，考虑图5-2所示的人类框架结构。图中，每个圆看作面向目标系统中的一个子目标，而在基于框架系统中看作某个框架。用基于框架系统的术语来说，存在孩子对父母的特征，以表示框架间的自然关系。例如，约翰是父辈"男人"的孩子，而"男人"又是"人类"的孩子。

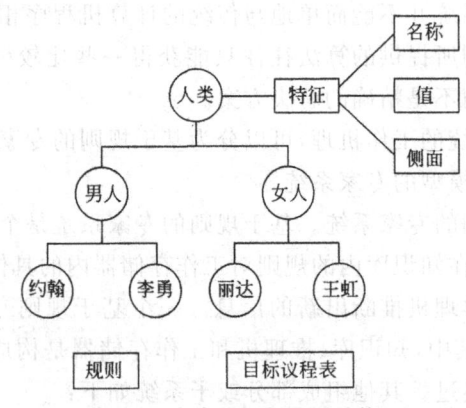

图 5-2　人类的框架分层结构

在图 5-2 中，最顶部的框架表示"人类"这个抽象的概念，通常称为类（Class）。附于这个类框架的是"特征"，有时称为槽（slots），是某个这类物体一般属性的表列。附于该类的所有下层框架将继承所有特征，每个特征有它的名称和值，还可能有一组侧面，以提供更进一步的特征信息。一个侧面可用于规定对特征的约束，或者用于执行获取特征值的过程，或者说明在特征值改变时应该做些什么。

图 5-2 的中层，是两个表示"男人"和"女人"这种不太抽象概念的框架，它们自然地附属于其前辈框架"人类"。这两个框架也是类框架，但附属于其上层类框架，所以称为子类（Subclass）。底层的框架附属于其适当的中层框架，表示具体的物体，通常称为例子（Instances），它们是其前辈框架的具体事物或例子。

这些术语，类、子类和例子（物体）用于表示对基于框架系统的组织。从图 5-2 还可以看到，某些基于框架的专家系统还采用一个目标议程表（Goal agenda）和一套规则。该议程表仅仅提供要执行的任务表列。规则集合则包括强有力的模式匹配规则，它能够通过搜索所有框架，寻找支持信息，从整个框架世界进行推理。

更详细地说，"人类"这个类的名称为"人类"，其子类为"男人"和"女人"，其特征有年龄、居住地、期望寿命、职业和受教育情况等。子类和例子也有相似的特征。这些特征，都可以用框架表示。

(3) 基于模型的专家系统。综合各种模型的专家系统，无论在知识表示、知识获取还是知识应用上都比那些基于逻辑心理模型的系统具有更强的功能，从而有可能显著改进专家系统的设计。在诸多模型中，人工神经网络模型的应用最为广泛。图 5-3 表示一种神经网络专家系统的基本结构。其中，自动获取模块输入、组织并存储专家提供的学习实例、选定神经网络的结构、调用神经网络的学习算法,为知识库实现知识获取。当新的学习实例输入后,知识获取模块通过对新实例的学习,自动获得新的网络权值分布,从而更新了知识库。

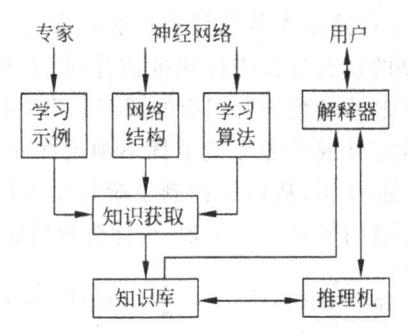

图 5-3 神经网络专家系统的基本结构

5.2 专家控制

5.2.1 专家控制的基本原理

5.2.1.1 控制作用的实现

专家控制所实现的控制作用是控制规律的解析算法与各种启发式控制逻辑的有机结合。可以简单地说,传统控制理论和技术的成就和特长在于它针对精确描述的解析模型进行精确的数值求解,即它的着眼点主要限于设计和实现控制系统的各种核心算法。例如,经典的 PID 控制就是一个精确的线性方程所表示的算法,即:

$$u(t) = K_P e(t) + \frac{1}{T_I} \int e(t) \, d(t) + T_D \frac{d}{dt} e(t)$$

式中:$u(t)$为控制作用信号;$e(t)$为误差信号;K_P为比例系数;$K_P = \frac{1}{T_I}$为积分系数;$K_D = T_D$为微分系数。控制作用的大小取决于误差的比例项、积分项和微分项,K_P、K_I、K_D的选择取决于受控对象或过程的动态特性。适当地整定 PID 的三个系数,可以获得比较满意的控制效果,即使系统具有合适的稳定性、静态和动态特性。应该指出,PID 的控制效果实际上是比例、积分、微分三种控制作用的折中。PID 控制算法由于其简单、可靠等特点,一直是工业控制中应用最广泛的传统技术。

再考虑作为一种高级控制形态的参数自适应控制。相应的系统结构如图 5-4 所示,其中具有两个回路。内环回路由受控对象或过程以及常规的反馈控制器组成;外环回路由参数估计和控制器设计这两部分组成。参数估计部分对受控模型的动态参数进行递推估计,控制器设计部分根据受控对象参数的变化对控制器参数进行相应的调节。当受控对象或过程的动力学特性由于内部不确定性或外部环境干扰不确定性而发生变化时,自适应控制能自动地校正控制作用,从而使控制系统尽量保持满意的性能。参数估计和控制器设计主要由各种算法实现,统称为自校正算法。

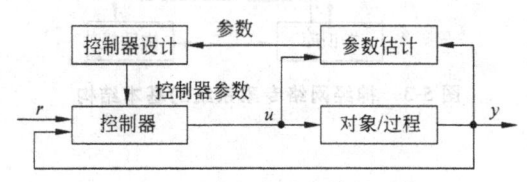

图 5-4 参数自适应控制系统

传统控制技术中存在的启发式控制逻辑可以列举如下:

(1) 控制算法的参数整定和优化。例如,对于不精确模型的 PID 控制算法,参数整定常常运用 Ziegler-Nichols 规则,即根据开环 Nyquist 曲线与负实轴的交点所表示的临界增量(K_c)和临界周期(t_c)来确定 K_P、K_I、K_D 的经验取值。这种经验规则本身就是启发式的,而且在通过试验来求取临界点的过程中,还需要许多启发式逻辑才能恰当使用上述规则。

至于控制器参数的校正和优化,更属于启发式。例如,被称为专家 PID 控制器的 EXACT(Bristol,1983;Kraus 和 Myron,1984;Carmon,1986),就是通过对系统误差的模式识别,分别识别出过程响应曲线的超调量、阻尼比和衰减振荡周期,然后根据用户事先设定好的超调量、阻尼等约束条件,在线校正 K_P、K_I、K_D 这三个参数,直至过程的响应曲线为某种指标下的最佳响应曲线。

(2) 不同算法的选择决策和协调。例如,参数自适应控制,系统有两个运行状态:控制状态和调节状态。当系统获得受控模型的一定的参数条件时,可以使用不同的控制算法,如最小方差控制、极点配置控制、PID 控制等。如果模型不准确或参数发生变化,系统则需转为调节状态,引入适当的激励,启动参数估计算法。如果激励不足,则需引入扰动信号。如果对象参数发生跳变,则需对估计参数重新初始化。如果由于参数估计不当造成系统不稳定,则需启发一种 K_c-t_c 估计器重新估计参数。最后如果发现自校正控制已收敛到最小方差控制,则转入控制状态。另外,K_c-t_c 估计器的 K_c 和 t_c 值同时也起到对备用的 PID 控制的参数整定作用。由上可知,参数自适应控制中涉及众多的辨识和控制算法,不同算法之间的选择、切换和协调都是依靠启发式逻辑进行监控和决策的。

(3)未建模动态的处理。例如,PID控制中,系统元件的非线性并未考虑。当系统起停或设定值跳变时,由于元件的饱和等特性,在积分项的作用下系统输出将产生很大超调,形成弹簧式的大幅度振荡,为此需要进行逻辑判断才能防止,即若误差过大,则取消积分项。

又如,当不希望执行部件过于频繁动作时,可利用逻辑实现的带死区的PID控制等。

(4)系统在线运行的辅助操作。在核心的控制算法以外,系统的实际运行还需要许多重要的辅助操作,这些操作功能一般都是由启发式逻辑决定的。

例如,为避免控制器的不合适初始状态在开机时造成对系统的冲击,一般采用从手动控制切入自动控制的方式,这种从手动到自动的无扰切换是逻辑判断的。

又如,当系统出现异常状态或控制幅值越限时,必须在某种逻辑控制下进行报警和现场处理。

更进一步,系统应该能与操作人员交互,以便使系统得到适当的对象先验知识,使操作人员了解并监护系统的运行状态等。

总之,与传统控制技术不同,专家控制的作用和特点在于依靠完整描述的受控过程知识,求取良好的控制性能。

5.2.1.2 设计规范和运行机制

1. 控制的知识表示

专家控制把控制系统总的看作为基于知识的系统,系统包含的知识信息内容如图5-5所示。

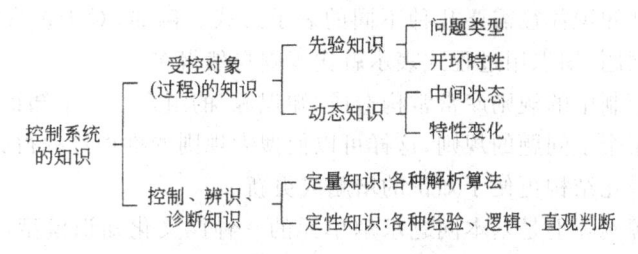

图 5-5 系统包含的知识信息内容

按专家系统知识库的构造,有关控制的知识可以分类组织,形成数据库和规则库。

(1)数据库。数据库中包括以下内容:

①事实。已知的静态数据,如传感器测量误差、运行阈值、报警阈值、操作序列的约束条件以及受控对象或过程的单元组态等。

②证据。测量到的动态数据,如传感器的输出值、仪器仪表的测试结果等。证据的类型是各异的,常常带有噪声、延迟,也可能是不完整的,甚至相互之间有冲突。

③假设。由事实和证据推导得到的中间状态,作为当前事实集合的补充,如通过各种参数估计算法推得的状态估计等。

④目标。系统的性能目标,如对稳定性的要求、对静态工作点的寻优、对现有控制规律是否需要改进的判断等。目标既可以是预定的(静态目标),也可以根据外部命令或内部运行状况在线地建立(动态目标)。各种目标实际上形成了一个大的阵列。

上述控制知识的数据通常用框架形式表示。

(2)规则库。规则库实际上是专家系统中判断性知识集合及其组织结构的代名词。对于控制问题中各种启发式控制逻辑,一般常用产生式规则表示:

$$IF(控制局势)THEN(操作结论)$$

其中:控制局势即为事实、证据、假设和目标等各种数据项表示的前提条件;操作结论即为定性的推理结果。应该指出,在通常的专家系统中,产生式规则的前提条件是知识条目,推理结果或者是往数据库中增加一些新的知识条目,或者是修改数据库中其他某些原有的知识条目。而在专家控制中,产生式规则的推理结果可以是对原有控制局势知识条目的更新,还可以是某种控制、估计算法的激活。

专家控制中的产生式规则可看作是系统状态的函数。但由于数据库的概念比控制理论中的"状态"具有更广泛的内容,因而产生式规则要比通常的传递函数含义更丰富。

判断性知识往往需要几种不同的表示形式。例如,对于包含大量序列成分的子问题,知识用过程式表示就比规则自然得多。

专家控制中的规则库常常构造成"知识源"的组合。一个知识源中包含了同属于某个子问题的规则,这样可以使搜索规则的推理过程得到简化,而且这种模块化结构更便于知识的增删或更新。

知识源实际上是基本问题求解单元的一种广义化知识模型,对于控制问题来说,它综合表达了形式化的控制操作经验和技巧,可供选用的一些解析算法,对于这些算法的运用时机和条件的判断逻辑,以及系统监控和诊断的知识等。

2. 控制的推理模型

专家控制中的问题求解机制可以表示为以下的推理模型,即
$$U=f(E,K,I)$$
式中:$U=\{u_1,u_2,\cdots,u_m\}$为控制器的输出作用集;$E=\{e_1,e_2,\cdots,e_n\}$为控制器的输入集;$K=\{k_1,k_2,\cdots,k_p\}$为系统的数据项集;为具体推理机构的输出集。而 f 为一种智能算子,它可以一般地表示为

$$\text{IF E AND K THEN(IF I THEN U)}$$

即根据输入信息 E 和系统中的知识信息 K 进行推理,然后根据推理结果 I 确定相应的控制行为 U。这里智能算子的含义使用了产生式的形式,这是因为产生式结构的推理机制能够模拟任何一般的问题求解过程。实际上智能算子也可以基于其他知识表达形式(语义网络、谓词逻辑、过程等)来实现相应的推理方法。

专家控制推理机制的控制策略一般仅仅用到正向推理是不够的。当不能通过自动推导得到结论时,就需要使用反向推理的方式,去调用前链控制的产生式规则知识源或者过程式知识源验证这一结论。

5.2.2 专家控制技术发展

专家控制系统要完全做到实用化,还存在着许多有待研究和解决的技术,下面介绍专家系统技术本身的发展。

5.2.2.1 实时推理

专家控制系统必须在线地获取动态信息,实时地进行过程控制。比起通常的专家系统,专家控制系统尤其需要研究实时推理问题。

1. 实时推理的特征。

(1)非单调推理(Non-monotonic reasoning)。人的思维推理过程具有非单调性,随着认识过程的进行,知识并不是单调地积累,而是有所否定、修正,有所调整、更新。专家控制的推理系统运行在一个动态环境中,所获得的传感器信息以及经过推导得到的事实都在动态地变化。因此,各种数据知识不可能持久,合法性随时间减弱。而且,由于外来事件的影响,合法的数据知识甚至可能变成不合法。这样,为了维持对于环境认识的一致性,推理系统必须能自动撤回或取消失去时效的推理论断。

(2)异步事件的处理(Asynchronous events)。动态环境中的事件往往

不是同时发生的,而且没有时间上的规律性。因此,推理系统必须具有接收和处理这些异步事件的能力。例如,中断正在进行的重要性程度较低的事件处理过程,转向新的处理过程;或者将新的事件加入动态知识库,专注于当前最重要的事件,根据原有的事实继续推理。

(3)按时序推理(Temporal reasoning)。动态环境中,时间是一个重要的变量。系统必须能够恰当地表示知识的时效性,在不同的时间区间上推理过去、现在或未来的事件;而且还能对事件发生的时间次序进行推理。

(4)带有时间约束的推理(Reasoning under time constraints)。出于实时控制的需要,系统的推理过程必须及时,在需要结论时推理过程保证能提供结论;而且推理过程必须限时,在限定的时间内推理过程应能提供尽可能好的解。因而推理系统要能对推理过程所需的时间作出估计,要能对推断结论的优劣以及不同的推理策略的优劣作出度量。

(5)并行推理(Parallel reasoning)。并行性是指两个或多个事件在同一时间间隔内发生的现象。问题求解任务一般都可以自然地看作是对一系列并发事件同时进行推理的活动组合,在同一推理活动中也往往需要对多个知识因素(如产生式规则中的前提项)同时进行确认,这些情况都要求系统具有并行推理的能力。因此,推理机制中要解决不同推理活动的同步问题。在条件不具备时要能提供"挂起"某些事件的操作,等待一段固定时间,或者直至另外某个事件发生,然后再进行"解挂"操作。

(6)不确定推理(Uncertain reasoning)。动态过程的实时控制中存在着大量的带有不确定性的知识。例如,系统中的随机性信息,启发式逻辑中的定性知识,由于传感器数据丢失造成的不完备信息等。因此,推理系统必须解决证据的不确定性问题、结论的不确定性问题以及多个规则支持同一事实时的不确定性问题。

2. 实时推理方法的研究举例

完全满足实时推理的各方面需要是极为困难的,但研究实践中也提出了把问题解决到一定程度的方法。

对于带有时间效应的知识条目,在表示方法上应标注时间信息,以便于推理机按照时序进行推理。一般常用的方法是把知识条目表示成四元组(事实,特性,取值,时间)的形式,其中的"时间"信息标明了"事实"存在的有效期限。例如,在G2(Gensym,1987)系统中,每个测量数据都附有它的有效期限。这种时间期限可以传播到根据测量数据推导所得的事实。测量数据的有效性随着时间衰退,因而得到周期性的修改。这种方法可解决数据有效性所导致的非单调推理问题。G2系统是美国Gensym公司的产品,用

Common Lisp 语言编写,具有时序推理、突发事件处理、知识保持、实时调度、内部过程通信等能力,可用作专家控制系统的开发工具。

为了更有效地调用大量存在的动态时变数据信息,加快推理速度,可采用在推理机前附加一个数据调度器的方法(T. Murayame 等,1989; B. Hayes-Roth 和 R. Washington,1989)。推理机将当前推理状态的信息传送给调度器,调度器根据这些信息对输入数据进行筛选和优先级排序,然后将推理机所需要的优先级最高的数据送给推理机,数据接收处理过程与推理过程并行工作,提高了推理的实时性。

对于并行推理活动,专家系统开发工具 Muse(CCI,1987)采用了按知识源形式构造系统的方法。对于不同知识源的控制由一个"议程"机构来处理,它允许知识源之间的相互中断。实际上,本章所介绍的专家控制典型结构的原型系统就运用了这种方法。

针对带有时间约束的推理,一种"递进推理"的策略(M. L. Wright 等,1986)是很有效的。系统的推理机把一个推理过程按其复杂程度分成几个不同的递进层次。顶层的推理演算最简单,层次越深推理费用越大,而且越能得到比较精确的推理结论。因此,在实时决策的过程中,推理机首先从顶层出发,如果时间约束允许,就递进地进入较深层次的推理,以便求取精确的解;如果时限已到,当前较高层次的决策就被接受,这样在充分运用推理时间的前提下得到了尽可能精确的推理结论。

由 LISP Machine Inc. 研制的实时专家控制系统 PICON(Moore 等,1984)多方面体现了过程控制中的实时推理功能。PICON 最初用于蒸馏塔上的实时报警和咨询处理。它由一个高速数据处理系统和一个专家系统组成,与分布式过程控制系统相连。PICON 选用 Lambda/PLUS LISP 机,其中 LISP 处理机用于专家系统的运行,完成高层的监控和诊断功能;还有 MC68010 处理器用于高速采集数据及低层的对过程检测和报警进行规则推理,MC68010 处理器中备有实时智能机器环境 RTIME。上述两个处理机可并行运行。PICON 的硬件结构和软件环境相结合,可监视多达 20000 个过程变量和报警信号,可支持时序推理、并行推理、多系统通信、用户通信、面向图形的知识获取等多项功能。

5.2.2.2 知识获取

专家控制系统是一种基于知识的系统。与专家系统一样,专家控制系统的性能首先取决于它所拥有的领域知识的水平,其中涉及这些知识的类型、获取方法以及通过学习得到补充和更新等问题。

(1)浅层知识与深层知识的结合。从知识表达的结构层次上看,专家知识可分为浅层知识(Shallow knowledge)和深层知识(Deep knowledge)两大类。

浅层知识,是指表示数据与行为、激励与响应之间的某种经验联系的知识,也可称为经验知识。深层知识,是指深入表示事物的结构、行为和功能等方面的基本模型的知识,也可称模型知识。浅层知识和深层知识都是人类专家认知事物的结果,二者的兼备是基于知识的系统发展的需要,能使系统的功能更接近于人类专家的水平。问题在于如何恰当地在知识的表示和运用方面将浅层知识与深层知识进行有机的结合。一般的思想是将知识结构"由上而下"地按层次组织,"由浅(上)入深(下)"地按需要运用,任何一个层次的知识都可以形成一个问题求解过程。这种"分层递阶"的思想实际上贯穿于智能控制的各个方面,但是具体的构造和处理方法需要针对问题领域设计,在浅层知识与深层知识的优、缺点之间进行折中。

(2)专家经验知识的获取。知识获取是指在人工智能和知识工程系统中机器如何获取知识的问题。控制专家的直觉、技巧和启发式逻辑等经验知识可以有两种状态:显知识状态,即知识处于能用语言表达或能用文字描述的状态;潜知识状态,即知识蕴涵在人的行为感觉或控制过程中,而处于一种"只可意会,不可言传"的状态。处于显知识状态或潜知识状态的经验知识可分别简称为显知识或潜知识,如骑自行车的直觉经验中就包含许多潜知识。显知识可以通过向控制专家直接咨询来获取,经过编辑形成规则等表达形式。而潜知识由于难以通过文字或语言的明确传授来得到,因而成为"瓶颈"问题的关键。

显知识与潜知识之间没有绝对的界限。如果能将潜知识中的因果关系分析清楚,并能用语言、文字加以表述,那么潜知识就可以转化为显知识。对显知识的深入分析也会使其中又包含许多潜知识。例如,一种明确的控制规律,整体上它属于显知识,但其中某些控制参数的设置问题就可能涉及一些潜知识。随着显知识中包含的潜知识向显知识转化,对问题的认识也就逐步深化。

潜知识获取的困难主要在于一个复杂问题包含着众多的潜知识,而这些潜知识之间往往彼此关联、相互耦合,而且分不清制约因素的主次,无法进行分析描述。

根据对专家经验中显知识和潜知识的上述研究认识,我国的张明廉、沈程智、何卫东等于1992年提出了一种"归约规则法",探讨经验获取,仿人控制的解决途径。

归约规则法基于人工智能中的问题归约原理(Problem reducing principle),即一个复杂问题的求解过程可以这样来进行:把复杂问题逐步化简分解为一系列次复杂问题,直到若干已有解决方案的简单的本原问题,如图 5-6 所示。解决本原问题后,依照逆过程进行综合,就可以解决复杂问题本身。

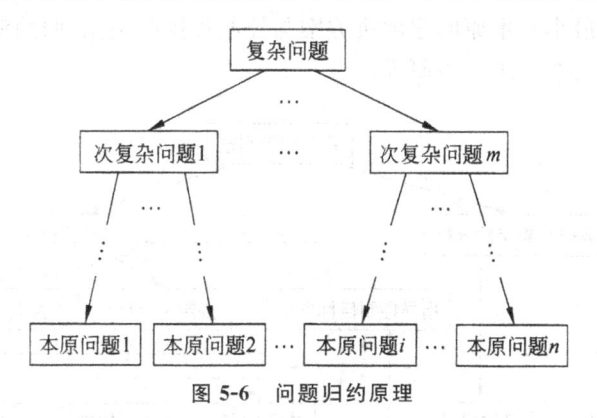

图 5-6 问题归约原理

归约规则法把归约原理的思想用于控制经验潜知识的获取,其间需经过三个步骤:对知识的输入与输出信息进行形式化描述;对融入复杂问题中的潜知识进行归约化简;对知识的输入与输出关系进行因果分析,最后得出某种映射规则。归约规则法获取经验知识并用于求解控制问题的原理如图 5-7 所示。

在图 5-7 中,含有大量潜知识的复杂控制问题的求解体现在两个方面。一方面是控制目标的归约分解,直至化简为本原控制问题,这些本原控制问题中包含的潜知识较少,或者可以根据控制专家的经验得到解决方案,或者可以通过对输入输出信息进行形式化描述直接得出某种映射关系,从而形成解决方案。另一方面,还需要对复杂控制问题中的被控对象进行定性分析,以便确定实现控制目标的约束。被控对象的定性分析可以分解为输入输出定性关系以及各输出量之间定性关系的因果分析。这两种分析的结果要用来指导控制目标的归约,以便得到相关度较小的各本原问题,使它们的求解方案之间的制约影响尽可能小。这两种分析的结果同时还要提供给控制专家(或系统设计者),用以判断依次分解的控制子目标是否成为本原控制问题。这种判断还要参考控制规则的调试结果。

由上可知,复杂控制问题求解过程的两个方面——被控对象定性分析和控制目标归约,是相互作用、相互影响的。定性分析过程把被控对象的定性知识与控制目标相结合,融入归约过程,使一些原来不易表述的控制经验潜知识化为显知识。而随着目标问题归约过程的进行所得到的有关问题的认识也会影响对被控对象的定性分析,即随着矛盾分析的化简,对被控对象有更深入的了解。

总之,归约规则法通过把复杂控制问题化简为本原问题,针对本原问题向控制专家咨询,这为经验知识获取提供了一种有效途径。这种有效性已在倒立摆控制的复杂问题求解中得到了验证。在归约最优性(使本原控制问题相关度最小)、本原问题解决方案与控制规则间关系、归约深度等方面,归约规则法还有待进一步研究。

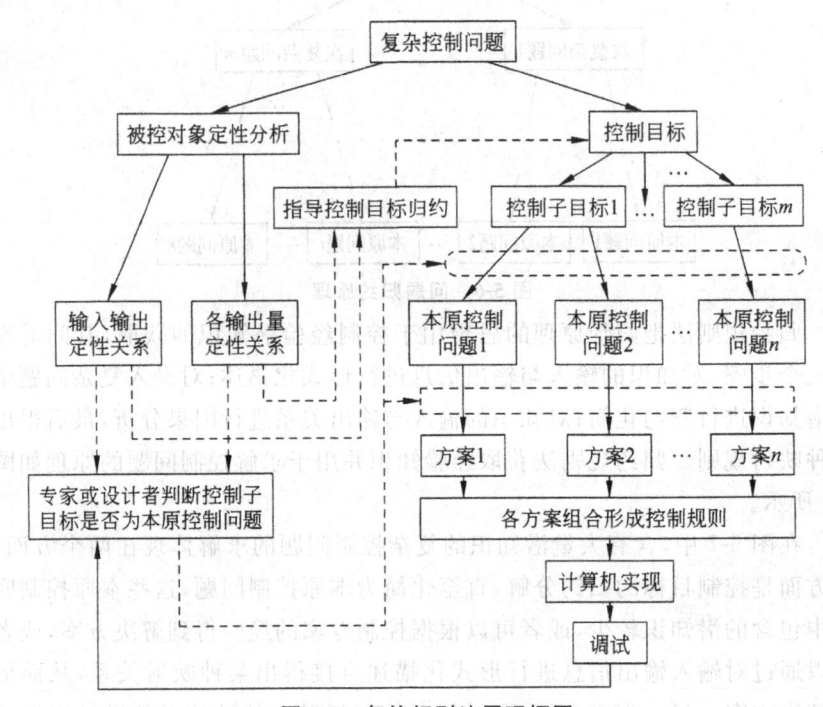

图 5-7 归约规则法原理框图

(3)动态知识获取。专家控制系统是一种基于知识的系统。它得益于所具有的专家知识,提供有效的控制,但在系统出现超出已有知识范围的异常情况时,就可能发生失控。专家控制系统不是专家,由于知识存储容量的限制、知识获取方法的困难等原因,它不可能包含专家的全部知识,因此需要具有某种在线、实时的学习能力,即动态环境中的知识获取能力,实际上,领域专家的知识也是要通过学习来积累的。

一般的专家控制系统的学习功能可以通过在线获取信息以及通过人机交互接受新的知识条目来进行,在系统内部主要体现为知识库的自动更新和扩充,以及根据新的情况自动生成新的规则。这里涉及的实际上也是专家系统技术需要研究的难题。

专家控制系统与一般的专家系统不同,它是一种动态系统。通常情况下,专家控制系统的运行节奏是由它自身决定的,而不为操作人员所左右。因此,在人机交互的过程中,操作人员必须能够随时"跟上"系统或"超前"于系统,而不是让受控过程停下来等待操作人员的作用。这样,人机交互就需要在一种中断机制下工作,具备产生于人、机两方面的高级中断能力。其次,工业过程的现场环境中往往有多个操作人员,他们从不同侧面监视系统的运行,而又在同一个人机接口下工作。因此,必须对"多人一机"的人机交互提供动态知识的协调、组织能力。另外,过程控制系统常常有大量的检测点,通过在线获取的信息还必须保证知识的实时性和一致性。上述有关动态知识的获取和处理问题在 PICON 系统中得到了一定程度的研究。

在知识库的自动更新和扩充方面,主要涉及知识的同化和调整等知识库的管理问题。例如,当新获取的知识与知识库里原有的知识发生矛盾、冲突时,就需要根据某种原则进行取舍,或者通过人机会话进行裁决;当发现新旧知识形成冗余时,就需要通过某种机制消除冗余;当表明新知识在语义上独立,在形式、规范上一致时,就需要自动地把这些知识加入到知识库中,而且需要首先通过某种方法把它们变为规则等知识表示形式。知识的调整问题包括知识的重新整理、语义精炼、知识的分组和排序等操作。上述有关知识库的管理问题可参见知识工程方面的文献。

总之,专家控制系统的知识获取给实时知识工程技术提出了许多新的课题。

5.2.2.3 专家控制系统的稳定性分析

专家控制系统的稳定性分析是一个研究中的难题。它涉及的对象具有不确定性或非线性,它实现的控制基于知识模型,而其中的经验知识具有启发式逻辑、模糊逻辑,因此,专家控制系统本质上是非线性的。控制理论中已有的稳定性分析无法直接用于专家控制系统。

以下列举几种专家控制系统稳定性分析的研究方法。

1. 不稳定指示器

J. Gertler 和 H-S. Chang 指出,不稳定性可通过对象输出量的连续增加幅值是否具有振荡性来描述。对象输出幅值有 4 种类型(见图 5-8 所示):增幅振荡——表明不稳定;等幅振荡(系统内存在极限环)——也表明不稳定;衰减振荡——表明过渡过程;恒值输出——表明稳态。

针对上述 4 种类型的输出,可以设计一种不稳定性指示器,对系统是否稳定进行启发式的分析。这种指示器中包括:趋势分析器——分析对象输出幅度;"整流"器——对检测信号进行绝对值运算或平方运算;平滑器——对"检波"信号进行滤波。"整流"器和平滑器的作用是对振荡或非振荡输出给出一种统一的表示。

(1)输出趋势的获取和分析。如图 5-9 所示,对象输出 $y(t)$ 的趋势可以由两个不同时间区间上的均值 $h_1(t)$ 与 $h_2(t)$ 之差 $h(t)$ 来测量,即:

$$h(t) = h_1(t) - h_2(t) = \frac{1}{T_1}\int_{t-T_1}^{t} y(\tau)d\tau - \frac{1}{T_2}\int_{t-T_2}^{t} y(\tau)d\tau$$

式中,时间区间 $T_2 > T_1 > 0$;$h(t)$ 为"趋势量"它具有以下两条重要性质。

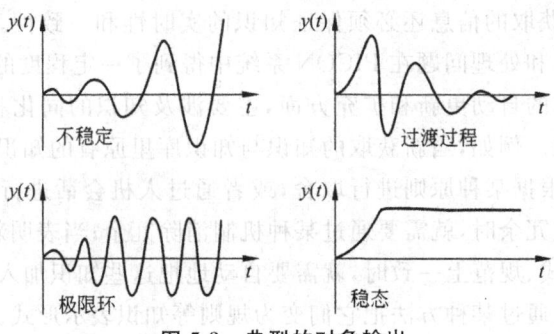

图 5-8 典型的对象输出

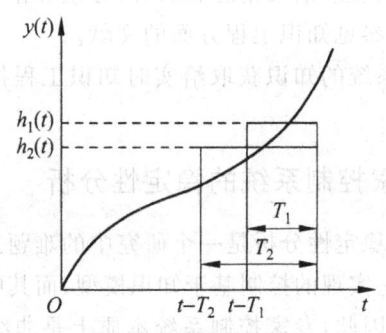

图 5-9 趋势量的原理

首先,趋势量 $h(t)$ 与输出量 $y(t)$ 的导数具有近似的比例关系。设 $y(t)$ 可近似为线性系统的输出,如果系统不存在多重极点,那么 $y(t)$ 为指数函数和指数-三角函数的组合。对于指数分量 $y(t) = e^{\alpha t}$,就有:

$$h(t) = \frac{e^{\alpha t}}{\alpha\left[\frac{1}{T_1}(1-e^{\alpha T_1}) - \frac{1}{T_2}(1-e^{\alpha T_2})\right]}$$

式中,α 为 $e^{\alpha t}$ 的时间常数,如果 T_1、T_2 相对于 $\frac{1}{\alpha}$ 较小,那么指数函数可近似为它的 Taylor 级数的前 3 项,即取 $e^{\alpha T} = 1 + \alpha T + \alpha^2 T^2/2$,$T = T_1$(或 T_2),这样上式可变为 $h(t) = \frac{1}{2}(T_1 - T_2)\alpha e^{\alpha t}$,而 $\alpha e^{\alpha t}$ 可视为 $e^{\alpha t}$ 的导数,于是 $h(t) = \frac{1}{2}(T_1 - T_2)\frac{dy(t)}{dt}$。

对指数余弦函数分量 $y(t) = e^{\alpha t}\cos(\omega t + \varphi)$ 在写成复数形式 $y(t) = \dfrac{1}{2}$ $[e^{(\alpha + j\omega)t + j\varphi} + e^{(\alpha - j\omega)t - j\varphi}]$，形式后，仍然可得到同样的结论：

$$h(t) = \frac{1}{2}(T_1 - T_2)[\alpha e^{\alpha t}\cos(\omega t + \varphi) - \omega e^{\alpha t}\sin(\omega t + \varphi)] = \frac{1}{2}(T_1 - T_2)\frac{dy(t)}{dt}$$

此处，不但要求 T_1、T_2 相对小于 $\dfrac{1}{\alpha}$（包络线时间常数），而且要小于 $\dfrac{2\pi}{\omega}$（余弦函数周期），即为了得到较好的近似，与 T_1、T_2 相对应的两个"窗口"只能覆盖输出振荡周期很小的一段。

其次，趋势量 $h(t)$ 消除了作用在输出量 $y(t)$ 上的瞬时干扰（如突然的跳变或脉冲），因而，从不稳定性指示的观点看，$h(t)$ 比观察 $y(t)$ 的导数更合适。瞬时干扰对输出量导数的影响是非常严重的，但对 $h(t)$ 的影响却可得到极大的平滑。例如，对于图 5-10(a)所示的脉冲对趋势量的影响为：

若脉冲跨越两个"窗口"，$h(t) = cd(T_2 - T_1)T_1T_2$。

若脉冲仅位于 T_2"窗口"，$h(t) = -cd/T_2$。

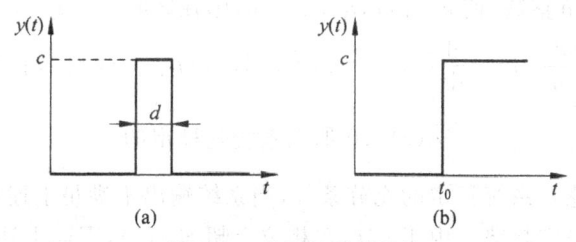

图 5-10 典型的瞬时干扰

而对于图 5-10(b)所示的阶跃对趋势量的影响为

若阶跃跨越两个"窗口"，$h(t) = c(t - t_0)(T_2 - T_1)/T_1T_2$。

若阶跃仅位于 T_2"窗口"，$h(t) = c[1 - (t - t_0)/T_2]$。

最大的影响是当阶跃发生于小"窗口"的左极限处，即 $t - t_0 = T_1$，这时有

$$h(t) = c(T_2 - T_1)/T_2$$

趋势量的分析可以用数字滤波器来实现。

(2)"整流"和平滑。"整流"和平滑操作可以先于或者后随趋势分析，如图 5-11 所示。对于图 5-11(a)，趋势分析器接收的是经"整流"和平滑的输出量。如果是非振荡的，"整流"不起作用，而平滑将造成某种时延；如果是振荡，则被"整流"为单边波形，而其高次谐波、噪声、干扰就被衰减。这样输入趋势分析器的是与对象输出成比例的信号。上述方式无法检测极限环。对于图 5-11(b)，趋势量要被"整流"和平滑。如果是非振荡的，则造成某种时延；如果是振荡的，则趋势量还取决于"窗口"长度（相对于振荡周期）。为了有较好的灵敏度，大"窗口"（T_2）不能超过振荡周期的一半。这种方式可

以检测极限环,但掩盖了趋势量的方向(导数的正、负号)。

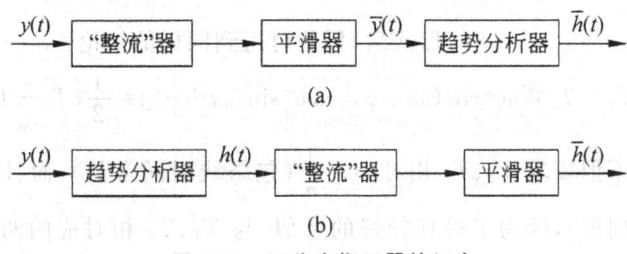

图 5-11 不稳定指示器的组合

2. 智能控制系统的稳定性监控

稳定性监控的研究对于动态响应中不稳定趋势特征的识别给出了以下结论:

如果智能控制系统在每一时刻满足:① 在误差相平面 $e-\dot{e}$ 分上,误差相轨迹绕原点运动,或直接收敛于原点;② 若在闭环系统 $\dot{e}=f(e,t,u)$ 中存在 t_{2n}, $n \in$ 非负整数,使 $\dot{e}=f(e,t_{2n},u)=0$,则在区间 $[t_{2n},t_{2(n+1)}]$ 内存在唯一的 t_{2n+1},使 $\frac{d}{dt}e(t)=\frac{d}{dt}f(e,t_{2n},u)=0$,且 $|e(t_{2n+1}-\tau)| \geqslant |e(t_{2n+1}+\tau)|$,$\tau \in [t_{2n+1},t_{2(n+1)}]$;③ $\frac{d}{de}\dot{e}(t)<0$ 那么系统是稳定的。

上述结论是系统稳定的充分条件,当系统输出不满足上述条件时,系统可能具有不稳定趋势。由于 $\dot{e}(t)$ 在相位上超前 $e(t)$,因而上述的稳定性判断是一种超前的预估判断,这为在线校正系统提供了可能。例如,在系统的零状态阶跃响应中,当 $e(t)$ 接近零时,就可以判断系统是否出现不稳定趋势,而无须等到 $e(t)$ 的第二个极值点出现或 $e(t)$ 单调升降超过允许阈值。因此,特征量 $d\dot{e}(t)/de$ 是反映系统稳定性的一个重要特征。

3. 全局分析的稳定性指标

J. Aracil 等认为,任何基于规则控制的系统都是一种非线性系统,这主要是因为控制闭环中包含了逻辑单元。这类系统可以表示为具有非线性控制律 $u=\varphi(x)$ 的如图 5-12 所示的闭环结构。

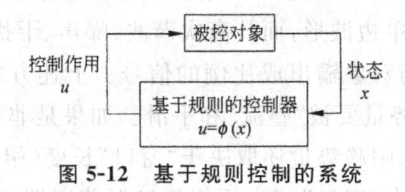

图 5-12 基于规则控制的系统

系统的状态方程可表示为：
$$\dot{x} = f(x) + B\varphi(x)$$
式中，$f(x)$为单调递增的对象函数（线性或非线性），系统以原点为平衡点，即$f(0)=0, \varphi(0)=0$。利用一种全局矢量场的非线性系统分析方法，可导出系统在平衡点处的全局稳定性指标和相对稳定性指标。J. Aracil 等的研究针对模糊控制系统的情况进行了仿真验证，并认为这种方法可以推广到基于自动调整算法的专家控制系统。

5.3 专家 PID 控制及仿真实例

5.3.1 专家 PID 控制原理

专家 PID 控制是一种直接型专家控制器。典型的二阶系统单位阶跃响应误差曲线如图 5-13 所示。

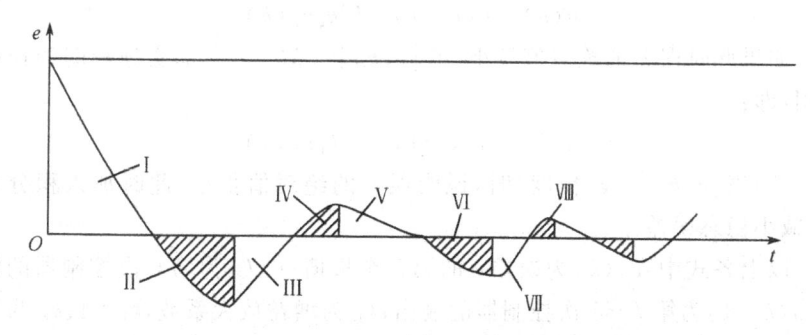

图 5-13 典型二阶系统单位阶跃响应误差曲线

令$e(k)$表示离散化的当前采样时刻的误差值，$e(k-1)$，$e(k-2)$表示前一个和前两个采样时刻的误差值，则有：
$$\Delta e(k) = e(k) - e(k-1)$$
$$\Delta e(k-1) = e(k-1) - e(k-2)$$

根据误差及其变化，对图 5-13 中的二阶系统单位阶跃响应曲线进行如下定性分析：

(1) 当$|e(k)| > M_1$时，说明误差的绝对值已经很大。不论误差变化趋势如何，都应该考虑控制器的输出按定值输出，以达到迅速调整误差，使误差绝对值以最大速度减小，同时避免超调。此时，它相当于实施开环控制。

(2) 当$e(k)\Delta e(k) > 0$或$\Delta e(k) = 0$时，说明误差在朝误差绝对值增大方向变化，或误差为某一常值，未发生变化。

如果$|e(k)| \geq M_2$，说明误差较大，可考虑由控制器实施较强的控制作

用,使误差绝对值朝减小方向变化,迅速减小误差的绝对值,控制器输出为:

$$u(k)=u(k-1)+k_1\{k_p[e(k)-e(k-1)]+k_ie(k)+k_d[e(k)-2e(k-1)+e(k-2)]\}$$

如果$|e(k)|<M_2$,说明尽管误差朝绝对值增大方向变化,但误差绝对值本身并不是很大,可考虑实施一般的控制作用,扭转误差的变化趋势,使其朝误差绝对值减小方向变化,控制器输出为

$$u(k)=u(k-1)+k_p[e(k)-e(k-1)]+k_ie(k)+k_d[e(k)-2e(k-1)+e(k-2)]$$

(3) 当$e(k)\Delta e(k)<0,\Delta e(k)\Delta e(k-1)>0$或者$e(k)=0$时,说明误差的绝对值朝减小的方向变化,或者已经达到平衡状态。此时,可考虑采取保持控制器输出不变。

(4) 当$e(k)\Delta e(k)<0,\Delta e(k)\Delta e(k-1)<0$时,说明误差处于极值状态。如果此时误差的绝对值较大,即$|e(k)|\geq M_2$,可考虑实施较强的控制作用,即:

$$u(k)=u(k-1)+k_1k_pe_m(k)$$

如果此时误差的绝对值较小,即$|e(k)|<M_2$,可考虑实施较弱的控制作用,即:

$$u(k)=u(k-1)+k_2k_pe_m(k)$$

(5) 当$|e(k)|\leq\varepsilon$(精度)时,说明误差的绝对值很小,此时加入积分环节,减小稳态误差。

以上各式中:$e_m(k)$为误差e的第k个极值;$u(k)$为第k次控制器的输出;$u(k-1)$为第$k-1$次控制器的输出;k_1为增益放大系数,$k_1>1$;k_2为抑制系数,$0<k_2<1$;M_1,M_2为设定的误差界限,$M_1>M_2>0$;k为控制周期的序号(自然数);ε为任意小的正实数。

在图 5-13 中,Ⅰ、Ⅲ、Ⅴ、Ⅶ、…区域,误差朝绝对值减小的方向变化,此时,可采取保持等待措施,相当于实施开环控制;Ⅱ、Ⅳ、Ⅵ、Ⅷ、…区域,误差绝对值朝增大的方向变化,此时,可根据误差的大小分别实施较强或一般的控制作用,以抑制动态误差。

5.3.2 仿真实例

求三阶传递函数的阶跃响应

$$G_p=\frac{523\,500}{s^3+87.35s^2+10470s}$$

其中,对象采样时间为1ms。

采用 z 变换进行离散化,经过 z 变换后的离散化对象为

$$y(k) = -\text{den}(2)y(k-1) - \text{den}(3)y(k-2) - \text{den}(4)y(k-3) + \\ \text{num}(2)u(k-1) + \text{num}(3)u(k-2) + \text{num}(4)u(k-3)$$

(5-3-1)

对式(5-3-1)说明如下:首先针对传递函数 G_p,采用 Matlab 函数 c2d 将 G_p 转化为如下离散系统:

$$G(z) = \frac{\text{num}(2)z^2 + \text{num}(3)z + \text{num}(4)}{\text{den}(1)z^3 + \text{den}(2)z^2 + \text{den}(3)z + \text{den}(4)}$$

分子分母分别除以 z^3,可得

$$G(z) = \frac{\text{num}(2)z^{-1} + \text{num}(3)z^{-2} + \text{num}(4)z^{-3}}{\text{den}(1) + \text{den}(2)z^{-1} + \text{den}(3)z^{-2} + \text{den}(4)z^{-3}}$$

令 $G(z) = \dfrac{Y(z)}{U(z)}$,则结合上式交叉相乘可得

$$(\text{den}(1) + \text{den}(2)z^{-1} + \text{den}(3)z^{-2} + \text{den}(4)z^{-3})Y(z) \\ = (\text{num}(2)z^{-1} + \text{num}(3)z^{-2} + \text{num}(4)z^{-3})U(z)$$

由仿真可知 $\text{den}(1)=1$,则

$$Y(z) + \text{den}(2)z^{-1}Y(z) + \text{den}(3)z^{-2}Y(z) + \text{den}(4)z^{-3}Y(z) \\ = \text{num}(2)z^{-1}U(z) + \text{num}(3)z^{-2}U(z) + \text{num}(4)z^{-3}U(z)$$

即

$$Y(z) = -\text{den}(2)z^{-1}Y(z) - \text{den}(3)z^{-2}Y(z) - \text{den}(4)z^{-3}Y(z) + \\ \text{num}(2)z^{-1}U(z) + \text{num}(3)z^{-2}U(z) + \text{num}(4)z^{-3}U(z)$$

则被控对象的离散化表达式为式(5-3-1)。

采用专家 PID 设计控制器。在仿真过程中,ε 取 0.001,程序中的 5 条规则与控制算法的 5 种情况相对应。

专家 PID 控制仿真结果如图 5-14 和图 5-15 所示。

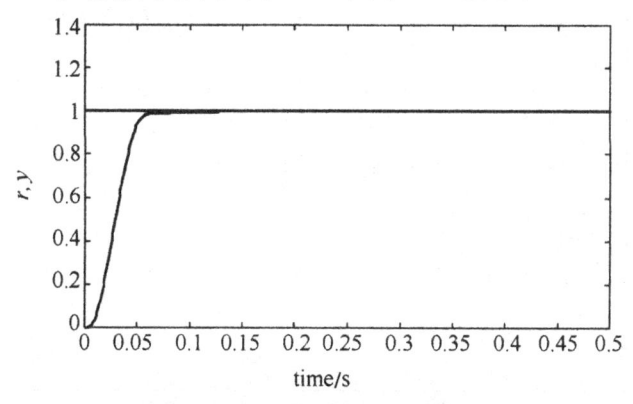

图 5-14 PID 控制阶跃响应曲线

图 5-15 误差响应曲线

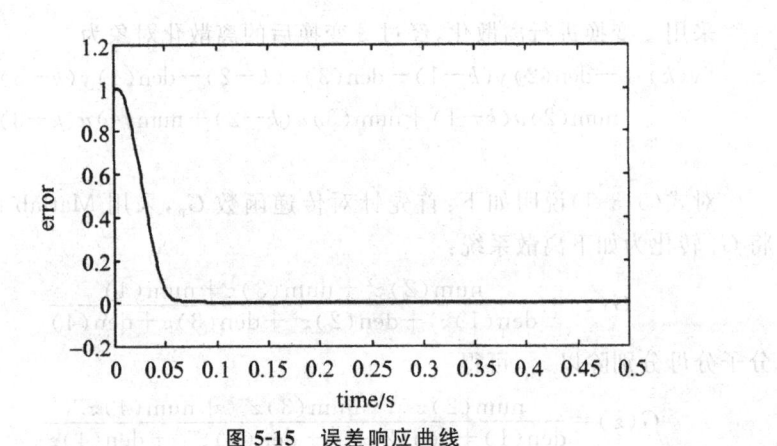

第 6 章 其他智能控制方法

智能控制与传统的或常规的控制有密切的关系,不是相互排斥的。常规控制往往包含在智能控制之中,智能控制也利用常规控制的方法来解决"低级"的控制问题,力图扩充常规控制方法并建立一系列新的理论与方法来解决更具有挑战性的复杂控制问题。

6.1 仿人智能控制

6.1.1 仿人智能控制的基本思想和研究方法

本质上讲,智能控制本身就是一种模仿人的思维和意识进行系统控制的一门现代控制技术,它的发展目标就是要通过不断地研究和改进,使得智能水平达到甚至超过人类的意识水平。在计算机科学领域,有可能完全实现人工智能的路径有多种,有一种容易理解的路径就是,首先模拟人的意识结构,接着模拟人的意识行为。而基于这一思想,即可设计一种仿人智能控制系统。即首先模仿人的控制结构来设计智能控制系统,然后在此基础进一步展开研究探索,使得系统可以进一步模仿人的行为。由此看来,这类仿人智能控制的研究重心并不在于被控对象上,而需在控制器上着手,使之具备与人更接近的智能。

就目前的发展状况来看,学界在仿人控制理论方面的主要研究方法是:以递阶式智能控制系统为模板,从其最底层开始着手,深入总结人类的直觉、知识、逻辑推理行为、经验、技巧以及学习知识的一般规律,然后尽可能应用目前最先进的计算机理论及控制技术进行模拟仿真,进而开发实用、灵活、拓展性好、精度高的控制算法,构建一类仿人智能控制理论或设计一套仿人智能控制系统。

6.1.2 仿人智能控制的相关概念和定义

在这里,我们将仿人智能控制的相关概念和定义简要讨论如下:

(1)特征模型。一般地,在研究智能控制系统时,需要用一些有效的模型来描述系统动态特性,特征模型 Φ 就是其中的一种。特征模型 Φ 是一种集定性与定量于一体的模型,它可以按照不同控制问题的不同求解方案,充分考虑不同控制指标的具体要求,有效地划分系统的动态信息空间 Σ。这样一来,所划分出来的每一个子区域都可以准确地与系统的一个特征动态 φ_i 相对应。换句话说,特征模型 Φ 正好是系统所有特征状态 φ_i 的集合,如果用数学表示,则有:

$$\Phi = \{\varphi_1, \varphi_2, \cdots, \varphi_n\}(\varphi_i \in \Sigma)。$$

如图 6-1 所示,给出了系统特征状态的一个具体实例。其中,图 6-1(a)给出的是一种简单的特征模型;图 6-1(b)给出的则是系统偏差响应曲线。根据特征模型的定义可知,图 6-1(b)所示的系统偏差响应曲线上的每一段都与图 6-1(a)所示的系统动态信息空间 Σ 被划分出的一个块区域都对应,从而表明系统正处于某种特征运动状态。例如,对于特征状态 φ_1,其表达式为:

$$\varphi_1 = \left\{ e \cdot \dot{e} \geq 0 \cap \left|\frac{\dot{e}}{e}\right| > \alpha \cap |e| > \delta_1 \cap |\dot{e}| > \delta_2 \right\}。$$

它所表示的特征状态为:系统受到扰动,正在偏离目标值,而且偏离的速度较大。在上式中,参数 α、δ_1 和 δ_2 都代表阈值。通过上式可以进一步发现,系统的特征状态可以进一步描述为一些特征基元的组合。设系统的特征基元集为:

$$Q = \{q_1, q_2, \cdots, q_n\},$$

且

$q_1: e \cdot \dot{e} \geq 0; q_2: \left|\frac{\dot{e}}{e}\right| > \alpha; q_3: |e| < \delta_1; q_4: |e| > M_1; q_5: |\dot{e}| < \delta_2; q_6: |\dot{e}| > M_2;$

$q_7: e_{m_i - 1} \cdot e_{m_i} > 0; q_8: \left|\frac{e_{m_i - 1}}{e_{m_i}}\right| \geq 1; \cdots。$

式中,参数 α、δ_1、δ_2、M_1、M_2 是阈值;参数 e_{m_i} 表示误差的第 i 次极值。如果令

$$\Phi = (\varphi_1, \varphi_2, \cdots, \varphi_n), Q = (q_1, q_2, \cdots, q_n),$$

则显然有:

$$\Phi = P \odot Q。$$

式中，P 是一个关系矩阵，其元素 p_{ij} 可取 -1、0 或 1 这 3 个值，分别表示取反、取零和取正，符号 $\odot$ 表示"与"的矩阵相乘关系。

(2) 特征辨识。引入特征模型 Φ 的根本目的在利用其对采样信息进行在线处理、模式识别，这一过程称为特征辨识。事实上，特征辨识的结果就是对系统的当前特征状态作出有效的判断。

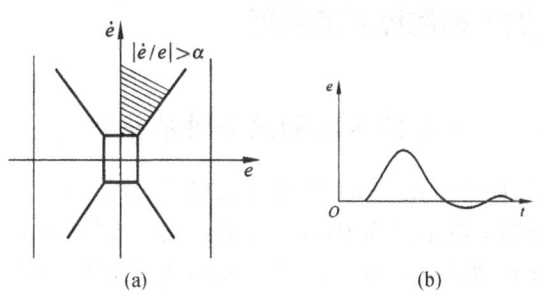

图 6-1　特征状态的示例
(a)一种简单的特征模型；(b)偏差响应曲线

(3) 特征记忆。仿人智能控制器的控制策略与控制效果主要由特征信息来体现，故而系统必须将这些信息记录下来，而系统记录这些信息的过程就称为特征记忆。另外，仿人智能控制器所记忆的特征信息还能从侧面反映被控对象的某些性质特征以及控制任务的某些要求。一般地，人们将特征信息称为特征记忆量，用

$$\Lambda = \{\lambda_1, \lambda_1, \cdots, \lambda_p\}(\lambda_i \in \sum)$$

来表示。式中，λ_1 表示误差的第 i 次极值为 e_{m_i}；λ_2 表示控制器前期输出保持值 μ_H；λ_3 表示误差的第 i 次过零速度 $\dot{e}_{0_i}$；λ_4 表示误差极值之间的时间间隔 t_{e_m}；$\cdots$。特征记忆量的引入可使控制器接收的大量信息得到精炼，消除冗余，有效地利用控制器的存储容量。特征记忆可直接影响控制与校正输出，可作为自校正、自适应和自学习的根据，也可作为系统稳定性监控的依据。

(4) 控制模态或决策模态。对于仿人智能控制器，其输入信息、特征记忆量与其输出信息之间存在映射关系，这种映射关系可以是某种定量关系，也可以是某种定性关系，学界称为控制模态，又称作决策模态。一般地，控制模态常用一个集合来表示，记为

$$\Psi = \{\psi_1, \psi_2, \cdots, \psi_l\}$$

如果 Ψ_i 表示一类定量映射关系，其形式可以大致表示为

$$\Psi_i: u_i = f_i(e, \dot{e}, \lambda_i, \cdots)(u_i \in U)(输出信息集)$$

如果 Ψ_j 表示一类定性关系，其形式可以大致表示为

$$\Psi_j: f_j \rightarrow \text{if}(条件)\text{then}(操作)$$

这里需要特别注意的是,人在处理某一控制问题,其策略往往是灵活多变的。对于不同的对象、同一对象的不同控制要求、同一控制对象的不同状态等,往往会采用不同的控制策略,以最大限度地提高控制效率。对于这种现象,仿人智能控制发展起了多模态控制决策,以期获得更高的仿人效果。

6.1.3 仿人智能控制的实现

6.1.3.1 仿人智能控制的瞬态性能指标

经典的频域性能指标可以直接用于高阶系统的设计,其中带宽、截止频率、谐振峰值和谐振频率的确定,描述了系统的快速性;增益裕度、相位交界频率、相位裕度和增益交界频率等,则定量描述了系统的相对稳定性。但传统控制理论的设计,由于控制器结构为单模态的输入输出映射关系,无法实现快速性、稳定性和精确性这三方面性能指标的兼顾。误差泛函积分评价指标是一种更为一般的广义的性能指标评价函数,它是控制系统瞬时误差函数 $e(t)$ 的泛函积分,如:

(1) 误差积分最小的性能指标:$J(\text{IE}) = \int e(t) dt \min$。

(2) 误差平方积分最小的性能指标:$J(\text{ISE}) = \int e^2(t) dt \min$。

(3) 时间乘以误差平方积分最小的性能指标:$J(\text{ITSE}) = \int te^2(t) dt \min$。

(4) 时间乘以误差绝对值积分最小的性能指标:$J(\text{ITAE}) = \int t|e(t)| dt \min$。

这些积分评价指标综合反映了系统上述三方面的性能,但由它设计出的最优控制器也只能做到在多个时域性能指标中进行折中,而无法实现它们之间的兼顾。

图 6-3 显示了与图 6-2 对应的理想的系统闭环阶跃响应的误差时相轨迹,仿人智能控制器特征模型与控制决策模态集的设计目标就是使系统的动态响应符合理想的误差时相轨迹。

图 6-2 理想的系统闭环误差响应

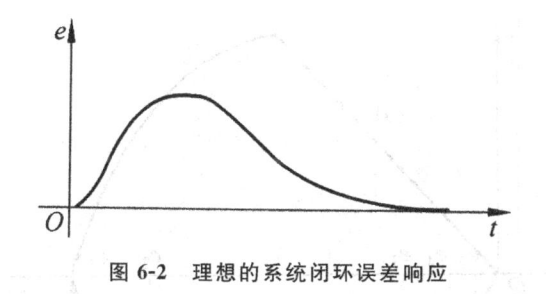

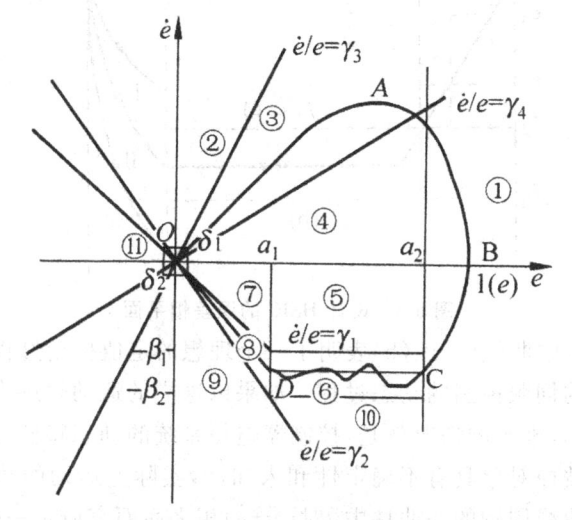

图 6-3 具有理想性能的系统误差时相轨迹

将能评价智能控制系统运行的瞬态品质,并能兼顾系统快速性、稳定性和精确性指标要求的理想误差时相轨迹,称为智能控制系统的瞬态性能指标。

无论是定值控制还是伺服控制,一个动态控制过程总会在 $(e-\dot{e}-t)$ 空间中画出一条轨迹,品质好的控制画出的是一条理想的轨迹。

如果以这条理想轨迹作为设计智能控制器的目标,应该说轨迹上的每一点都可视为控制过程中需要实现的瞬态指标。这条理想的误差时相轨迹可以分别向 $(e-t)$、$(\dot{e}-t)$ 和 $(e-\dot{e})$ 三个平面投影,设计者可以根据分析的侧重点,考虑这三条投影曲线中的一条或者几条作为设计用的瞬态指标,以简化设计的目标。

又可以按滞后情况分别考虑:

(1) 在系统无纯滞后时,考虑这条轨迹在 $(e-\dot{e})$ 相平面上的投影,设计可在 $(e-\dot{e})$ 相平面上进行。

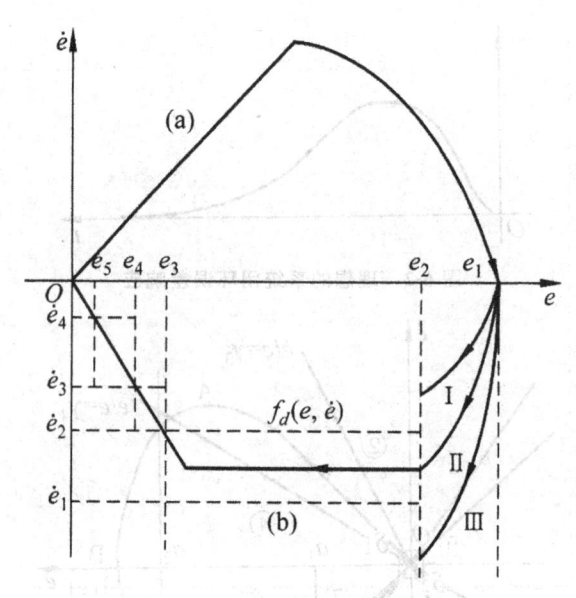

图 6-4　设计 HSIC 的误差相平面

如图 6-4 中曲线(a)+(b)表明了一个理想的定值控制过程;曲线(b)则为一个理想的伺服控制的动态过程。如果以这样的运动轨迹作为设计智能控制器的目标,理想的情况就是,控制器迫使系统的动态特性在该轨迹上滑动。但由于被控对象具有不确定性和未知性,实际上运动的轨迹只可能处在这条理想曲线周围的一曲柱中[对($e-\dot{e}$)相平面而言应是一曲带]。因此设计的任务就变成根据这一曲柱在误差时相空间的位置划分出特征状态空间,并以迫使系统状态的运动轨迹始终运动在曲柱体内为目标,设计出与特征状态对应的控制与决策模态。

(2)当系统有纯滞后时,可以考虑这条理想轨迹对 $e-t$ 平面的投影,设计就可以在($e-f$)平面上进行。

6.1.3.2　仿人智能控制系统的设计方法

设一个带有纯滞后环节的高阶线性动态系统的传递函数形式为:

$$G(s) = \frac{K(1+a_1 s + \cdots + a_m s^m)}{(1+b_1 s + \cdots + b_n s^n)} e^{-\tau s} = \frac{K(1+\tau_1 s) \cdots (1+\tau_m s)}{(1+T_1 s) \cdots (1+T_n s^n)} e^{-\tau s}$$

则描述系统动态特性的时域和频域的主要特征量有:

① 增益 K。表示系统对直流输入信号的放大能力,决定了稳定系统的单位阶跃响应稳态值,即:

$$k = \lim_{s \to 0} G(s)$$

② 纯滞后 τ。表示系统对输入信号的不应期。

③等效时滞 D。表示系统对信号的滞后特性,由积分定义表示为:

$$D = \int_0^\infty \left[u(t) - \frac{g(t)}{K} \right] dt$$

其中,$u(t)$表示单位阶跃输入函数,$g(t)$为$G(s)$的单位阶跃响应。D是系统中所有积分(滞后)因素和所有微分(超前)因素之差,它与传递函数的关系为:

$$D = b_1 - a_1 = \sum_{j=1}^n T_j - \sum_{i=1}^m \tau_i = \left[\frac{d}{d\omega} \angle G(j\omega) \right]_{\omega=0}$$

④等效支配点。确定系统的基本性状是单调、振荡、稳定或不稳定。

主要频率响应数据包括带宽频率、截止频率、穿越频率、转角频率及其响应的相位角,可以反映系统对不同频率信号的通过能力,以及系统的相对稳定性。

被控对象的"类等效"简化模型应该在增益、纯滞后、等效时滞、等支配极点和某些主要频率响应数据上与对象一致。因此,"类等效"简化模型最大的特点是,它在反映对象主要动态特性的一些主要特征量上与实际对象一致。

根据系统"类等效"的定义,可以通过对被控对象的定性了解,建立起对象的结构模型,并根据对主要特征量(如某些非线性特征、纯滞后、等效时滞和增益等)的模糊估计,可以确定对象模型结构和参数可能变化的大致范围。

例如,带纯滞后过程的被控对象的传递函数可以简化为:

$$G(s) = \frac{K(1+a_1 s)}{(1+b_1 s)(1+b_2 s)} e^{-\tau s}$$

6.2 学习控制系统

6.2.1 学习控制的基本概念

学习是人的基本智能之一,学习是为了获得知识,因此在控制中模拟人类学习的智能行为的所谓学习控制,无疑属于智能控制的范畴。

有关学习控制的概念从 20 世纪 60 年代以来有多种表述,但以 1977 年萨里迪斯给出的定义具有代表性。根据萨里迪斯给出的学习系统的结构,学习控制系统组成的方块图如图 6-5 所示。其中未知环境包括被控动态过程及其干扰等,学习控制律可以是不同的学习控制算法,存储器用于存储控制过程中的控制信息及相关数据,性能指标评估是把学习控制过程中得到的经验用于不断地估计未知过程的特征以便更好地决策控制。

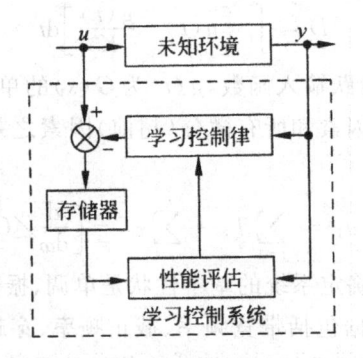

图 6-5 学习控制系统的方块图

由于实现学习控制算法有多种途径,因此,学习控制系统的组成也会因学习算法的不同,在组成上有不同的结构形式。

6.2.2 控制率映射对学习控制的要求

6.2.2.1 学习控制律映射

可把学习控制器的设计定义为求得某个适当函数映射(mapping)的过程,该映射,即控制律为:$u=k(y_m,y_d,t)$;其中,y_m 为受控对象的被测(实际)输出;y_d 为受控对象的期望(要求)输出;u 为控制作用,应能够达到一定的性能目标。控制律的设计过程往往由如图 6-6 所示的辅助映射支持。例如,从一定的对象操作条件至控制器参数或局部对象模型的映射,对增益调度应用[见图 6-6(b)]是重要的。

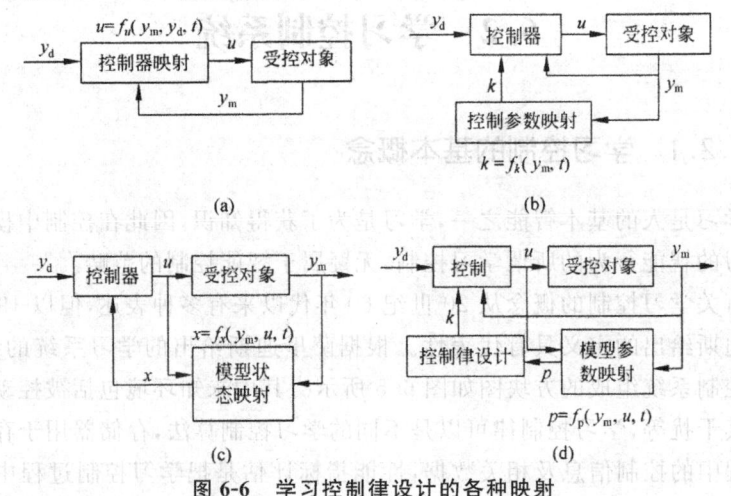

图 6-6 学习控制律设计的各种映射

可把学习控制解释为在某控制结构中应用的函数映射的自动综合。当控制系统必须在足够显著的不确定性条件下运行时，就需要学习；这时，要以可得到的推理设计知识来设计一个具有固定不变的满意性能的控制器，是不切实际的。学习的一个目标是允许通过减少先验不确定性解决广泛类型的问题，在那里，能够在线得到满意解。

对于典型的学习控制应用，期望映射是固定的，并由一个包含受控对象输出和控制系统输出的目标函数来表示。然后，目标函数把反馈与指定的可调节(目前储存在其存储器内)的映射元素联系起来。基本思想是，能够应用性能反馈来改进由学习系统提供的映射。当这些映射因先验不确定性(如差的模型非线性动力学行为)而无法完全预先确定时，就需要进行学习。

6.2.2.2 对学习控制的要求

对于许多控制设计问题，可供使用的演绎模型信息是如此有限，以致很难或者不可能设计一个满足规定性能要求的控制系统。在这种情况下，控制系统设计者面临三种选择，即：①降低控制性能要求水平；②预先开发另外的理论或经验模型以减少不确定性；③使所设计的控制系统具有在线自动调节能力以减少不确定性或改善其性能。其中，第③种选择与前两种选择大为不同，因为其设计结果不是固定不变的，具有固有的操作灵活性。

在许多情况下，为了满足控制系统的性能、成本或灵活性等要求，降低控制性能要求水平或预先开发另外的理论或经验模型的方案是无法接受的。这样，设计者只能通过减少不确定性来提高可达到的系统性能水平，而减少不确定性只能通过与实际系统的在线交互作用才能实现。

通过自身改变控制律直接地或借助模型辨识和重新设计控制律间接地实现控制系统的自动在线调节，已由许多研究人员进行了相当长时间的研究。特别对线性系统的自适应控制已获得很好开发，对非线性系统的在线调节技术也已存在，但还未开发好。现有的大多数非线性调节技术主要用于具有已知模型结构和未知参数的非线性系统，学习控制技术通过与实际系统的在线交互作用获得开发经验，已成为增强缺少建模的非线性系统性能的一种工具。

实现学习控制系统需要三种能力：

(1) 性能反馈。要进一步改善系统性能，学习系统必须能够定量地估计系统的当前和已往性能水平。

(2) 记忆。学习系统必须具备存储所积累的并将在以后应用的知识的方法。

(3) 训练。要积累知识，就必须有一种能够把定量的性能信息转化为记忆的机制。

这里所讨论的学习系统的记忆,是由一种能够表示连续族函数的适当的数学框架实现的,而训练或记忆调节过程是设计用于自动调节逼近函数的参数(或结构)以综合要求的输入输出映射。

图 6-7 给出学习控制系统的相关研究领域。研究领域的分解是建立在适当的控制思想上的,而且估计结构的研究是以"黑匣"学习系统的概念为基础的。学习系统的记忆和训练算法可以比较独立地进行开发,以达到所要求的黑匣性能和有效的实现。

许多学习控制和估计结构已被建议用于不同的应用场合。

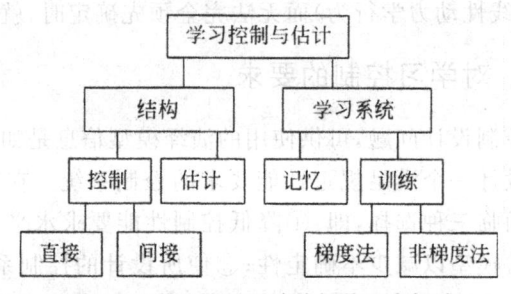

图 6-7　学习控制系统的相关研究领域

6.2.3　其他学习控制形式

6.2.3.1　具有学习功能的自适应控制

通过前面的有关讨论可知,自适应控制系统应具有如下两个功能:

(1)常规的控制功能。由闭环反馈控制回路实现。

(2)学习功能。由自适应机构组成的另一个反馈控制回路实现,其控制对象是控制器本身。

不难看出,自适应控制系统具有学习功能,但这种学习的结构形式与上面介绍的学习控制系统的结构形式是不同的。自适应控制的学习功能是通过常规控制器控制性能的反馈、评价等信息,进而通过自适应机构对控制器的参数甚至结构进行在线调整或校正,以使下一步的控制性能要优于上一步的,这便是学习。可以认为,自适应学习系统是一种二级递阶控制的结构,由双闭环控制系统组成。其中常规控制回路是递阶结构的低级形式,完成对被控对象的直接控制;包含自适应机构和常规控制器的第二个回路是递阶结构的高级形式,它是由软件实现的一种反馈控制形式,完成对控制器控制行为的学习功能。

迭代学习控制系统和重复学习控制系统没有像自适应控制系统那样的两阶递阶结构,而只是增加了存储器用以记忆以往的控制经验。迭代控制中的学习是通过对以往"控制作用与误差的加权和"的经验记忆实现的。系统不变形的假设以及记忆单元的间断重复训练是迭代学习控制的本质特征。而重复学习控制的记忆功能由重复控制器完成,它对控制作用的修正不是间断离线而是连续实现的。

6.2.3.2 基于神经推理的学习控制

在神经网络直接充当控制器的神经控制系统中,神经网络实际上是通过学习算法改变网络中神经元间的连接权值,从而改变神经网络输入与输出间的非线性映射关系,逐渐逼近被控动态过程的逆模型来实现控制的任务。神经网络的这种学习和迭代学习控制、重复学习控制中的学习形式是不一样的。前者的学习是出于逼近的思想,而后者是利用控制系统先前的控制经验,根据测量系统的实际输出信号和期望信号,来寻找一个理想的输入特性曲线,使被控对象产生期望的运动。"寻找"的过程便是学习控制的过程。

本书将基于神经推理的学习控制形式归为基于神经网络的智能控制范畴。

6.2.3.3 基于模式识别的学习控制与异步自学习控制

基于模式识别的智能控制实际上是模拟人工控制过程中识别动态过程特征的思想,然后根据人的控制经验,对于不同的动态过程采取不同的控制策略。通过这样不断地识别,又不断地调整控制策略,使控制性能不断提高的过程体现出一种学习行为。

有学者基于迭代自学习控制和重复自学习控制的共同点和区别,提出了将这两种算法统一起来的异步自学习控制的理论框架。限于本书篇幅,这里不再详细讨论。

6.2.4 基于规则的自学习控制系统

6.2.4.1 产生式自学习控制系统

如图 6-8 所示,给出一种产生式自学习控制系统的结构示意图。自学习控制器中的综合数据库用于存储数据或事实,接受输入、输出和反馈信息,而控制规则集主要存储控制对象或过程方面的规则、知识,它是由<前

提→结论＞或＜条件→行动＞的产生式规则组成的集合。

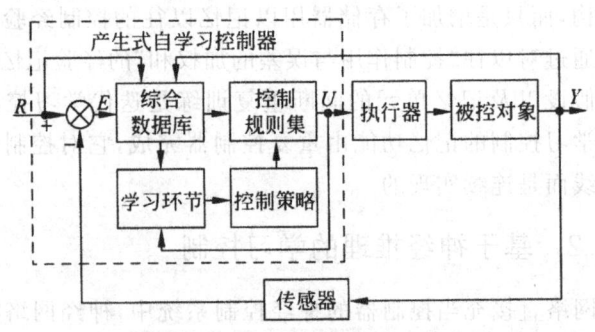

图 6-8　产生式自学习控制系统

自学习控制系统中的推理机在产生式自学习控制系统中隐含在控制策略和控制规则集中,控制策略的作用是将产生式规则与事实或数据进行匹配控制推理过程。

上述的综合数据库、控制规则集、学习单元及控制策略四个环节构成了产生式自学习控制系统的核心部分——产生式自学习控制器。

产生式自学习控制仍是基于负反馈控制的基本原理。通常,控制作用 U 根据误差 E、误差的变化 $\dot{E}$ 及误差的积分值(或积累值 $\sum E$)的大小、方向及其变化趋势,可由专家经验知识和负反馈控制的理论设计出产生式规则,即

$$\text{if } E \text{ and } \dot{E} \text{ and } \sum E \text{ then } U$$

这种控制策略是由误差数据驱动而产生的控制作用,根据控制效果和评价准则,可以通过学习单元采用适当的学习方法进行学习,来对施加于被控对象的控制作用进行校正,以逐步改善和提高控制系统的性能。

一种线性再励学习校正算法为

$$U(n+1)=U(n)+(1-\alpha)\Delta U(n)$$

式中,$U(n+1)$、$U(n)$ 分别为第 $(n+1)$ 次和第 n 次采样的控制作用;$\Delta U(n)$ 为第 n 次学习的校正量;α 为校正系数,可根据专家经验选取 0 与 1 之间的某一小数,或根据优选法取 $\alpha=0.618$。

校正量 $\Delta U(n)$ 由系统的输入、输出及控制量的第 n 次和第 $(n-1)$ 次数据,根据所设计的学习模型加以确定。

6.2.4.2　基于规则的自学习模糊控制实例

(1)自学习模糊控制算法。设系统的一种理想的响应特性可用一个性能函数表示为

$$\Delta Y = pf(e, \Delta e)$$

其中，ΔY 是系统输出 Y 的修正量；e 和 Δe 分别是系统输出的误差和误差变化。

如图 6-9 所示，给出了自学习控制算法的原理示意图。把每一步的控制量和测量值都存入存储器。由测量系统当前时刻的输出 $Y(k)$ 可获得 $e(k)$ 和 $\Delta e(k)$，由性能函数求出

$$\Delta Y = pf[e(k), \Delta e(k)]$$

则理想的输出应为 $Y + \Delta Y$。

设被控对象的增量模型为

$$\Delta Y(k) = M[\Delta e_n(k - \tau - 1)]$$

式中：$\Delta Y(k)$ 为输出增量；$\Delta e_n(k)$ 为控制量增量；τ 为纯时延步数。由增量模型可计算出控制量的修正量 $\Delta e_n(k - \tau - 1)$，从存储器中取出 $e_u(k - \tau - 1)$，则控制量修正为 $e_u(k - \tau - 1) + \Delta e_u(k - \tau - 1)$，将它转变成模糊量 A_u。再取出 $\tau + 1$ 步前的测量值并转换成相应的模糊量 $A_1, A_2, \cdots, A_k$，由此构成一条新的控制规则：

$$E_u^i = mmf[(E_1 \wedge A_1) \times (E_2 \wedge A_2) \times \cdots \times (E_k \wedge A_k)] \cdot A_u \quad (5\text{-}5\text{-}1)$$

其中，$mmf(A) = \max \mu_A(e)$ 定义一个模糊子集 A 的高度，A 的高度即是论域 U 上元素 e 的隶属度极大值。

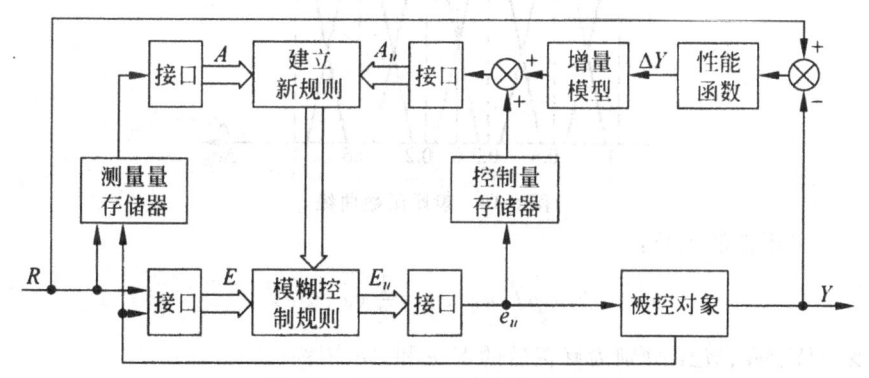

图 6-9 自学习模糊控制算法原理

如果存储器中有以 $A_1, A_2, \cdots, A_k$ 为条件的规则，则以新规则替换，否则把新规则写入存储器。这就完成了一步学习控制，每一步都重复这种操作，控制规则便不断完善。

最后需要特别指出的是，自学习控制算法中的增量模型 M 并不要求很精确，只是模型越精确，自学习过程的收敛速度也越快。

(2) 自学习控制算法举例。设一单输入单输出过程，只能测量其输出 $Y(k)$。以误差 e 和误差变化 Δe 为控制器的输入变量。对误差和误差变化

量进行归一化处理,先选定它们的单位尺度分别为 e^* 和 Δe^*,则有

$$e = \begin{cases} \dfrac{e}{e^*}, & |e| \leqslant e^* \\ 1, & |e| > e^* \end{cases}$$

和

$$\Delta e = \begin{cases} \dfrac{\Delta e}{\Delta e^*}, & |\Delta e| \leqslant \Delta e^* \\ 1, & |\Delta e| > \Delta e^* \end{cases} \tag{5-5-2}$$

归一化的误差论域 G_e 和误差变化量论域 $G_{\Delta e}$ 均含有 6 个语言变量,即 NB、NM、NS、PS、PM、PB,它们的隶属函数都具有相同的对称形状,如图 6-10 所示。其中心元素分别为 -1,-0.6,-0.2,0.2,0.6,1。

控制规则用二维数组 $R(I,J)$ 表示,I,J 为 $1,2,\cdots,6$ 分别对应于误差论域和误差变化论域上的 NB、NM、$\cdots$、PM、PB 等级。数组元素值代表了 A_u 的中心元素。假定 A_u 的隶属函数都具有相同的对称形状,$R(I,J)$ 可以写成一个 6×6 矩阵,称其为控制器参数矩阵。

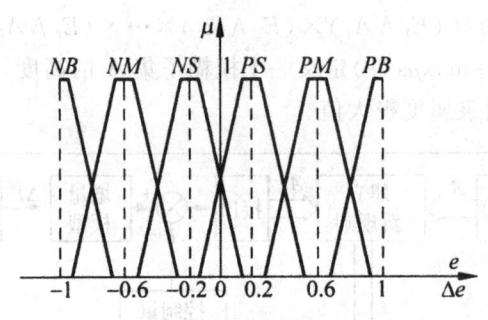

图 6-10 隶属函数曲线

采用性能函数:

$$\Delta Y = pf(e, \Delta e) = \frac{1}{2}(e + \Delta e),$$

设 MY、Me、$M\Delta e$ 分别为修正后的 Y、e 和 Δe,因为

$$e(k) = R - Y(k)$$
$$MY = Y + \Delta Y$$

所以

$$Me(k) = e(k) - \Delta Y$$
$$M\Delta e(k) \approx \Delta e(k) - \Delta Y$$

于是

$$Me(k) + M\Delta e(k) \approx e(k) + \Delta e(k) - 2\Delta Y$$

因为

$$\Delta Y = \frac{1}{2}(e + \Delta e)$$

所以

$$Me(k) + M\Delta e(k) \to 0$$

可见用 ΔY 修正 Y 的结果使 ΔY 趋于零,导致系统的输出趋近于理想的响应。

通过对被控对象:

$$G_1(s) = \frac{10e^{-16s}}{s(s+1)}, G_2 = \frac{(s^2 + 3s + 5)e^{-4s}}{s(s^2 + s + 2)}$$

进行自学习控制的计算机数字仿真结果表明,对第一种对象,当采样周期为 0.2s,加入方差 $\sigma^2 = 0.33$ 的测量噪声,其幅度为阶跃幅度的 10%。未学习前,阶跃响应出现振荡,学习三次后,阶跃响应品质已很好。对于第二种对象,采样周期为 1s,噪声参数同前。未学习前,由于控制器的初始参数设置不好,阶跃响应振荡较大,三次学习后,阶跃响应明显得到改善。

6.3 递阶智能控制

进阶控制和学习控制都属于智能控制早期研究的重要领域。人们解决复杂问题采用分级递阶结构体现了人的智能行为,而学习则是人的基本智能行为。萨里迪斯等提出的递阶控制揭示了精度随智能降低而提高的本质特征。在学习控制方面,科学家们也进行了不少的探索,提出了基于模式识别的学习控制和再励学习控制。

由萨里迪斯和梅斯特尔(Meystal)等人提出的"递阶智能控制"是按照精度随智能降低而提高的原理(IPDI)逐级分布的,这一原理来源于递阶(分级)管理系统。递阶控制思想可作为一种统一的认知和控制系统方法而被广泛采用。在过去的 30 多年中,一些研究者做出重大努力来开发"递阶智能机器"理论和建立工作模型,以求实现这种理论。这种智能机器已被设计用于执行机器人系统的拟人任务。取得的理论成果表现在两个方面,即基于逻辑的方法和基于解析的方法。前者已由尼尔森(Nilsson)和菲克斯(Fikes)等叙述过,其通用技术仍在继续研究与开发之中;而后者已在理论和实验两方面达到比较成熟的水平。有一些新的方法和技术,如 Boltzmann 机、神经网络和 Petri 网等,已为智能机器理论的分析研究提供了新的工具。因此,在过去 20 年中,智能机器理论已得到进一步修正和改进。

6.3.1 递阶智能控制的结构与原理

递阶智能控制系统可按 IPDI 原理分为几个子系统,并对每个子系统导出计算模块。全部子系统连成树状结构,形成多层递阶模型。

6.3.1.1 组织级原理与结构

(1)基于概率的结构模型。用于机器推理、机器规划和机器决策三种功能的结构模型,分别示于图 6-11、图 6-12 和图 6-13。组织级的这些功能将在下面进一步说明。

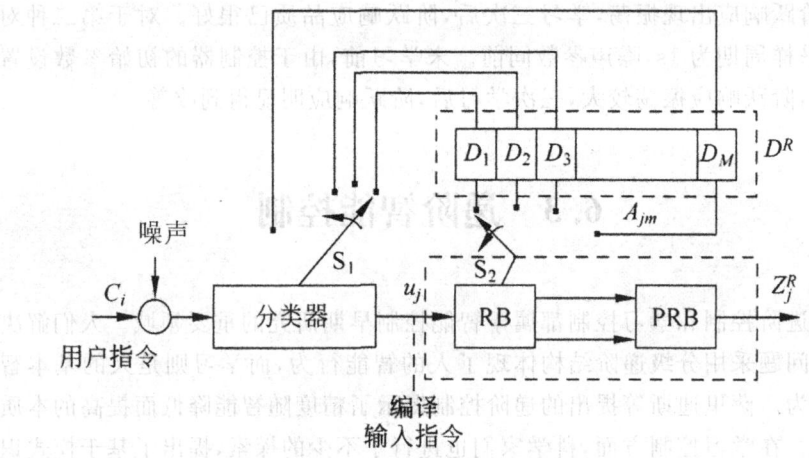

图 6-11 机器推理功能模型

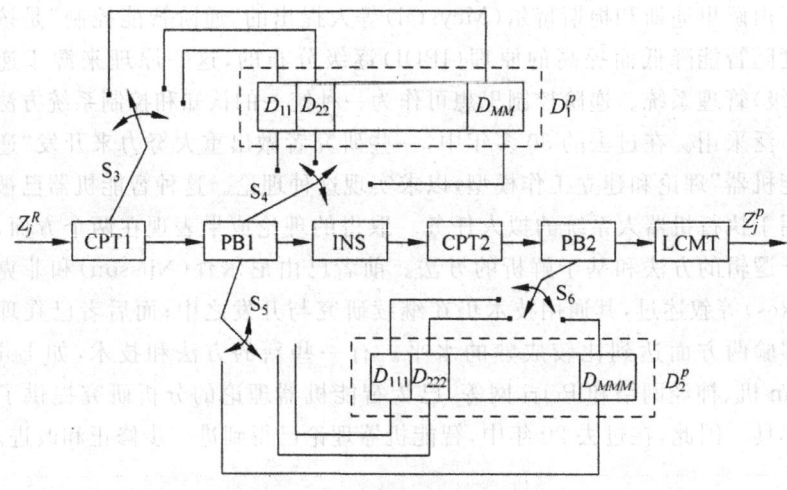

图 6-12 机器规划功能模型

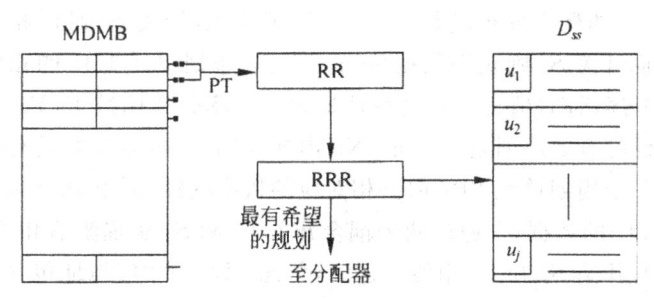

```
                MDMB                          D_ss
        ┌──────────────┐                    ┌──────┐
        │              │──┐                 │  u_1 │
        │              │  │   ┌──────┐      ├──────┤
        │              │──┼PT─│  RR  │      │  u_2 │
        │              │  │   └──┬───┘      ├──────┤
        │              │──┘      │          │      │
        │              │         ▼          │      │
        │              │     ┌───────┐      │      │
        │              │     │  RRR  │──────│  u_j │
        │              │     └───┬───┘      └──────┘
        └──────────────┘      最有希望
                              的规划
                                │
                               至分配器
```

图 6-13 机器决策功能模型

从图 6-11 可见,机器推理模型由推理模块 RB、概率推理模块 PRB 和存储器 D^R 以及分类器组成。图中,u_j 为编译输入指令,Z_j^R 为相应输出,A_{jm} 为最大的 (2^N-1) 个适当活动的集合(信息串 X_{jm} 的集合);这些活动(信息串)具有相应的地址,用于存储活动概率分布函数 $P(X_{jm}/u_j)$。推理模块 RB 含有最大的 (2^N-1) 个二进制随机变量 $X_{jm}=(x_1,x_2,\cdots,x_{N-1},x_N)$,$m=1,2,\cdots,(2^N-1)$,它们以特定的次序存放,表示与任一编译输入指令有关的活动 (A_{jm})。与这些活动(串)有关的概率分布函数存储在相应地址 D^R 内,并从 D^R 传输至推理模块 RB;D^R 为组织级的长期存储器的一部分。存储器 D^R 由 M 个不同的存储块组成。每个存储块 (D_j) 与其相对应的编译输入指令 (u_j) 相联系。每块 D_j 含有专用地址,用于存储与 u_j 对应的概率矢量 S_j。一旦编译输入指令 u_j 被辨识,开关 S_1 激活存储块 D_j。D_j 内数据的传输是通过开关 S_2 来完成的。开关 S_1 和 S_2 互相耦合,协同动作。当相应的地址占有最左边的一些位置时,RB 的内容被传送到 PRB 的最右边的一些位置。储存在 DR 内的信息不能由机器推理功能来修改。因此,可把 D^R 看作永久存储器,在迭代周期内(从用户请求作业到该作业实际执行),该存储器的值维持不变。只有当请求的作业由指定硬件装置完成之后,存储在有关地址内表征适当活动的概率分布函数值才能被更新。

从图 6-12 可以看出,机器规划操作(功能)模型的输入为零,或者等价于相应的被激活的存储单元;而输出为 $Z_j^P=Z_{jmv}$,即全部完备的和可兼容的规划之集合,该规划能够完成所请求的作业,而该规划集合是在机器规划操作过程中形成的本原事件的全部可兼容变量有序信息串集合的一个子集。所有可兼容有序活动(信息串,本原事件的有效排列)储存在第一个规划单元 PB1 内。每个可兼容变量有序活动(包括重复事件的有效序列在内的信息串)储存在第二个规划单元 PB2 内。兼容性测试通过 CPT1 和 CPT2 单元来执行。在此,略去了兼容性测试的具体硬件装置。

具有概率 $P(M_{jmr}/u_j)$ 的表征矩阵的相应地址,从存储器 D_1^P 经耦合开关 S_1 和 S_2 传送,并与概率分布函数 $P(X_{jm}/u_j)$ 相乘,求得可兼容有序活动

(信息串)Y_{jmr}的概率分布函数。一旦Z_j^R被辨识,开关S_3激活相应的存储单元D_{jj},而开关S_4则允许数据传送。现在,规划单元PB1的相应地址包含可兼容有序活动(信息串),这些地址含有概率分布函数$P(Y_{jmr}/u_j)$。重复本原事件的有效序列是在单元INS内插入的,而可兼容变量有序活动被储存在第二个规划单元PB2内。相对应的概率则经D_2^P传送。来自适当的存储单元D_{jjj}的数据,是通过两个耦合开关S_5和S_6实现激活和传送的,其作用方式与开关S_3和S_4相似。这时,单元PB2的相应地址包含可变兼容有序活动(信息串),这些地址含有适当的概率分布函数。储存在D_1^P和D_2^P内的信息,在机器规划过程中是不可修改的,也不能由机器规划操作进行修改;在一个迭代周期内,这些信息被认为是不变的。当请求的作业完成之后,这些概率分布函数的值得到更新。机器规划功能(操作)的输出Z_j^P是那些可能执行请求作业的所有完备的和兼容的有序活动(信息串)的集合。完备性测试是在单元LCMT内进行的。该测试接受每个语法上正确的有意义的规划。每个可兼容可变有序活动经受检查。如果某个兼容可变有序活动不是以一个重复本原事件开始和以一个非重复本原事件结束,而且不受操作过程强加的限制,那么,这个活动就是不完备的。因此,每个完备的规划是可兼容的,但是,每个可兼容的规划并非一定是完备的。

图6-13表示机器决策功能模型。一切完备的和兼容的规划都存储在机器决策单元(MDMB)内,并进行配对检验,以便找出最有希望的规划。把最有希望的规划存储在单元RR内。在检验时,如果发现某个完备的规划比存储在RR内的已有规划具有更大的概率,那么这一新规划就被送至RR,而原已存储的规划则被消去。一旦检验结束,RR的内容即为执行请求作业所需要的最有希望的完备和兼容规划。

每个完备和兼容规划存储在组织级的长期存储器D_{ss}的专门位置上。这个存储器含有每个完备的和兼容的规划,而这些规划与每个编译输入指令相对应。这种专门存储的思想是十分重要的,它代表一个训练良好系统的状况(假设不出现不可预测事件)。一个达到这种操作模式的智能机器人系统,在编译输入指令得到辨识后就立即联想到存储在D_{ss}内的最有希望的规划(有多个可供选择),而不必通过每个单独的操作(功能)。

(2)基于专家系统的结构模型。基于专家系统的组织级结构模型,原则上与基于概率的结构模型相似。此模型表示一个有效的硬件方案,适于进行机器智能操作。

这两种模型都是由一个提取器、一个或非门、几个锁存器和寄存器组成的硬件来实现分类的,如图6-14所示。用户指令经过过滤(筛选)后进入提取器,被归类为特定的指令类型,同时与知识库内的当前指令类型进行比较。当检查到该用户指令为一新的指令类型时,就设置一标志,并被存入相关的寄存器,为下一步处理做好准备。

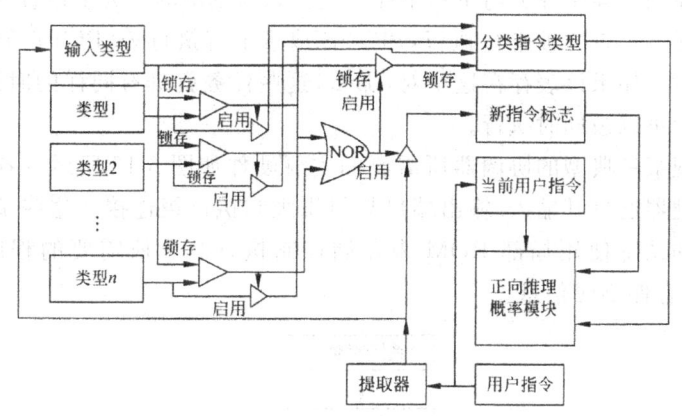

图 6-14 分类器模型的硬件实现

6.3.1.2 协调级原理与结构

协调级由不同的协调器组成,每个协调器由微型计算机来实现。图 6-15 给出协调级结构的一个候选框图。该结构在横向上能够通过分配器实现各协调器间的数据共享。不过,这无损于总体树状结构。为了同时执行几项任务,平行处理任务调度器(PPTS)把时间标记指定给每个过程,并使这些操作与并行处理作业协调器(PPJC)同步。

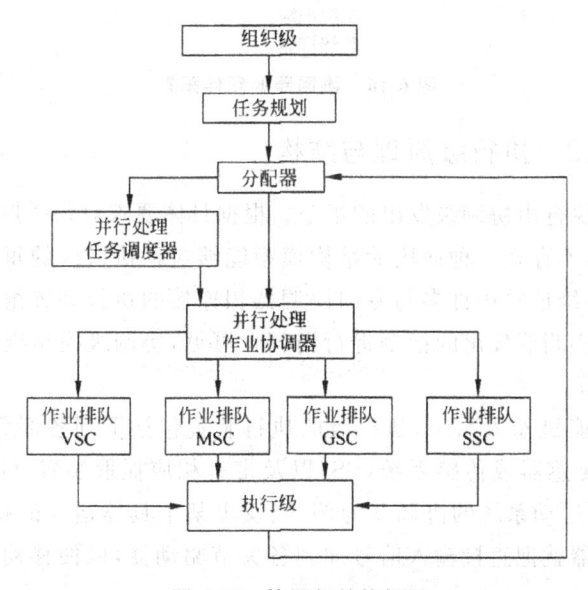

图 6-15 协调级结构框图

设置 PPJC 的目的在于控制某些任务的执行流程,这些任务给予各子过程以时间标志,而且可能具有不同的执行装置。时间标志的指定是以任务执行序列及某个任务与下一个任务的关系为基础的。为了检查与确定两个顺序任务是否可被平行执行,PPTSS 搜索平行执行表(PET),寻找特别的有序对。如果该表存在这个对,那么,这些任务就具有同样的时间标志,表明它们可以被同时执行。

实现某一典型的协调器所需要的主要硬件如图 6-16 所示。各台专用微型处理器通过其输入/输出端口与组织级和执行级连接。这些基于微型处理器的系统使用局部 ROM 来存储控制执行装置所需要的程序,并用 RAM 来存储临时信息。

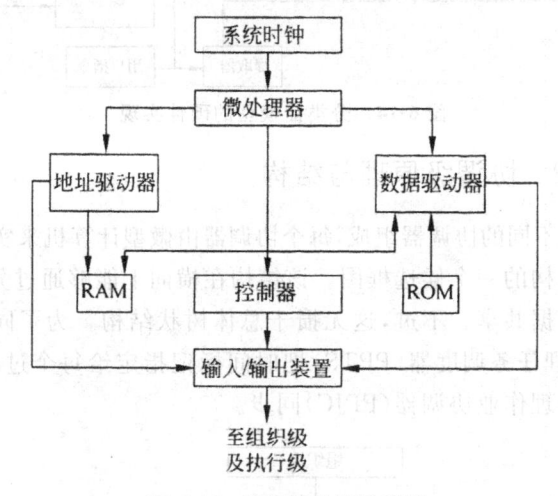

图 6-16 协调器的硬件配置

6.3.1.3 执行级原理与结构

执行级执行由协调级发出的指令。根据具体要求对每个控制问题进行分析。因此,不存在一种通用的结构模型能够包括执行级的每项操作。尽管如此,执行级还是由许多与专门协调器相连接的执行装置组成的。每个执行装置由协调器发出的指令进行访问。可见,协调级模型维持了递阶结构,见图 6-17。

对于智能机器人系统,执行级的执行装置包括下列各部分:视觉系统(VS)、各种传感器或传感系统(SS)以及带有相应抓取装置(Gs)的操作机(Ms)等。以运动系统的协调器为例,当发出某个具体运动的指令时,机器人手臂控制器就把直接输入信号加到各关节驱动器,以便移动手臂至期望的最后位置。

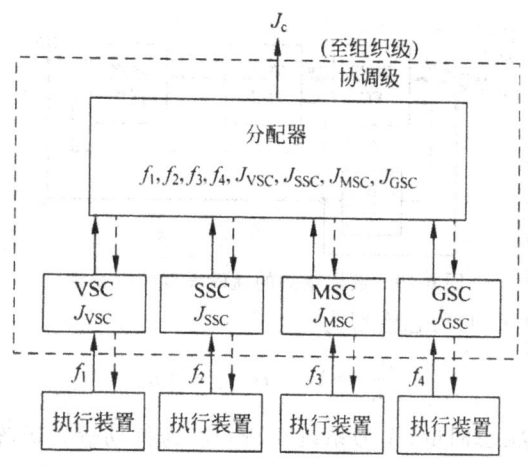

图 6-17 协调器与执行器的结构模型

在执行需求作业过程中,从执行级至协调级的在线反馈发生作用。图 6-17 中标识出这一反馈作用的方框图;其中,实线表示从各执行装置至不同协调器的在线信息流,而虚线则表示来自分配器的信息如何传递至不同的协调器及其执行装置。以便完成作业。借助反馈作用,各协调器计算出各种值并传送至协调级的分配器,再由分配器计算出协调级的总值;在作业执行之后,这些计算值被馈送回组织器。

6.3.2 递阶智能控制系统应用举例

递阶智能控制系统的应用实例有很多,在这里,我们以蒸汽锅炉的两级递阶模糊控制系统为例进行分析。

如图 6-18 所示,给出了蒸汽锅炉的外部连接示意图。控制器的主要目的是使汽鼓(泡包)内的水位保持在期望值。蒸汽锅炉的动态模型有 18 个状态变量,基于其中 4 个变量,可以构造一个递阶模糊规则集,递阶模糊控制的闭环系统如图 6-19 所示。

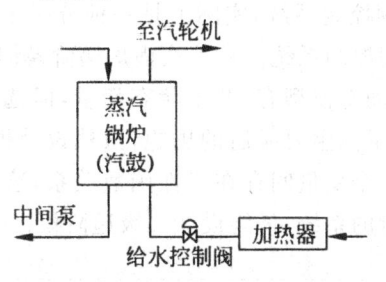

图 6-18 蒸汽锅炉的外部连接图

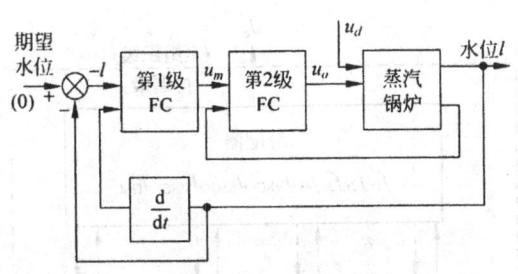

图 6-19　蒸汽锅炉的递阶模糊控制系统

蒸汽锅炉汽鼓的动态模型为

$$\frac{\mathrm{d}x}{\mathrm{d}t}=Ax+B_d u_d+B_o u_o$$

其中，x 是系统状态向量；A 为系统矩阵；B_d 为扰动输入矩阵；u_d 为扰动输入（阶跃函数）；B_o 是输入矩阵；u_o 为由模糊控制器获得的输入。

在本系统中，所有系统变量和输出都被归一化在论域[-1,1]中，这样，所有变量可以用一个相对统一的标准进行比较，模糊集合的隶属函数如图6-20 所示。

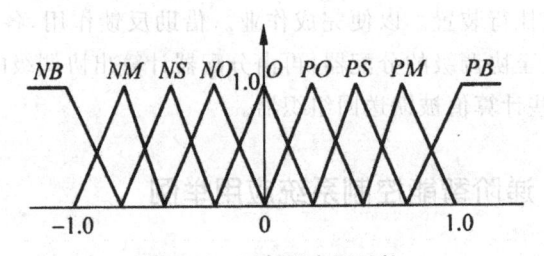

图 6-20　三角形隶属函数

本系统是具有两级的递阶控制结构，第一级选汽鼓水位和它的导数作为系统变量。第二级系统选作蒸汽排出量、泄流量和上升混合流量的一个线性函数信号的导数和给水量（第一级的输出）作为系统变量。采用上述的递阶模糊控制蒸汽锅炉给水的仿真表明，递阶模糊控制系统对于解决多变量系统的模糊控制问题的效果是显著的。

上述的递阶模糊控制系统，实际上是一种分层多闭环控制系统，因此，又称为分层递阶模糊控制系统。从蒸汽锅炉递阶模糊控制系统例子可以看出：尽管蒸汽锅炉的动态模型有 18 个状态变量，但选取起重要作用的状态变量仅为 4 个，体现了抓主要矛盾的思想；虽然设计模糊控制规则，但并不排斥利用该系统中 3 个变量间存在线性函数关系，这样又使 4 个状态变量简化为仅有两个变量的系统，最终设计二级递阶模糊控制解决了问题。

第 7 章 智能控制的集成技术

随着计算机网络、通信、人工智能、专家系统、智能数据库、多媒体、神经网络、遗传算法、神经模糊理论、智能控制、机器人技术的不断发展,尤其是神经网络理论的深入广泛渗透,智能控制的集成技术得到了发展。

7.1 模糊神经网络控制

系统的结构如图 7-1 所示。图 7-1 中,箭头方向表示系统信号的走向,从下到上,表示模糊神经网络训练完成以后的正常信号流向,而从上到下,表示模糊神经网络训练时所需期望输出的反向传播信号流向。

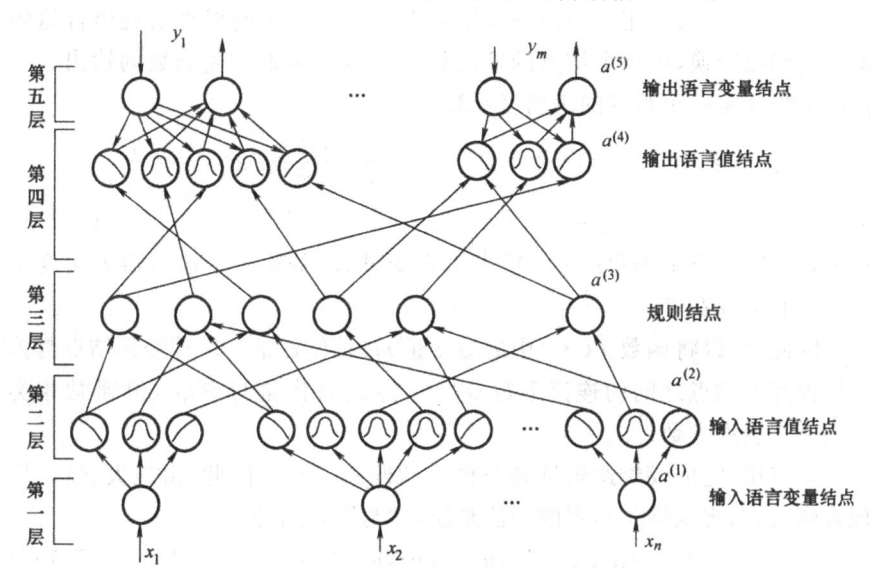

图 7-1 模糊神经网络的结构

典型的神经元函数通常是由一个神经元输入函数和激励函数组合而成的。神经元输入函数的输出是与其相连的有限个其他神经元的输出和相连

接系数的函数,通常可表示为
$$\text{Net} = f(u_1^k, u_2^k, \cdots, u_p^k, w_1^k, w_2^k, \cdots, w_p^k)$$
式中,上标 k 表示所在的层次;u_i^k 表示与其相连接的神经元输出;w_i^k 表述相应的连接权系数,$i=1,2,\cdots,p$。

神经元的激励函数是神经元输入函数响应 f 的函数,即
$$\text{output} = o_i^k = a(f)$$
式中,$a(\cdot)$ 表示神经元的激励函数。

最常用的神经元输入函数和激励函数:
$$f_j = \sum_{i=1}^{p} w_{ji}^k u_i^k, \quad a_j = \frac{1}{1+e^{-f_j}}$$

但是由于模糊神经网络的特殊性,为了满足模糊化计算、模糊逻辑推理和精确化计算,对每一层的神经元函数应有不同的定义。下面给出一种满足要求的各层神经元结点的函数定义。

第一层:结点只是将输入变量值直接传送到下一层。所以
$$f_j^{(1)} = u_j^{(1)}, \quad a_j^{(1)} = f_j^{(1)}$$
且输入变量与第一层结点之间的连接系数 $w_{ji}^{(1)} = 1$。
$$u_j^{(1)} = x_j, \quad j=1,\cdots,n$$

第二层:如果采用一个神经元结点而不是一个子网络来实现语言值的隶属度函数变换,则这个结点的输出就可以定义为隶属度函数的输出。如钟形函数就是一个很好的隶属度函数:
$$f_j^{(2)} = M_{X_i}^i(m_{ji}^{(2)}, \sigma_{ji}^{(2)}) = -\frac{(u_i^{(2)} - m_{ji}^{(2)})}{(\sigma_{ji}^{(2)})^2} \quad a_j^{(2)} = e^{f_j^{(2)}}$$
(7-1-1)

式中,m_{ji} 和 σ_{ji} 分别表示第 i 个输入语言变量 X_i 的第 j 个语言值隶属度函数的中心值和宽度。

因此,可以将函数 $f(\cdot)$ 中的参变量 m_{ji} 看作是第一层神经元结点与第二层神经元结点之间的连接系数 $w_{ji}^{(2)}$,将 σ_{ji} 看作是与 Sigmoid 函数相类似的一个斜率参数。

第三层:完成模糊逻辑推理条件部的匹配工作。因此,由最大、最小推理规则可知,规则结点实现的功能是模糊"与"运算,即
$$f_j^{(3)} = \min(u_1^{(3)}, u_2^{(3)}, \cdots, u_p^{(3)}) \quad a_j^{(3)} = f_j^{(3)} \quad (7\text{-}1\text{-}2)$$
且第二层结点与第三层结点之间的连接系数 $w_{ji}^{(3)} = 1$。

第四层:①实现信号从上到下的传输模式;②实现信号从下到上的传输模式。在从上到下的传输模式中,此结点的功能与第二层中的结点完全相同,只是在此结点上实现的是输出变量的模糊化,而第二层结点实现的是输

入变量的模糊化。这一结点的主要用途是为了使模糊神经网络的训练能够实现语言化规则的反向传播学习。在从下到上的传输模式中,此结点实现的是模糊逻辑推理运算。根据最大、最小推理规则,这一层上的神经元实质上是模糊"或"运算,用来集成具有同样结论的所有激活规则。

$$f_j^{(4)} = \max(u_1^{(4)}, u_2^{(4)}, \cdots, u_p^{(4)}) \quad a_j^{(4)} = f_j^{(4)} \qquad (7\text{-}1\text{-}3)$$

或

$$f_j^{(4)} = \sum_{i=1}^{p} u_i^{(4)} \quad a_j^{(4)} = \min[1, f_j^{(4)}] \qquad (7\text{-}1\text{-}4)$$

且第三层结点与第四层结点之间的连接系数 $w_{ji}^{(4)} = 1$。

第五层。有两类结点:

① 执行从上到下的信号传输方式,实现了把训练数据反馈到神经网络中去的目的,提供模糊神经网络训练的样本数据。对于这类结点,其神经元结点函数定义为:

$$-f_j^{(5)} = y_j^{(5)} \qquad a_j^{(5)} = f_j^{(5)}$$

② 执行从下到上的信号传输方式,最终输出就是此模糊神经网络的模糊推理控制输出。在这一层上的结点主要实现模糊输出的精确化计算。如果设 $m_{ji}^{(5)}$、$\sigma_{ji}^{(5)}$ 分别表示输出语言变量各语言值的隶属度的中心位置和宽度,则下列函数可以用来模拟重心法的精确化计算方法:

$$f_j^{(5)} = \sum w_{ji}^{(5)} u_i^{(5)} = \sum_i [m_{ji}^{(5)} \sigma_{ji}^{(5)}] u_i^{(5)} \quad a_j^{(5)} = \frac{f_j^{(5)}}{\sum_i \sigma_{ji}^{(5)} u_i^{(5)}}$$

$$(7\text{-}1\text{-}5)$$

即第四层结点与第五层结点之间的连接系数 $w_{ji}^{(5)}$ 可以看作是 $m_{ji}^{(5)}$、$\sigma_{ji}^{(5)}$。i 遍及第 j 个输出变量的所有语言值。

至此,已经得到了模糊神经网络结构和相应神经元函数的定义,下面就是解决如何根据提供的有限的样本数据对此模糊神经网络进行训练。在对被控对象的先验知识了解较少的情况下,选用混合学习算法是解决问题的有效途径之一。

7.2 专家模糊控制系统

7.2.1 专家模糊控制系统的结构

专家模糊控制系统的结构具有不同的形式,但其控制器的主要组成部分是一样的,即专家控制器和模糊控制器。接下来我们讨论两个专家模糊控制系统结构的具体实例。

7.2.1.1 船舰驾驶用专家模糊复合控制器的结构

如图 7-2 所示,给出了船舰驾驶所用的控制器和控制系统的结构示意图。该专家模糊控制系统为一多输入多输出控制系统,受控对象船舰的输入参量为行驶速度 u 和舵角 δ,输出参量为相对于固定轴的航向 ψ 和船舰在 xy 平面上的位置。从图 7-5 可见,本复合控制器由两层递阶结构组成,下层模糊控制器探求航向 ψ 与由上层专家控制器指定的期望给定航向 ψ_r 匹配,模糊控制器的规则采用误差 $e=(\psi-\psi_r)$ 及其微分来选择适应的输入舵角 δ。例如,模糊控制器的规则将指出:如果误差较小又呈减少趋势,那么输入舵角应当大体上保持不变,因为船舰正在移动以校正期望航向与实际航向间的误差。另一方面,如果误差较小但其微分(变化率)较大,那么就需要对舵角进行校正以防止偏离期望路线。

专家控制器由船舰航向 ψ、船舰在 xy 平面上的当前位置和目标位置(给定输入)来确定以什么速度运行以及对模糊控制器规定给定航向。

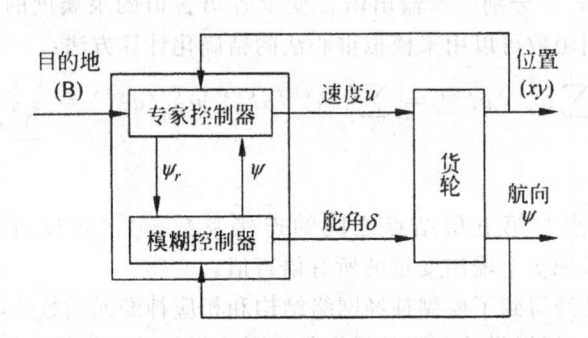

图 7-2 船舰驾驶用专家模糊复合控制器的结构

7.2.1.2 具有辨识能力的专家模糊控制系统的结构

如图 7-3 所示,给出一个具有辨识能力的基于模糊控制器的专家模糊控制系统的结构图。图中专家控制器(EC)模块与模糊控制器(FC)集成,形成专家模糊控制系统。

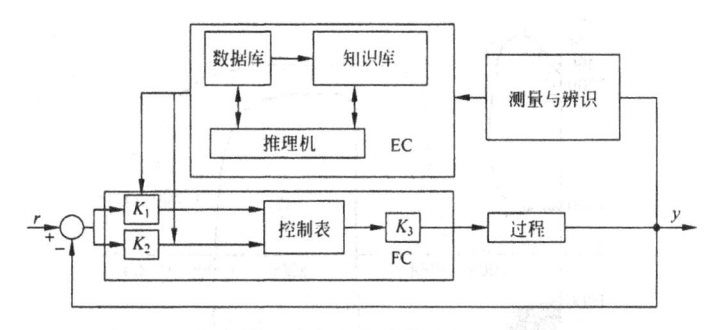

图 7-3 具有辨识能力的专家模糊控制系统的结构

在控制系统运行过程中,受控对象(过程)的动态输出性能由性能辨识模块连续监控,并把处理过的参数送至专家控制器。根据知识库内系统动态特性的当前已知知识,专家控制器进行推理与决策,修改模糊控制器的系数 K_1、K_2、K_3 和控制表的参数,直至获得满意的动态控制特性为止。

7.2.2 专家模糊控制系统示例

接下来进一步讨论图 7-3 所示的船舰驾驶用专家模糊复合控制系统。首先解释船舰驾驶需要的智能控制问题,讨论所提出的智能控制器的作用原理;然后提供仿真结果以说明控制系统的性能;最后突出一些闭环控制系统评价中需要检查的问题。这里所关注的不是控制方法和设计问题本身,而在于提供一个能够阐明已学基本知识的具体的科学实例。

7.2.2.1 船舰驾驶中的控制问题

假定有人想开发一个智能控制器,用于驾驶货轮往返于一些岛屿之间而无须人的干预,即实现自主驾驶。特别假定轮船按照图 7-4 所示的地图运行,轮船的初始位置由点 A 给出,终点位置为点 B,虚线表示两点间的首选路径,阴影区域表示 3 个已知岛屿。如前所述,本受控对象船舰的输入参量为行驶速度 u 和舵角 δ,输出参量为相对于同定轴的航向 φ 和轮船在图 7-4 所示的 xy 平面上的位置,即假定该船具有能够提供对其当前位置精确指示的导航装置。

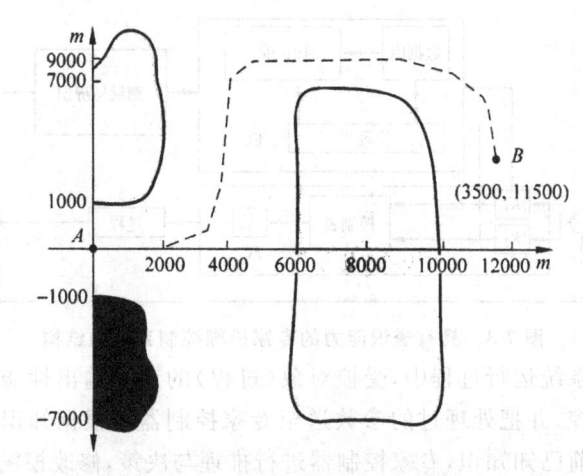

图 7-4　轮船自主导航的海岛与海域图

本专家控制器对支配推理过程的规则具有优先权等级，它以岛屿的位置为基础，选择航向和速度，以使船舰能够以人类专家可能采用的路线在岛屿间适当地航行。本专家控制器仅应用 10 条规则来表征船长驾驶船舰通过这些具体岛屿的经验。一般地，这些规则说明下列这些需要：船舰转弯减速、直道加速和产生使船舰跟踪图 7-5 所示航线的给定输入。当船舰开始处于位置 A 而且接收到期望位置 B 的信号时，有一个航线优化器提供所期望的航迹，即图 7-5 中虚线所示的航线。

这里提出的基于知识的 2 层递阶控制器是 3 层智能控制器的特例，也可以把第 3 层加入本控制器以实现其他功能。这些功能如下：

(1) 对船长，船员和维护人员的友好界面。

(2) 可能用于改变驾驶目标的基于海况气象信息的界面。

(3) 送货路线的高层调度。

(4) 借助对以往航程的性能评估能够使系统性能与时俱增的学习能力。

(5) 用于故障检测和辨识（如辨识某个发生故障的传感器或废件），使燃料消耗或航行时间为最小的其他更先进的子系统等。

新增子系统所实现的功能将提高控制系统的自主水平。通过指定参考航行轨迹，由上层专家控制器来规定下层模糊控制器将做些什么；高层的专家控制器仅关注系统反应较慢的问题，因为它只在很短时间内调节船舰速度，而低层的模糊控制器则经常地更新其控制输入舵角 δ。

7.2.2.2　系统仿真结果及其评价

使用专家模糊复合控制器对货轮驾驶进行的仿真结果示于图 7-5。仿真结果表明,对专家模糊控制器使用一类启发信息,能够成功地驾驶货轮从起始点到达目的地。下面将讨论本智能控制系统性能的评价问题。

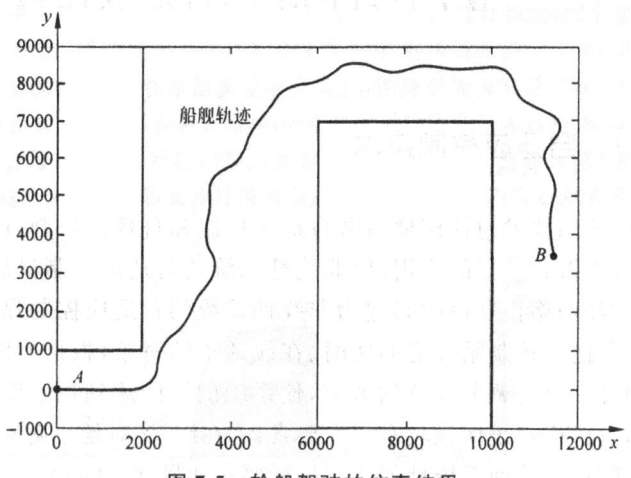

图 7-5 轮船驾驶的仿真结果

十分明显,技术对实现货轮驾驶智能控制器将产生重要影响。在考虑实现问题时,将会出现诸如复杂性和为船长和船员开发的用户界面一类值得关注的问题,例如,如果船舰必须对海洋中的所有可能的岛屿进行导航(的复杂性)以及用户界面需要涉及人的因素等问题。此外,当出现轻微的摆动运动(如图 7-5 所示)时,船舰穿行该航迹可能导致不必要的燃料消耗,这时,重新设计就显得十分重要。实际上,如何修改规则库以提高系统性能是比较清楚的,这涉及如下问题:

(1) 何时将有足够的规则。
(2) 增加了新规则后系统是否仍稳定。
(3) 扰动(风、波浪和船舰负荷等)的影响是什么。
(4) 为了减少这些扰动的影响是否需要自适应控制技术。

保证对智能控制系统的性能更广泛和更仔细的工程评价和再设计是必要的。研究如何引入更先进的功能以期达到更高的自主驾驶水平,将是自主驾驶的一个富有成效的研究方向。

7.3 基于神经网络的自适应控制

7.3.1 自适应控制技术

自适应控制技术包括模型参考自适应控制和自校正控制,已经在线性多变量系统中得到广泛的应用,但非线性系统的自适应控制进展却相当缓慢。然而神经网络控制论的兴起为非线性系统的自适应控制提供了生机。大家知道,自适应控制系统能够实时、在线地了解对象,根据不断丰富的对象信息,通过一个可调节环节的调节,使系统的性能达到技术要求或最优。由上可见,自适应系统应该具有三大要素:①在线、实时地了解对象;②有一个可调节环节;③能使系统性能达到指标要求和最优。因此,一旦系统的某些状态可以通过在线测量,则神经网络控制器完全满足自适应控制系统的三大要素,是实现自适应控制的一个重要手段。参照线性系统的模型参考自适应控制的思想,K. S. Narendra 和他的学生 K. Partha Sarathy 最早提出基于神经网络模型的非线性模型参考自适应控制。由于神经网络自适应控制器可以通过不断地学习来获取对象的模型知识和环境的变化模型,因此,能用适当的学习算法来实现神经网络的自适应控制。

常规的神经网络控制器本身也具有一定的自适应能力,它能利用被控对象实际输出与期望输出之差来调整控制器的行为。这种神经网络自适应控制是一种直接自适应控制技术。本节主要讨论常规线性多变量自适应控制技术在非线性系统控制中的推广应用。神经网络自适应控制器的设计与传统的自适应控制器的设计思想一样,有两种不同的设计途径:一是通过系统辨识获取对象的数学模型,再根据一定的设计指标进行设计;二是根据对象的输出误差直接调节控制器内部参数来达到自适应控制的目的。这两种控制设计思想又称为间接控制和直接控制。本节只介绍直接自适应神经网络控制技术。

7.3.2 神经网络的模型参考自适应控制

模型参考自适应控制在线性系统中已经得到了广泛的应用。它通过选择一个适当的参考模型和由稳定性理论设计的自适应算法,并利用参考模型的输出与实际系统输出之间的误差信号,由一套自适应算法计算出当前的控制量去控制系统，达到自适应控制的目的。线性多变量系统自适应控制算法的主要问题是稳定性和实时性。虽然基于不同的稳定性理论设计的自适应算法很多，但它们在实时性方面都没有重大进展，因此影响了自适应控制的进一步应用。基于神经网络的自适应控制方法是将传统线性系统的自适应控制思想推广到非线性系统控制中去，并利用神经网络的并行快速计算能力和非线性映射能力，实现了自适应控制算法的在线应用，同时也为非线性系统的自适应控制提供了契机。模型参考自适应控制的任务是确定控制信号$\{u(k)\}$，使得相同参考输入下对象的输出 $y(k)$ 与参考模型的输出 $y_m(k)$ 之差不超过给定的范围。用公式表示为

$$\lim_{k \to \infty} \| y(k) - y_m(k) \| < \varepsilon$$

基于神经网络的模型参考自适应控制结构框图如图 7-6 所示。

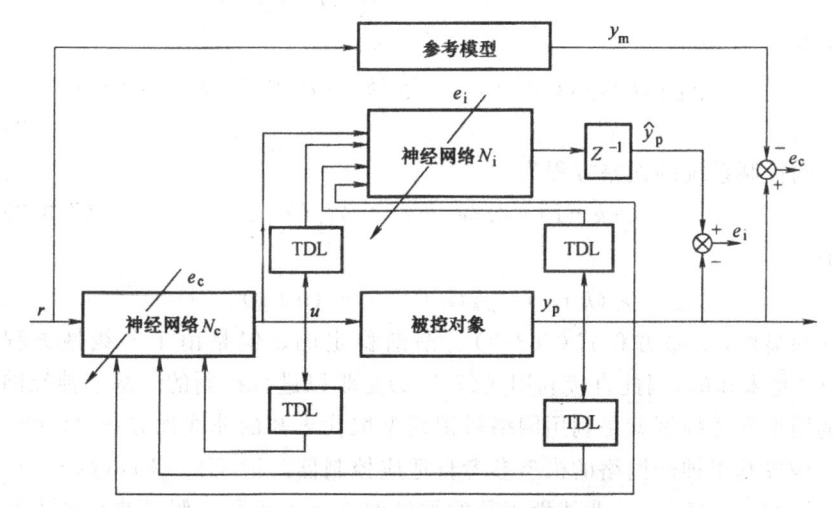

图 7-6　基于神经网络的模型参考自适应控制结构框图

图 7-6 中，TDL 表示时滞环节，其作用是将当前时刻的信号进行若干步延迟。神经网络 N_i 是对非线性被控对象进行在线辨识，其目的是利用一定数量的系统输入输出数据来预报下一步系统的输出 $\hat{y}_p(k+1)$。预报的精确度用预报误差 $e_i(k+1) = \hat{y}_p(k+1) - y_p(k+1)$ 来衡量。同时为了保证辨识模型的辨识精度，在控制过程中还需要依据训练准则 J 进行不断的在线实时辨识：

$$J = \sum_{k=0}^{T_i} \| e_i(t+k) \|^2$$

引入神经网络后，第一种情况，当系统辨识模型中当前的控制量 $u(k)$ 能够显式地表示为非线性映射关系，即控制 $u(k)$ 可显式地表示成 $\hat{y}_p(k+1) y(k), \cdots, y(k-n), u(k-1), \cdots, u(k-n)$ 的函数时，可直接利用

辨识模型构成模型参考自适应控制器。第二种情况,如果辨识模型中当前的控制 $u(k)$ 不能用 $\hat{y}_p(k+1), y(k), \cdots, y(k-n), u(k-1), \cdots, u(k-n)$ 显式表示时,则情况就复杂多了。此时需再引入一个神经网络控制器来实现自适应控制的能力。下面先看第一种情况。

例 7.3.1 非线性控制对象为

$$y(k+1)=\frac{y(k)y(k-1)[y(k)+2.5]}{1+y^2(k)+y^2(k-1)}+u(k) \quad (7\text{-}3\text{-}1)$$

参考系统的模型为

$$y_m(k+1)=0.6y_m(k)+0.2y_m(k-1)+r(k)$$

式中,$r(k)$ 为有界的参考输入。

解 记 $f(y(k),y(k-1))=\dfrac{y(k)y(k-1)[y(k)+2.5]}{1+y^2(k)+y^2(k-1)}$

如果取

$$u(k)=-f[y(k),y(k-1)]+0.6y(k+1)+0.2y(k-1)+r(k)$$
$$(7\text{-}3\text{-}2)$$

则控制系统的误差方程为

$$e_c(k+1)=0.6e_c(k)+0.2e_c(k-1) \quad (7\text{-}3\text{-}3)$$

其中

$$e_c(k+1)=y_p(k+1)-y_m(k+1)$$

很显然,误差方程式(7-3-3)是渐渐稳定的。但是由于非线性方程 $f(\cdot)$ 是未知的,因此直接利用式(7-3-2)是难以进行控制的。基于神经网络的模型参考控制就是利用网络辨识模型取代未知的非线性方程 $f(\cdot)$,从而构成基于神经网络的模型参考自适应控制器。记 $N_i[y(k),y(k-1)]$ 是 $f[y(k),y(k-1)]$ 非线性函数的神经网络逼近函数。假设非线性方程 $f(\cdot)$ 已经由神经网络离线建模方法建立起来,即 $N_i[y(k),y(k-1)]$ 已知,则系统的实际控制输出为:

$$u(k)=-N_i[y(k),y(k-1)]+0.6y(k)+0.2y(k-1)+r(k)$$

当参考输入 $r(k)=\sin(2\pi k/25)$ 时,基于神经网络的模型参考自适应控制的系统响应情况如图7-7所示。图中,$t(s)$ 表示时间坐标 $2\pi k/25(k=0,1,\cdots,25)$,单位为 s。不难看出,单纯地依赖于神经网络模型进行模型参考自适应控制器的设计,其控制精度还不能达到较高的程度,主要原因在于受到神经网络模型的逼近精度和辨识模型缺乏自学习自调整机制的影响。尤其是在时变系统中,这样构成的控制方式更无法满足高精度的要求。因此,这里可以借助于在线辨识的思想,利用当前系统的输入输出信息实现神经网络在线的辨识,从而可以达到高精度、自适应神经网络建模的目的。实现在线辨识的关键问题是确定导师信号。根据系统方程式(7-3-1)可得,非线性函数$f[y(k),y(k-1)]$的神经网络逼近函数$N_i[y(k),y(k-1)]$的期望输出应为$t_j(k+1)=y_p(k+1)-u(k)$。设神经网络$N_i[y(k),y(k-1)]$的输出为o_j,则利用传统的反向传播学习算法就可以对N_i进行在线学习和辨识,以满足时变的、高精度控制的目的。图7-8给出了上述同一例子在实时在线辨识条件下神经网络模型参考自适应控制的结果响应曲线。由图很明显可见,其控制精度已大大改善。

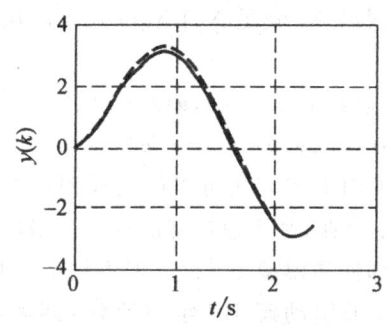

图7-7 神经网络模型参考自适应控制响应曲线

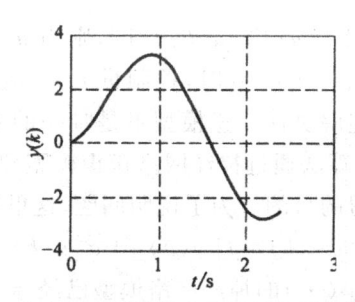

图7-8 在实时在线辨识条件下神经网络模型参考
自适应控制的结果响应曲线

对于第二种情况,由于当前控制输出$u(k)$不能直接用$\hat{y}_p(k+1)$,$y(k),\cdots,y(k-n),u(k-1),\cdots,u(k-n)$显式表示出来,因此需对含当前控制项的非线性函数进行求逆。为了简单起见,不失一般性,设某一系统方程为

$$y(k+1)=f[y(k),y(k-1),u(k-1)]+g[u(k)]$$

当$g[u(k)]\neq u(k)$时,$g(\cdot)$本身就是一个非线性函数,此时不能如上例那样简单地得到自适应控制率。为了实现自适应控制的目的,必须得到$g(\cdot)$函数的逆模型。同样,这里用两个神经网络模型N_f和N_g来逼近函数$f(\cdot)$和$g(\cdot)$,则辨识模型为

$$\hat{y}_p(k+1)=N_f[y(k),y(k-1),u(k-1)]+N_g[u(k)]$$

假设参考模型与上例完全相同,则自适应控制率为
$$u(k)=\hat{g}^{-1}\{-N_f[y(k),y(k-1),u(k-1)]\\+0.6y(k)+0.2y(k-1)+r(k)\}$$

神经网络 N_f 和 N_g,可以通过神经网络辨识原理来获取。但是因为 N_g 太复杂,以致无法直接从 N_g 中得到 $\hat{g}^{-1}$。解决的方法是间接地采用另一神经网络模型来逼近 $\hat{g}^{-1}$。这种逼近方法通过选取控制 $u(k)$ 值域内不同取值下系统的响应情况使得 N_g 和 N_f 能广泛地工作在非线性的范围内达到充分逼近的目的,并使这一网络 N_c 满足 $N_g[N_c(r)]=r$,从而得到模型参考自适应控制率:
$$u(k)=N_c\{-N_f[y(k),y(k-1),u(k-1)]\\+0.6y(k)+0.2y(k-1)+r(k)\}$$

若这个逆模型 $\hat{g}^{-1}$ 存在,则采用上述方法可以解决模型参考自适应控制的设计问题,一旦逆模型 $\hat{g}^{-1}$ 不存在,基于逆模型的神经网络的控制问题就会遇到相当大的困难。有时,即使逆模型 $\hat{g}^{-1}$ 存在但不是唯一时,也不能用上面方法来解决。所幸的是,采用动态 BP 学习算法,问题有望得到解决。

若 $g(u)=[u(k)+1]u(k)[u(k)-1]$,则当 $u=-1,u=0,u=1$ 时,都有 $g(u)=0$。那么当 $g(u)=0$ 时,控制量 $u(k)$ 应该取多少? 可见单靠直接求逆的方法并不能解决这一逆模型不是唯一的系统设计问题。因此,可以采用动态 BP 学习算法通过神经网络辨识模型建立一套自适应学习机制来达到控制器自学习的目的。为了说明问题,这里以一阶系统为例:
$$y(k+1)=f[y(k)]+g[u(k)]$$

假设函数 $f(\cdot)$、$g(\cdot)$ 的神经网络模型已经通过离线建模精确得到,从而使得模型 $\hat{y}(k+1)=N_f[y(k)]+N_g[u(k)]$ 以足够的精度逼近对象模型。动态 BP 学习算法的出发点不是直接产生系统的逆模型 $\hat{g}^{-1}$,而是根据辨识模型的输出 $\hat{y}_p(k)$[注意不是对象的实际输出 $y_p(k)$]与参考模型的输出 $y_m(k)$ 之差 $e_c(k)=\hat{y}_p(k)-y_m(k)$ 信号的大小进行控制网络的学习。神经网络控制器 N_c 的训练准则为
$$J_c=\sum_{k=1}^{T_c}e_c(t+k)^2$$

这种学习方法的系统控制结构框图如图 7-9 所示。

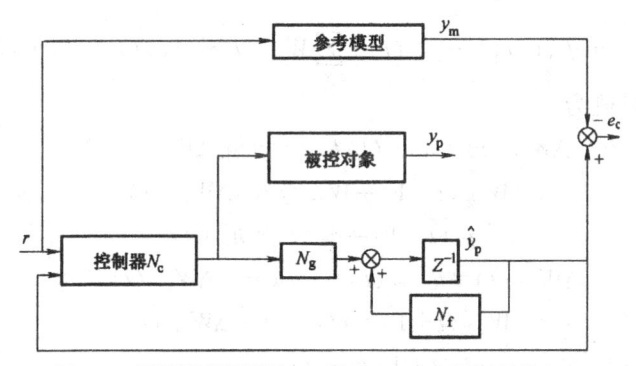

图 7-9　不可逆模型的神经网络 MRAC 控制结构框图

7.4　自学习模糊神经控制系统

7.4.1　自学习模糊神经控制算法

模糊控制器 FC 和神经网络模型 PMN 的学习算法如下：
(1) 控制误差指标。即

$$J_e = \sum_{t=1}^{N} \frac{x_d - y(t+1)}{2} \qquad (7\text{-}4\text{-}1)$$

(2) 模型误差指标。即

$$J_e = \sum_{t=1}^{N} \frac{\varepsilon^2(t+1)}{2} = \sum_{t=1}^{N} \frac{[y(t+1) - y_m(t+1)]^2}{2} \qquad (7\text{-}4\text{-}2)$$

(3) PMN 模型学习算法。可用离线学习算法和在线学习算法来修改 PMN 网络的参数。PMN 的初始权值可由采样数据对 $\{u(t), y(t+1)\}$ 得到。PMN 离线学习结果可用作实际不确定受控过程的参考模型。应用在线学习算法，PMN 的网络权值可按指标式 (7-4-2) 和误差梯度下降原理来修正，即

$$\begin{cases} \Delta W(t) \propto -\dfrac{\partial J_\varepsilon}{\partial W(t)} \\ W(t+1) = W(t) + \Delta W(t) \end{cases} \qquad (7\text{-}4\text{-}3)$$

定义

$$v_3(t) = (y(t) - y_m(t))(1 - y_m(t))y_m(t)$$

$$v_{2k}(t) = f_{2k}(t)(1 - f_{2k}(t))W_{3kl}(t)v_3(t) \quad (k = 1, \cdots, N_3)$$

$$v_{1j}(t) = f_{1j}(t)(1-f_{1j}(t))\sum_{k=1}^{N_3} W_{2jk}(t)v_{2k}(t) \quad (j=1,\cdots,N_2)$$

被修正的权值为

$$\Delta W_{3kl}(t) = h_3 v_3(t) f_{2k}(t) + g_3 \Delta W_{3kl}(t-1)$$

$$W_{3kl}(t+1) = W_{3kl}(t) + \Delta W_{3kl}(t) \tag{7-4-4}$$

$$q_{3l}(t+1) = q_{3l}(t) + h_3 v_3(t) \tag{7-4-5}$$

$$\Delta W_{2jk}(t) = h_2 v_{2k}(t) f_{1j}(t) + g_2 \Delta W_{2jk}(t-1),$$

$$W_{2jk}(t+1) = W_{2jk}(t) + \Delta W_{2jk}(t) \tag{7-4-6}$$

$$q_{2k}(t+1) = q_{2k}(t) + h_2 v_{2k}(t) \tag{7-4-7}$$

$$\Delta W_{1ij}(t) = h_1 v_{1j}(t) x_i + g_1 \Delta W_{1ij}(t-1)$$

$$W_{1ij}(t+1) = W_{1ij}(t) + \Delta W_{1ij}(t) \tag{7-4-8}$$

$$q_{1j}(t+1) = q_{1j}(t) + h_1 v_{1j}(t) \tag{7-4-9}$$

式中，$h_i, g_i \in (0,1)$ $(i=1,2,3)$ 分别为学习因子和动量因子。式(7-4-5)～式(7-4-9)为用于一个控制周期内 PMN 网络的一步学习算法。

(4) FC 校正参数 $a(t)$、$b(t)$ 的自适应修改。假设 PMN 网络参数是由离线学习或最后一步学习结果得到的已知变量，可得修改模糊控制器 FC 的校正参数 $a(t)$、$b(t)$ 的算法为：

$$a(t+1) = a(t) + \Delta a(t) \tag{7-4-10}$$

$$b(t+1) = b(t) + \Delta b(t) \tag{7-4-11}$$

$$\Delta a(t) = -h_a \frac{\partial J_e}{\partial a(t)} \tag{7-4-12}$$

$$\Delta b(t) = -h_b \frac{\partial J_e}{\partial b(t)} \tag{7-4-13}$$

其中，学习因子 $h_a, h_b \in (0,1)$；且有：

$$\frac{\partial J_e}{\partial a(t)} \approx [x_d - (y_m(t+1)) + \varepsilon] \frac{\partial y_m(t+1)}{\partial a(t)}$$

$$= [x_d - y(t+1)] \frac{\partial y_m(t+1)}{\partial a(t)} \left(\frac{\partial \varepsilon}{\partial a} \text{略去不记} \right) \tag{7-4-14}$$

$$\frac{\partial y_m(t+1)}{\partial a(t)} = \frac{\partial f_m}{\partial u(t)} \frac{\partial u(t)}{\partial a(t)} \tag{7-4-15}$$

$$\frac{\partial u(t)}{\partial a(t)} = ab(t)[E(t) - EC(t)] \tag{7-4-16}$$

$$\frac{\partial J_e}{\partial b(t)} \approx [x_d - (y_m(t+1)) + \varepsilon] \frac{\partial y_m(t+1)}{\partial b(t)}$$

$$= [x_d - y(t+1)] \frac{\partial y_m(t+1)}{\partial b(t)} \left(\frac{\partial \varepsilon}{\partial b} \text{略去不记} \right) \tag{7-4-17}$$

$$\frac{\partial y_m(t+1)}{\partial b(t)} = \frac{\partial f_m}{\partial u(t)} \frac{\partial u(t)}{\partial b(t)} \qquad (7\text{-}4\text{-}18)$$

$$\frac{\partial u(t)}{\partial b(t)} = \sigma[a(t)E(t) + (1-a(t)) - EC(t) - ER(t)] \quad (7\text{-}4\text{-}19)$$

于是有

$$\frac{\partial f_m}{\partial u(t)} = \frac{\partial f_m}{\partial x_1} = \frac{\partial f_m}{\partial f_{2k}} \frac{\partial f_{2k}}{\partial f_{1j}} \frac{\partial f_{1j}}{\partial x_1}$$

$$= -\{f_m(1-f_m)\sum_{k=1}^{N_3}[W_{3kl}f_{2k}(1-f_{2k})\sum_{j=1}^{N_2}W_{2jk}f_{1j}(1-f_{1j})W_{1ij}]\} \quad (7\text{-}4\text{-}20)$$

式中,f、ω 与 PMN 的状态和权值有关。式(7-4-10)~式(7-4-20)是在一个控制周期内校正 FC 参数 $a(t)$、$b(t)$ 的一步自修改算法,它本质上意味着像操作人员实时操作一样来调整模糊控制规则。

7.4.2 弧焊过程自学习模糊神经控制系统

目前,已有研究人员开发出了一个用于弧焊过程的自学习模糊神经控制系统,下面我们对该系统进行简要的讨论分析。

7.4.2.1 弧焊控制系统的结构

如图 7-12 所示,给出了脉冲 TIG(钨极惰性气体)弧焊控制系统的结构框图。本系统由一台 IBM-PC/AT386 个人计算机(用于实现自学习控制和图像处理算法)、一台摄像机(作为视觉传感器用于接收前焊槽图像)、一个图像接口、一台监视器和一台交直流脉冲弧焊电源组成,焊接电流由焊接电源接口调节,而焊接移动速度由单片计算机系统实现控制。

7.4.2.2 焊接过程的建模与仿真

通过分析标准条件下脉冲 TIG 焊接工艺过程和测试数据,我们可以知道,影响焊缝变化的主要因素是在同定的技术标准参数(如板的厚度和接合空隙等)下的焊接电流和焊接移动速度。为了简化起见而又不失实用性,建立了一个用于控制脉冲 TIG 弧焊的焊槽动力学模型,该模型的输入和输出分别为焊接电流和焊槽顶缝宽度。采用输入输出对的批测试数据和离线学习算法,一个具有节点 N_1、N_2、N_3 和 N_4 分别为 5、10、10 和 1 的神经网络模型实现映射:

$$y_m(t+1) = f_m[u(t), u(t-1), u(t-2), y_m(t), y_m(t-1)]$$

$$(7\text{-}4\text{-}26)$$

$y_m(t+1)$ 加上一个伪随机序列,如同图 7-10 所示的实际不确定过程的仿真模型一样,见式(7-4-2)。应用前面开发的自学习算法,对脉冲 TIG 弧焊的控制方案进行仿真,获得满意的结果。

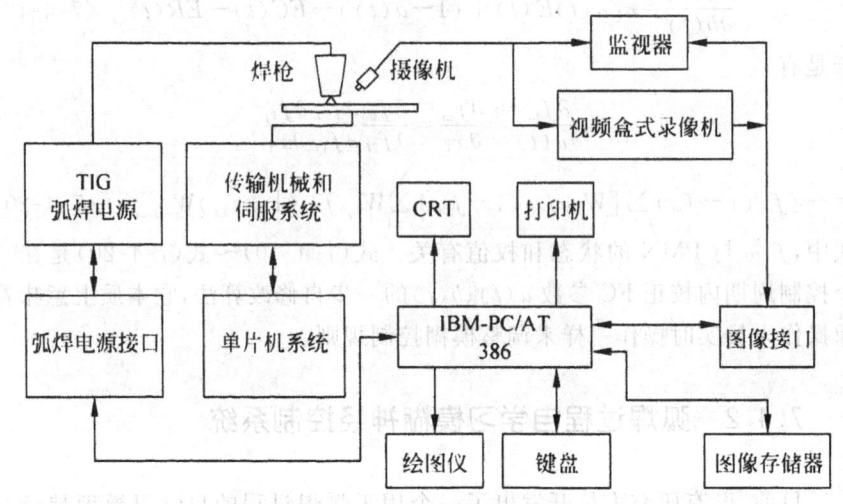

图 7-10　弧焊控制系统结构框图

7.4.2.3　控制弧焊过程的试验结果

以图 7-10 所示的系统方案为基础,进行了脉冲 TIG 弧焊焊缝宽度控制的试验。试验是对厚度为 2mm 的低碳钢板进行的,采用哑铃试样模仿焊接过程中热辐射和传导的突然变化;钨电极的直径为 3mm;保护氩气的流速为 8ml/min;试验中采用恒定焊接电流为 180A;直流电弧电压为 12~30V。试验得出如下结论:

(1)热传递情况改变时焊接试样的控制结果显示图 7-10 所示的自学习模糊神经控制方案适于控制脉冲 TIG 弧焊的焊接速度与焊槽的动态过程,控制结果表明对控制系统的调节效果与熟练焊工的操作作用或智能行为相似,对不确定过程的时延补偿效果获得明显改善。

(2)控制精度主要受完成控制算法和图像处理周期的影响,并可由硬度实现神经网络的并行处理和提高计算速度来改善。

第8章 智能控制的优化算法

为了使智能控制系统获得更好的控制效果,往往需要对智能控制器的参数甚至控制器的结构进行优化。由于智能控制的对象具有难以精确建模的特点,所以基于精确模型的传统优化方法难以应用。因此,应用不依赖于精确模型的智能优化算法对于优化智能控制器具有重要意义。然而,多数智能控制系统中的智能优化要求具有实时性的特点,而已有的大多数智能优化算法都难以实现实时优化。

8.1 基于遗传算法的智能控制

遗传算法(Genetic Algorithm,GA)作为一种解决复杂问题的优化搜索方法,是由美国密执安大学的 John Holland 教授首先提出来的。遗传算法是以达尔文的生物进化论为启发而创建的,是一种基于进化论中优胜劣汰、自然选择、适者生存和物种遗传思想的优化算法。遗传算法广泛应用于人工智能、机器学习、知识工程、函数优化、自动控制、模式识别、图像处理、生物工程等众多领域。目前,遗传算法正在向其他学科和领域渗透,正在形成遗传算法、神经网络和模糊控制相结合,从而构成一种新型的智能控制系统整体优化的结构形式。

8.1.1 遗传算法的理论基础

假设串置是由二进制数 0、1 组成的串,那么对于图式(Schema)$H=$ $*11*0**$($*$为0,1),串 0111000 和 1110000 都与之匹配。即这两个串在某些位上相似(Similarity)。对于一个长度为 l 的串,若用 0、1 表示,则有 $(2+1)^l$ 个图式。在一个 N 个串的群中最多有 $N \times 2^l$ 种图式。一个图式就是一个描述种群中在位串的某些确定位置上具有相似性的位串子集的相似性模板。以二进制数串为例,在用以表示位串的两个字符的字母表{0,1}中加入一个通配符"$*$",构成了一个表示图式的 3 个字符的字母表{0,1,$*$},这样就用 3 元素字母表{0,1,$*$}可以构造任意一种图式。值得说明的是,"$*$"只是一个元符号,即用于代表其他符号的一个符号。它不能被遗传算法直接处理,只是用于描述特定长度和特定字母表的位串的所有可能相似性的符号元件。

定义 8.1.1 图式 H 的长度 $\delta(H)$ 是指图式第一个确定位置和最后一个确定位置之间的距离。如 $H=**00*10$,则 $\delta(H)=4$。

定义 8.1.2 图式 H 的阶 $O(H)$ 是指图式中固定串位的个数。如 $H=**00*1*$,则 $O(H)=3$。

对于某一种图式,在下一代串中将有多少串与这种图式匹配呢?图式定理(Schema Theorem)给出了这一问题的解答。图式定理可表达为

$$m(H,t+1) \geqslant m(H,t) \frac{\overline{f(H)}}{\overline{f}} \left(1-P_c \frac{\delta(H)}{l-1} - O(H) P_m \right)$$

式中,$m(H,t)$ 为在 t 代群体中存在图式 H 的串的个数;$\overline{f(H)}$ 为在 t 代群体中包含图式 H 的串的平均适应值;$\overline{f}$ 为 t 代群体中所有串的平均适应值;l 为串的长度;P_c 为交换概率;P_m 为变异概率。

图式定理是遗传算法的理论基础,它说明高适应值、长度短、阶数低的图式在后代中至少以指数增长包含该图式 H 的串的数目。原因在于再生使高适应值的图式复制更多的后代,而简单的交换操作不易破坏长度短、阶数低的图式,而变异概率很小,一般不会影响这些重要图式。

用这种方式处理相似性,遗传算法减少了问题的复杂性,在某种意义上这些高适应值、长度短、低价的图式成了问题的一部分解(又叫积木块Building Blocks)。遗传算法是从父代最好的部分解中构造出越来越好的串,而不是去试验每一个可能的组合。长度短的、低阶的、高适应值的图式(积木块)通过遗传操作复制、交叉、变异、再复制、再交叉、再变异的逐渐变化,形成潜在的适应性较高的串,这就是积木假说。遗传算法通过积木块的并置,寻找接近最优的特征。

8.1.2 遗传算法基本原理

遗传算法的基本原理是基于达尔文(Darwin)的进化论和孟德尔(Mendel)的基因遗传学原理。进化论认为每一物种在不断的发展过程中都是越来越适应环境。物种的每个个体的基本特征被后代所继承,但后代又不完全同于父代,这些新的变化若适应环境,则被保留下来。在某一环境中也是那些更能适应环境的个体特征能被保留下来,这就是适者生存的原理。

遗传学说认为,遗传是作为一种指令码封装在每个细胞中,并以基因的形式包含在染色体中,每个基因有特殊的位置并控制某个特殊的性质,每个基因产生的个体对环境有一定的适应性,基因杂交和基因突变可能产生对

环境适应性更强的后代,通过优胜劣汰的自然选择,适应值高的基因结构就保存下来。

遗传算法将问题的求解表示成"染色体"(用编码表示字符串)。该算法从一群"染色体"串出发,将它们置于问题的"环境"中,根据适者生存的原则,从中选择出适应环境的"染色体"进行复制,通过交叉、变异两种基因操作产生出新的一代更适应环境的"染色体"种群。

随着算法的运行,优良的品质被逐渐保留并加以组合,从而不断产生出更佳的个体。这一过程就如生物进化那样,好的特征被不断地继承下来,坏的特性被逐渐淘汰。新一代个体中包含着上一代个体的大量信息,新一代的个体不断地在总体特性上胜过旧的一代,从而使整个群体向前进化发展。对于遗传算法,也就是不断接近最优解。

8.1.3 遗传算法的基本操作

设字符串长度为 l,等位基因数为 2,用 0 和 1 表示。则基因型可表示为:

$$A = a_1 a_2 \cdots a_l$$

式中,$a_i \in \{0,1\}$,$i=1,2,\cdots,l$。群体中有 n 个基因型,用 A_j 表示第 j 个,$j=1,2,\cdots,n$。各基因型均具有响应的大于零的适应度 f_i。

(1) 复制(Reproducetion)又称繁殖,是从一个旧种群(Old Population)中选择生命力强的个位串(或称字符串)产生新种群的过程。或者说,复制是个体位串根据其目标函数 f(即适应度函数)复制自己的过程。根据位串的适应度值复制位串,意味着具有较高适应度值的位串更有可能在下一代产生一个或多个后代。显然,这个操作是模仿自然选择现象,将达尔文的适者生存理论应用于位串的复制,适应度值是该位串被复制或淘汰的决定因素。

按 $Nf_i / \sum f_i$ [f_i 是 x_i 的适应度(值),即 x_i 的对象函数值,$\sum f_i$ 是串群的适应度之和,N 为种群数目]决定第 S'_i 个个体 x_i 在下一代中应复制其自身的数目。再生意味着适应度越高的个体,在下一代中复制自身的个数越多。

(2) 交叉(Crossover)是在两个基因型之间进行的,指其中部分内容进行了互换。例如:

$$A = a_1 a_2 \cdots a_l$$
$$B = b_1 b_2 \cdots b_l$$

若在位置 i 交换,则产生两个新的串:

$$A' = a_1 \cdots a_i b_{i+1} \cdots b_l$$

$$B' = b_1 \cdots b_i a_{i+1} \cdots a_l$$

式中,$1 \leqslant i \leqslant l-1$ 是随机产生的。交叉是最终的遗传算子,对搜索过程起决定作用。

(3)变异。若基因型中某个或某几个位置上的等位基因从一种状态边跳到另一种状态(0 变为 1 或者 1 变为 0),则称该基因发生了变异(Mutation)。其中变异的位置也是随机的。

例如,基因型:

$$a_1 \cdots a_i a_{i+1} \cdots a_j a_{j+1} \cdots a_l$$

中的 a_i 位上变异为 b_i,产生基因型:

$$a_1 \cdots b_i a_{i+1} \cdots b_j a_{j+1} \cdots b_l$$

遗传算法就是对这群串进行基因操作:复制,交叉和变异,产生出新的一代串群,比父代更适应"环境",这样不断重复,直至搜索到问题的最优解。设群体由 n 个串组成,第 i 个串的适应度为 f_i,则遗传算法由以下基本步骤实现。

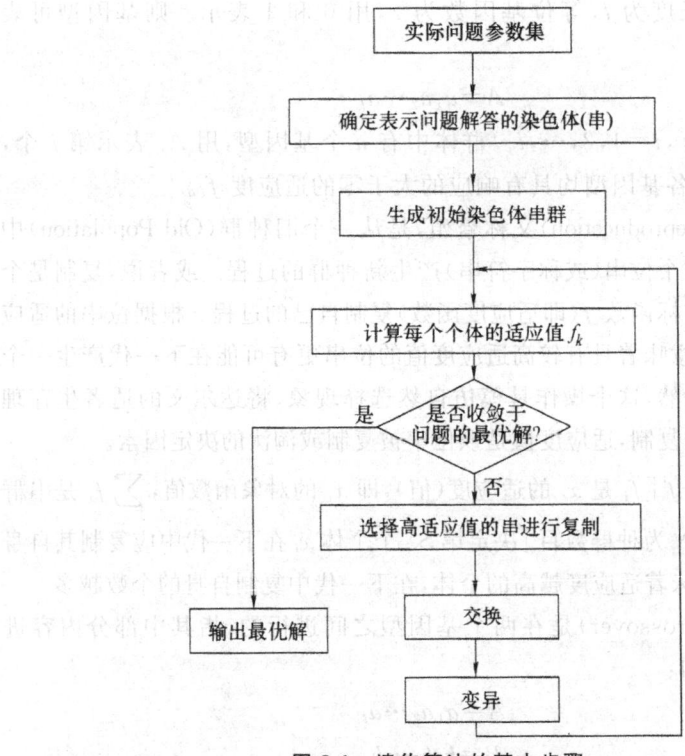

图 8-1 遗传算法的基本步骤

① $k=0$,随机产生 n 个串,构成初始群体。
② 计算各串的适应度(值) $f_i, i=1, 2, \cdots, n$。

③以下列步骤产生新的群体,直到新群体中串的总数达到 n:

以概率 $f_i/\sum f_i$、$f_j/\sum f_j$ 从群体中选出两个串 S_i、S_j。

以概率 P_c 对 S_i、S_j 进行交换,得到新的串 S'_i、S'_j。

以概率 P_m 使 S'_i、S'_j 中的各位产生变异。

④$k=k+1$ 返回②。

图 8-1 描述了遗传算法的基本步骤。

8.1.4 遗传算法的应用

8.1.4.1 遗传算法用于函数优化

1989 年 Goldberg 总结出的遗传算法,称为基本遗传算法,或称简单的 GA,它的构成要素如下:

(1)染色体编码方法。采用固定长度二进制符号串表示个体,初始群体个体的基因值由均匀分布的随机数产生。

(2)个体适应度评价。采用与个体适应度成正比例的概率来决定当前群体中个体遗传下一代群体的机会多少。

(3)基本遗传操作。选择、交叉、变异(三种遗传算子)。

(4)基本运行参数。M 为群体的大小,所包含个体数量为 $20\sim100$;T 为进化代数,一般取 $10\sim500$;p_c 为交叉概率,一般取 $0.4\sim0.99$;p_m 为变异概率,一般取 $0.0001\sim0.1$;l 为编码长度,当用二进制编码时长度取决于问题要求的精度;G 为代沟,表示各群体间个体重叠程度的一个参数,即表示一代群体中被换掉个体占全部个体的百分率。

8.1.4.2 遗传算法用于控制系统建模与设计

(1)控制系统建模。设定开环伺服电动机系统模型微分方程式为:

$$\frac{d^2 w}{dt^2}+\left(\frac{JR+LB}{LJ}\right)\frac{dw}{dt}+\left(\frac{RB}{LJ}\right)w=\left(\frac{K_T}{LJ}\right)v_{in}$$

式中,v_{in} 输入控制电压,作为一种间接约束;K_T 为转矩常量(N·m/A);R 为电动机线圈阻抗(Ω);L 为线圈感应系数(H);B 为机轴摩擦系数(N·m·s);J 为载荷的惯性矩(kg·m^2)。

上述模型的传递函数形式为

$$G(s)=\frac{a_2 s^2+a_1 s+a_0}{b_2 s^2+b_1 s+b_0}$$

式中,$a_2=0$,$a_1=0$,$b_2=1$,其余 3 个参数为待求的优化解。

将遗传算法应用于该模型的辨识,方案如下:
①解的编码方法采用二进制编码,3个参数变量每个对应一个7位二进制串,则每个参数变量范围内有128个可能值。
②3个二进制串级联成一个用21位二进制数表示的染色体串。
③种群的大小为 $N=50$。
④复制操作采用排序复制。
⑤交叉概率为 $P_c=0.6$,变异概率为 $P_m=0.01$。
⑥模型的输入激励采用单位阶跃函数。
⑦将模型输出与样本输出之间的误差 e_{sys} 作为个体评价测度,即:

$$e_{sys}(P_i) = \sum_{j=1}^{N} |w_j - \hat{w}_j|$$

按照个体的 e_{sys} 排序序位 k 计算个体的适应度,计算公式为

$$F(k) = \frac{2k-1}{\sum_{k=1}^{50}(2k-1)} = \frac{2k-1}{250}$$

运算的终止条件为种群平均适应度改善在7%内。

经遗传算法优化辨识,获得最优模型辨识参数为

$$\frac{JR+LB}{LJ} = 39.142, \frac{RB}{LJ} = 86.186, \frac{K_T}{LJ} = 0.054$$

对于上述辨识模型 $G(s)$ 对应的控制对象系统,同样可以用遗传算法设计控制器 $H(s)$,控制器的优劣可根据控制系统的性能评价而定。

(2)控制系统设计。控制系统设计的任务是对控制器进行参数优化,适应度评价不仅需要综合控制系统的性能指标,有时还需要考虑系统的约束条件。例如,一种综合反映系统稳态和暂态响应的简单误差函数为:

$$E_{design} = \sum_{j=1}^{N} [|e_j| + |\Delta e_j|]$$

式中,e_j 为时刻 J 的闭环误差;Δe_j 为时 j 的误差改变量。这种线性加权形式较好地综合反映了上升时间、超调量和稳定性能,避免了渐进稳定性或收敛性的分析。

将遗传算法应用于基于上述直流伺服电动机辨识模型的控制器设计,获得最优控制器的传递函数为:

$$G_c(s) = \frac{19.27s^2 + 121.66s + 108.84}{s^2 + 72.77s + 0.14}$$

对经过遗传算法辨识建模和控制器设计的系统进行仿真,经遗传算法优化的直流伺服电动机控制系统的阶跃响应曲线如图8-2所示。

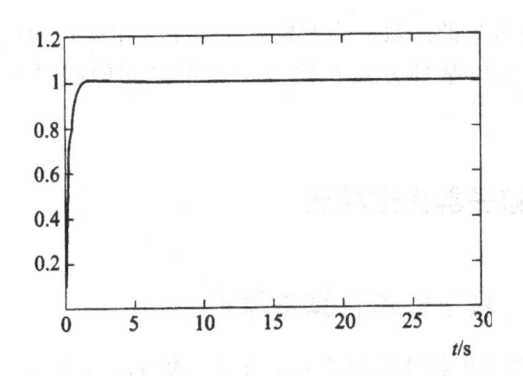

图 8-2 直流伺服电动机控制系统阶跃响应曲线

8.2 基于集群智能的智能控制

8.2.1 蚁群算法

旅行商问题是数学领域中著名的问题之一，它假设有一个旅行商人要去 n 个城市，他需要规划所要走的路径，路径规划的目标是必须经历所有 n 个城市，且所规划路径对应的路程为最短。规划路径的限制是每个城市只能去一次，而且最后要回到原来出发的城市。

显然，TSP 问题的本质是一个组合优化问题，该问题已经被证明具有 NP 计算复杂性。所以，任何能使该问题求解且方法简单的算法，都受到高度的评价和关注。本节结合求解 TSP 问题来介绍基本的人工蚁群算法的原理。

基本蚁群算法求解旅行商问题的原理是：首先将 m 个人工蚂蚁随机地分布于多个城市，且每个蚂蚁从所在城市出发，n 步（蚂蚁从当前所在城市转移到任何另一城市为一步）后，每个人工蚂蚁回到出发的城市（也称走出一条路径）。如果 m 个人工蚂蚁所走出的 m 条路径对应的路程中最短者不是 TSP 问题的最短路程，则重复这一过程，直至寻找到满意的 TSP 问题的最短路程为止。在此迭代过程的一次循环中，任何一只蚂蚁不仅要遵循约束即每个城市只能访问一次，而且从当前所在城市 i 以概率确定将要去访问的下一个城市 j。这个概率是它所在城市 i 与下一个要去城市 j 之间的距离 d_{ij} 以及城市 i 与城市 j 之间道路（这里把两个城市 i 与 j 抽象为平面上两个点，城市 i 与 j 之间的道路抽象为这两个点之间的连线，称其为边，

记为 e_{ij}）上信息素量的函数。当蚂蚁确定好下一个要访问的城市 j，且到达这个城市 j 时，会以某种方式在这两个城市之间的路段上释放（贡献）信息素。

8.2.2 粒子群优化算法

8.2.2.1 粒子群优化算法原理

自然界中许多生物体都具有群聚生存、活动行为，以利于它们捕食及逃避追捕。因此，通过仿真研究鸟类群体行为时，要考虑以下三条基本规则：

(1) 飞离最近的个体，以避免碰撞。
(2) 飞向目标（食物源、栖息地、巢穴等）。
(3) 飞向群体的中心，以避免离群。

鸟类在飞行过程中是相互影响的，当一只鸟飞离鸟群而飞向栖息地时，将影响其他鸟也飞向栖息地。鸟类寻找栖息地的过程与对一个特定问题寻找解的过程相似。鸟的个体要向周围同类其他个体比较，模仿优秀个体的行为。因此要利用其解决优化问题，关键要处理好探索一个好解与利用一个好解之间的平衡关系，以解决优化问题的全局快速收敛问题。这样就要求鸟的个体具有个性，鸟不互相碰撞，又要求鸟的个体要知道找到好解的其他鸟并向它们学习。

PSO 算法的基本思想是模拟鸟类的捕食行为。假设一群鸟在只有一块食物区域内随机搜索食物，所有鸟都不知道食物的位置，但它们知道当前位置与食物的距离，最为简单而有效的方法是搜寻目前离食物最近的鸟所在区域。PSO 算法从这种思想得到启发，将其用于解决优化问题。设每个优化问题的解都是搜索空间中的一只鸟，把鸟视为空间中的一个没有重量和体积的理想化"质点"，称其中"微粒"或"粒子"，每个粒子都有一个由被优化函数所决定的适应值，还有一个速度决定它们的飞行方向和距离。然后粒子们以追随当前的最优粒子在解空间中搜索最优解。

设 n 维搜索空间中粒子 i 的当前位置 X_i，当前飞行速度 V_i 及所经历的最好位置 $X_{\text{best}\,i}$（即具有最好适应值的位置）分别表示为：

$$X_i = (x_{i1}, x_{i2}, \cdots, x_{in}) \tag{8-2-1}$$

$$V_i = (v_{i1}, v_{i2}, \cdots, v_{in}) \tag{8-2-2}$$

$$X_{\text{best}\,i} = (p_{i1}, p_{i2}, \cdots, p_{in}) \tag{8-2-3}$$

对于最小化问题，若 $f(X)$ 为最小化的目标函数，则粒子 i 的当前最好位置确定为：

$$P_i(t+1) = \begin{cases} X_{\text{best}\,i}, & f[X_i(t+1)] \geqslant f[P_i(t)] \\ X_i(t+1), & f[X_i(t+1)] < f[P_i(t)] \end{cases} \quad (8\text{-}2\text{-}4)$$

设群体中的粒子数为 S，群体中所有粒子所经历过的最好位置为 $X_{\text{best}\,g}$，称为全局最好位置，即为：

$$f(X_{\text{best}\,g}) = \min\{f(X_{\text{best}\,1}), f(X_{\text{best}\,2}), \cdots, f(X_{\text{best}\,S})\} \quad (8\text{-}2\text{-}5)$$

其中

$$f(X_{\text{best}\,g}) \in \{f(X_{\text{best}\,1}), f(X_{\text{best}\,2}), \cdots, f(X_{\text{best}\,S})\}$$

基本粒子群算法粒子 i 的进化方程可描述为：

$$v_{ij}(t+1) = v_{ij}(t) + c_1 r_{1j}(t)[X_{\text{best}\,ij} - x_{ij}(t)] + c_2 r_{2j}(t)[X_{\text{best}\,gj} - x_{ij}(t)]$$
$$(8\text{-}2\text{-}6)$$

$$x_{ij}(t+1) = x_{ij}(t) + v_{ij}(t+1) \quad (8\text{-}2\text{-}7)$$

其中，$v_{ij}(t)$ 表示粒子 i 第 j 维第 t 代的运动速度；c_1 和 c_2 均为加速度常数；r_{1j} 和 r_{2j} 分别为两个相互独立的随机数；$X_{\text{best}\,g}$ 为全局最好粒子的位置。

式(8-2-6)描述了粒子 i 在搜索空间中以一定的速度飞行，这个速度要根据本身的飞行经历[式(8-2-6)中右边第 2 项]和同伴的飞行经历[式(8-2-6)中左边第 3 项]进行动态调整。

8.2.2.2 粒子群算法的函数优化与参数识别

(1) 基于粒子群算法的函数优化。利用粒子群算法求 Rosenbrock 函数的极大值：

$$\begin{cases} f(x_1, x_2) = 100(x_1^2 - x_2)^2 + (1 - x_1)^2 \\ -2.048 \leqslant x_i \leqslant 2.048 \ (i=1,2) \end{cases}$$

该函数有两个局部极大点，分别是 $f(2.048, -2.048) = 3897.7342$ 和 $f(-2.048, -2.048) = 3905.9262$，其中后者为全局最大点。

全局粒子群算法中，粒子 i 的邻域随着迭代次数的增加而逐渐增加，开始第一次迭代，它的邻域粒子的个数为 0。随着迭代次数的增加，邻域线性变大，最后邻域扩展到整个粒子群。全局粒子群算法收敛速度快，但容易陷入局部最优。而局部粒子群算法收敛速度慢，但可有效避免局部最优。

全局粒子群算法中，每个粒子的速度的更新是根据粒子自己历史最优值 p_i 和粒子群体全局最优值 p_g 进行的。为了避免陷入局部极小，可采用局部粒子群算法，每个粒子速度更新根据粒子自己历史最优值 p_i 和粒子邻域内粒子的最优值 p_{local} 进行。

根据取邻域的方式的不同，局部粒子群算法有很多不同的实现方法。本节采用最简单的环形邻域法，如图 8-3 所示。

以 8 个粒子为例说明局部粒子群算法，如图 8-2 所示。在每次进行速

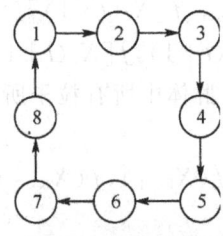

图 8-3 环形邻域法

度和位置更新时,粒子 1 追踪 1、2、8 这 3 个粒子中的最优个体,粒子 2 追踪 1、2、3 这 3 个粒子中的最优个体,依此类推。

在局部粒子群算法中,按如下两式更新粒子的速度和位置

$$V_i^{kg+1} = w(t) \times V_i^{kg} + c_1 r_2 (p_i^{kg} - X_i^{kg}) + c_2 r_2 (p_{\text{ilocal}}^{kg} - X_i^{kg}) \quad (8\text{-}2\text{-}8)$$

$$X_i^{kg+1} = X_i^{kg} + V_i^{kg+1} \quad (8\text{-}2\text{-}9)$$

式中,p_{ilocal}^{kg} 为局部寻优的粒子。

同样,对粒子的速度和位置要进行越界检查。为避免算法陷入局部最优解,加入一个局部自适应变异算子进行调整。

采用实数编码求函数极大值,用两个实数分别表示两个决策变量 x_1,x_2,分别将 x_1,x_2 的定义域离散化为从离散点 -2.048 到离散点 2.048 的 Size 个实数。个体的适应度直接取为对应的目标函数值,越大越好,即取适应度函数为 $F(x) = f(x_1, x_2)$。

在粒子群算法仿真中,取粒子群个数为 Size=50,最大迭代次数 $G=100$,粒子运动最大速度为 $V_{\max}=1.0$,即速度范围为 $[-1,1]$。学习因子取 $c_1=1.3$,$c_2=1.7$,采用线性递减的惯性权重,惯性权重采用从 0.90 线性递减到 0.10 的策略。

根据 M 的不同可采用不同的粒子群算法。取 $M=2$,采用局部粒子群算法。按式(8-2-8)和式(8-2-9)更新粒子的速度和位置,产生新种群。经过 100 步迭代,最佳样本为 BestS=$[-2.048 \quad -2.048]$,即当 $x_1=-2.048$,$x_2=-2.048$ 时,Rosenbrock 函数具有极大值,极大值为 3905.9。

适应度函数 F 的变化过程如图 8-4 所示。由仿真可见,随着迭代过程的进行,粒子群通过追踪自身极值和局部极值,不断更新自身的速度和位置,从而找到全局最优解。通过采用局部粒子群算法,增强了算法的局部搜索能力,有效地避免了陷入局部最优解,仿真结果表明正确率在 95% 以上。

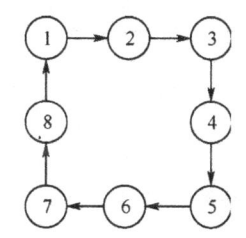

图 8-4 适应度函数 F 的优化过程

（2）基于粒子群算法的参数辨识。利用粒子群算法辨识非线性静态模型参数：

$$y = \begin{cases} 0 \\ k_1[x - g\text{sign}(x)] \\ k_2[x - h\text{sign}(x)] + k_1(h - g)\text{sign}(x) \end{cases} \quad (8\text{-}2\text{-}10)$$

辨识参数集为 $\hat{\theta} = [\hat{g}\ \hat{h}\ \hat{k}_1\ \hat{k}_2]$，真实参数为 $\theta = [g\ h\ k_1\ k_2] = [1\ 2\ 1\ 0.5]$。

采用实数编码，辨识误差指标取：

$$J = \sum_{i=1}^{N} \frac{1}{2}(y_i - \hat{y}_i)^T(y_i - \hat{y}_i)$$

式中，N 为测试数据的数量，y_i 为模型第 i 个测试样本的输出。

运行模型测试程序，在对象的输入样本区间为 $[-4,4]$，步长为 0.10，由式（8-2-10）计算样本输出值，共有 81 对输入/输出样本对。

在粒子群算法仿真程序中，将待辨识的参数向量记为 X，取粒子群个数为 $Size=80$，最大迭代次数 $G=500$，采用实数编码，4 个参数的搜索范围均为 $[0,5]$，粒子运动最大速度为 $V_{\max}=1.0$，即速度范围为 $[-1,1]$。学习因子取 $c_1=1.3$，$c_2=1.7$，采用线性递减的惯性权重，惯性权重采用从 0.90 线性递减到 0.10 的策略。目标函数的倒数作为粒子群的适应度函数。将辨识误差指标直接作为粒子的目标函数，越小越好。

更新粒子的速度和位置，产生新种群，辨识误差函数 J 的优化过程如图 8-5 所示。辨识结果为 $\hat{\theta} = [\hat{g}\ \hat{h}\ \hat{k}_1\ \hat{k}_2] = [0.999999930217796\ \ 2.000000160922045\ 0.999999322205419\ \ 0.500000197043791]$。最终的辨识误差指标为 $J = 3.6166 \times 10^{-12}$。

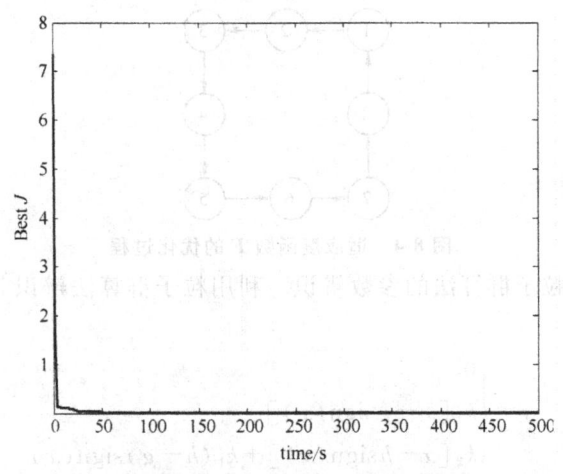

图 8-5 辨识误差函数 J 的优化过程

8.2.3 人工免疫算法

人工免疫系统(Artificial Immune Systems, AIS)是受理论免疫学以及观察到的免疫功能、原理和模型启发的计算系统,可用于问题求解(de Castro 和 Timmis,2002)。AIS 不同于计算免疫学(Computational immunology)或免疫信息学(Immunoinformatics),后者作为自然免疫系统的一种理论模型,通常被免疫学家用来对各种免疫现象进行解释、实验和预测。换句话说,两者的研究目的是完全不同的,即 AIS 侧重于对自然免疫系统进行抽象,以期得到可用的计算方法,而计算免疫学或免疫信息学则强调对自然免疫系统的建模与分析,以检验各种免疫学说。

8.2.3.1 AIS 的一般框架

图 8-6 给出了 AIS 的一般框架。对于一个需要利用 AIS 求解的具体问题,必须首先明确其所属应用领域。例如,这是一个最优化问题,还是一个分类问题,或是一个计算机病毒检测问题等。然后就要将问题利用抗原进行表达或递呈。例如,对于最优化问题,通常可将目标函数与各种约束条件视为 AIS 的抗原递呈。进一步就要据此定义抗体与抗原之间的亲和力,也即各个抗体或个体的适配值。一般说来,抗体与抗原的亲和力与距离相关。例如,可定义为欧氏距离,也可选择哈明距离和曼哈顿距离等距离测度,并进一步给出此抗原亲和力的阈值。在此之后,则可根据问题的性质选择克隆选择模型、亲和力成熟模型、免疫网络模型和负选择模型等基本的

AIS 模型类,并最终选择相应的 AIS 算法。

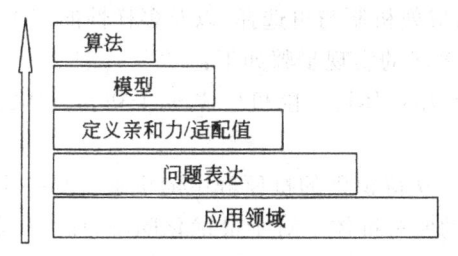

```
算法
模型
定义亲和力/适配值
问题表达
应用领域
```

图 8-6 人工免疫系统的一般框架

8.2.3.2 AIS 算法

基本 AIS 模型类主要描述了生物免疫系统对抗原刺激的识别多样性和各种多样性免疫细胞的产生与维持机制,涉及自然免疫过程的各个阶段与各种免疫原理,包括骨髓中前体 T 细胞受体与前体 B 细胞受体编码自基因库中基因的随机串接(骨髓模型),胸腺中 T 细胞受体的负选择机制(负选择模型),受抗原激活 B 细胞的克隆选择机制(克隆选择模型),增加抗体群多样性和平均亲和力大小的高频变异与受体编辑(亲和力成熟模型),以及描述了免疫自调节机制的由独特型基建立的 B 细胞网络(免疫网络模型)等。

目前针对克隆选择模型、亲和力成熟模型和免疫网络模型等,已发展出了若干具有代表性的 AIS 优化算法。在这类 AIS 算法中,通常将待求解的问题作为抗原递呈,将抗体作为种群中的个体或问题的可行解。与此同时,抗体与抗原之间的亲和力表达了抗体对抗原的识别程度或匹配程度,其大小对应于个体的适配值,即待求解问题的目标函数值。而抗体与抗体之间的亲和力则表达了抗体之间的相似程度或称抗体浓度。基本思想是模拟克隆选择、亲和力成熟机制、免疫记忆、免疫自调节与疫苗接种等。例如,在算法中引入了克隆扩增与记忆抗体群。又如,通过模拟体细胞高频变异,仅对具有高抗原亲和力的抗体进行克隆增殖,并对抗体进行随机点变异,同时仿生受体编辑的选择机制以增加抗体群的多样性等。再如,在刺激与抗原具有高亲和力抗体的同时,抑制高浓度抗体,以模拟免疫自调节功能。类似地,为了加快算法的收敛速度,通常也将有关待求解问题的先验知识转化为抗体的某些特征。因此这类 AIS 优化算法较适合于求解多峰值目标函数的优化问题。

下面将介绍 4 种最基本的 AIS 优化算法。

(1) 克隆选择算法(CLONALG)。根据克隆选择模型,de Castro 等于 2002 年提出了一种克隆选择算法(CLONALG 算法)。该算法考虑了记忆抗体群的维护,与抗原具有最高亲和力抗体的克隆增殖,未受抗原刺激的抗体的凋亡,亲和力成熟机制与再选择,以及多样性的产生与维护等。

CLONALG算法的实现步骤如下:

①随机生成初始抗体群。随机生成 m 个初始抗体或称个体,共同构成初始抗体群。

②抗原递呈。从待识别的抗原群中随机地选择一个抗原,并将其递呈给初始抗体群中的所有抗体。对于最优化问题,该算法将目标函数作为抗原,将每个抗体的目标函数值定义为该抗体的抗原亲和力或适配值,而每个抗体则对应于目标函数满足约束条件下的一个可行解。进一步地,初始记忆抗体群被设定为初始抗体群。

③计算抗原与抗体亲和力。计算抗体群中每个抗体与给定抗原之间的亲和力,并将其作为该抗体的适配值,以表达此抗体对抗原的识别程度或匹配程度。

④生成精英抗体群。在抗体群中选择 n 个与抗原具有最高亲和力的抗体($n<m$),建构一个新的具有最高抗原亲和力的精英抗体群。

⑤克隆选择与扩增。对上述精英抗体群中的每个抗体,按照其抗原亲和力的大小成正比地进行克隆,以产生另一个克隆抗体群。此时,亲和力越高,产生的克隆个数就越多。

⑥高频变异。该克隆抗体群在克隆过程中将发生随机点变异,且变异概率与其抗原亲和力成反比,即克隆抗体群中与抗原亲和力越高的克隆抗体,其发生变异的概率也越低。如此将产生一个变异克隆抗体群。

⑦重新计算抗原与抗体亲和力。对上述变异克隆抗体群中的每个克隆抗体,重新计算其与给定抗原的亲和力。

⑧记忆抗体群更新。从变异克隆抗体群中重新选择 n 个与抗原具有最高亲和力的克隆抗体,建构一个新的具有最高抗原亲和力的精英变异克隆抗体群,并将其作为更新记忆抗体群的候选。如果在记忆抗体群中存在亲和力更低的抗体,则代之以此处的精英变异克隆抗体。

⑨受体编辑。随机生成 d 个全新的抗体,替换此时抗体群中 d 个具有最低亲和力的抗体,以模拟生物免疫系统中的受体编辑过程,增加抗体群的多样性。如此一来,算法即产生了下一代的抗体群或记忆抗体群。

⑩重复第③步到第⑨步,直到满足停止条件。这里的停止条件为最大迭代次数或抗体群的平均抗原亲和力或平均适配值达到一个稳定值。

上述克隆选择算法体现了一种再励学习策略,通常被应用于机器学习、模式识别与最优化问题中。

(2)免疫网络算法(opt-aiNet)。de Castro 与 Von Zuben 于 2001 年首

先针对数据压缩与聚类问题提出了一种离散型的人工免疫网络(aiNet)算法。该算法还被进一步应用于计算生物学甚至是简单免疫应答的建模。为了能够适用于最优化问题,de Castro 与 Timmis 于 2002 年提出了 aiNet 算法的最优版本,即 opt-aiNet 算法。目前 aiNet 已发展成一个系列算法。该法本质上是将 CLONALG 算法与前述的 Jerne 免疫网络模型相结合,较为完整地模拟了生物免疫网络对抗原刺激的免疫应答过程,主要包括抗原识别、克隆选择、亲和力成熟与免疫自调节等。相对于 CLONALG 算法,这里增加了对 B 细胞网络中抗体之间相互作用或免疫自调节功能的模拟。其好处之一是通过计算抗体之间的相似程度,可以动态地平衡抗体群中抗体的个数。在 opt-aiNet 算法中,网络结点对应于抗体,抗原亲和力和抗体浓度被定义为结点的状态,抗体被认为是待优化目标函数的可行解。该法通过不断进化抗体网络与记忆抗体群来逐渐寻找目标函数的全局最优解。opt-aiNet 算法的特点是:直接使用欧氏形状空间中的实值向量而非二进制编码,适配值被定义为目标函数值,抗体-抗体亲和力被定义为两两抗体之间的欧氏距离;抗体群规模可动态调整;同时具有对搜索空间的利用和探索能力;可确定多个极值点的位置。

如图 8-7 所示,opt-aiNet 免疫网络算法的实现步骤如下:

① 抗原递呈。输入待求解的目标函数和各种约束条件作为该算法的抗原。

② 随机生成初始抗体群。首先利用随机方法产生初始抗体群,其中可根据问题的先验知识将问题的初始解当作初始抗体。初始抗体群由 m 个随机产生的抗体组成,这里每个抗体都对应一个实值向量,代表了问题的一个可行解。

③ 适配值计算。计算抗体群中每个抗体与给定抗原之间的亲和力,即进行目标函数值计算,并将其作为该抗体的适配值,同时将适配值向量归一化。

④ 克隆扩增。对上述抗体群中的每个抗体,分别产生 m_c 个克隆。此时共扩增了 $m \times m_c$ 个克隆抗体。

⑤ 高频变异。每个克隆均要经历体细胞的高频变异即每个克隆都要根据父抗体的适配值进行随机点变异。克隆抗体的高频变异可由下式给出,即

$$b' = b + \alpha N(0,1)$$

式中,变异率 $\alpha = (1/\beta)\exp(-f^*)$,$\beta$ 为指数衰减函数的控制参数,f^* 为父抗体 b 在进行[0,1]归一化后的适配值;b 为父抗体;b' 为 b 的变异克隆抗体;$N(0,1)$ 为均值为 0 标准离差为 1 的高斯随机变量。由于 b' 代表了一个

可行解,因此它必须位于可行域内,否则应将此 b' 从抗体群中去除。

```
        开始
         │
         ▼
       抗原递呈
         │
         ▼
   随机生成初始抗体群
         │
    ┌───▶▼
    │  适配值计算
    │    │
    │    ▼
    │  克隆扩增
    │    │
    │    ▼
    │  高频变异
    │    │
    │    ▼
    │ 重新计算适配值
    │    │
    │    ▼
    │ 记忆抗体群更新
    │    │
    │    ▼
    │  免疫自调节
    │    │
    │    ▼
    │  受体编辑
    │    │
    │    ▼
    │  停止条件
    └──N ◇ Y
           │
           ▼
          结束
```

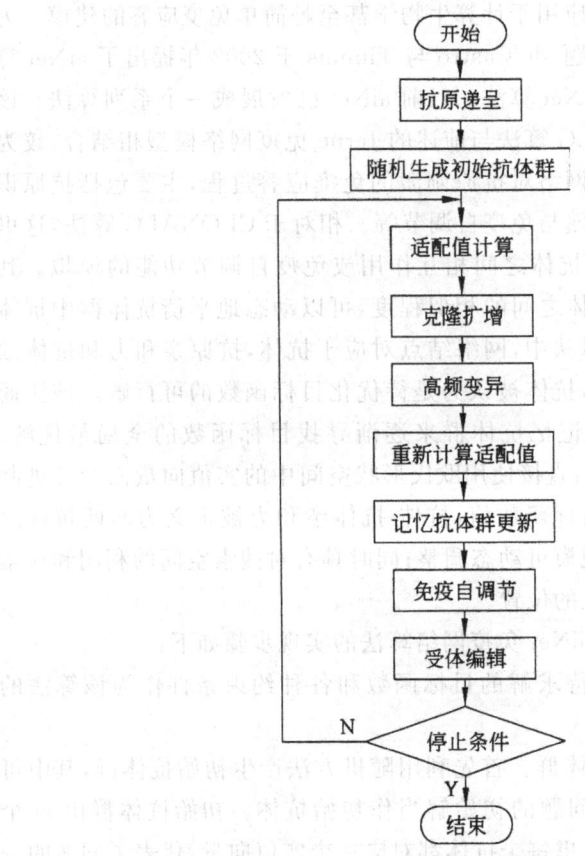

图 8-7　opt-aiNet 免疫网络算法的操作流程图

⑥重新计算适配值。对抗体群中的所有个体,包括每个父抗体及其变异克隆抗体,重新计算其与给定抗原的亲和力或适配值。

⑦记忆抗体群更新。从每个父抗体及其克隆中,选择具有最高适配值的变异克隆抗体,共同组成 m 个新的具有最高抗原亲和力的精英变异克隆抗体群,并将其作为更新记忆抗体群的候选。如果在记忆抗体群中存在适配值更低的抗体,则代之以此处的精英变异克隆抗体。之后再计算记忆抗体群的平均适配值。

⑧免疫自调节。计算上述抗体群或 B 细胞网络中所有抗体之间的亲和力。除再选择抗体亲和力小于 σ_S 且具有最高适配值的抗体之外,其他所有抗体均被抑制或去除,这里 σ_S 为预先设定的抑制阈值。因此此处免疫自调节抑制掉的抗体,既包括任何亲和力大于 σ_S 的相似抗体与未受刺激的抗体,也包括亲和力低于 σ_S 但适配值较低的抗体。显然,去除相似抗体将有

利于防止抗体过早集聚在单个峰值上。

应该注意的是,对 opt-aiNet 算法,B 细胞网络中抗体之间的相互作用仅考虑了抑制,这与 Jerne 的免疫网络模型有所不同,因为后者认为 B 细胞之间除了具有抗体抑制之外,还存在着抗体促进(刺激)的相互作用。

⑨受体编辑。随机生成 d 个全新的抗体,替换此时抗体群中 d 个具有最低亲和力的抗体,以模拟生物免疫系统中的受体编辑过程,增加抗体群的多样性。如此一来,算法即产生了下一代的抗体群或记忆抗体群。

⑩重复第③步到第⑨步,直到满足停止条件。这里的停止条件为最大迭代次数或抗体群的平均适配值达到一个稳定值。

上述 opt-aiNet 免疫网络算法已被应用于多个典型的多峰值目标函数的优化问题中。除此之外,另一个较有影响的免疫网络算法,则是由 Timmis 等提出的所谓资源受限的人工免疫系统,这里不再介绍。

(3)免疫遗传算法。生物免疫系统具有多时间尺度的进化特性,将上述克隆选择算法与免疫网络算法等基本免疫算法与遗传算法(GA)结合是一件十分自然的事情。免疫遗传算法实现了基本免疫算法与遗传算法的有效结合,进一步改进了基本免疫算法的性能。

如图 8-8 所示,免疫遗传算法的实现步骤如下:

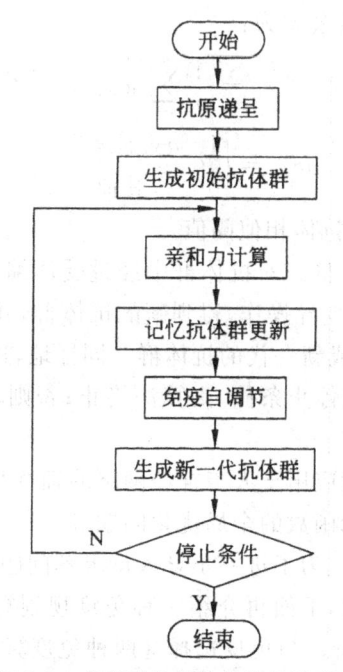

图 8-8 免疫遗传算法的操作流程图

①抗原递呈。输入待求解的目标函数和各种约束条件作为免疫遗传算

法的抗原。

②随机生成初始抗体群。与 GA 类似,将待优化的各个参数编码为二进制串,之后将这些二进制串合并成一个长串并作为抗体。同样,初始抗体群通常是在解空间或搜索空间中以随机方式产生的。为了提高算法的收敛速度,若已有记忆抗体群,则可通过直接引入其记忆抗体以融入问题的先验知识。

③亲和力计算。计算抗体群中每个抗体与给定抗原之间的亲和力 ax_v,并将其作为该抗体 v 的适配值,以表达此抗体对抗原的识别程度或匹配程度。同时计算抗体群中抗体 v 和抗体 w 之间的亲和力 $ay_{v,w}$,以刻画抗体之间的相似程度。在实际计算中,亲和力 ax_v 与亲和力 $ay_{v,w}$ 可使用欧氏距离、哈明距离或曼哈顿距离等来具体刻画。

④记忆抗体群更新。将抗体群中各抗体的适配值按降序进行排列,并将高适配值的抗体加入到记忆抗体群中。为了保持记忆抗体群的规模不变,新加入的抗体将取代记忆抗体群中最相似或与其亲和力最高的原有抗体。

⑤免疫自调节。根据两两抗体之间的亲和力 $ay_{v,w}$,计算抗体 v 的浓度 c_v,并模拟免疫自调节机制,即在促进适配值高抗体的同时,抑制高浓度的抗体,以增加抗体的多样性。

抗体浓度 c_v 的计算公式为:

$$c_v = \frac{1}{m}\sum_{w=1}^{m} ac_{v,w}$$

其中

$$ac_{v,w} = \begin{cases} 1 & ay_{v,w} \geq T_c \\ 0 & 其他 \end{cases}$$

式中,T_c 为预先设定的抗体相似阈值。

⑥生成新一代抗体群。对抗体群中经过受体编辑选择的抗体,进行与 GA 算法相同的交叉和变异操作,得到新的抗体群,并进一步与更新后的记忆精英抗体群,共同组成新一代的抗体群。同样地,这些新的抗体对应于问题的一个新解。若满足停止条件,则算法终止;否则转向第③步,如此一直循环下去。

免疫遗传算法一般应用于人工神经网络的训练与 TSP 问题的求解,也适合于求解多峰值目标函数的全局优化问题等。

(4)免疫规划算法。为了进一步导入待求解问题的先验知识与经验,加快算法的全局收敛能力,下面再介绍一种免疫规划算法。该算法的特点是引入了接种疫苗(Vaccine)与免疫选择这两种免疫算子,有效地模拟了人工疫苗这一加强生物免疫系统的手段和生物免疫系统本身的适应性。

如图 8-9 所示,免疫规划算法的实现步骤如下:

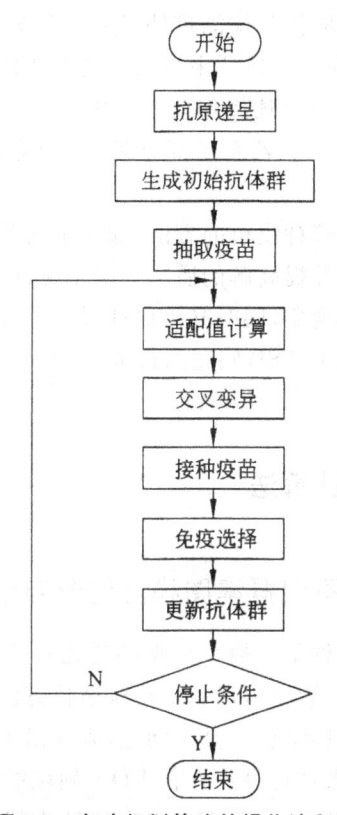

图 8-9 免疫规划算法的操作流程图

①抗原递呈。输入待求解的目标函数和各种约束条件作为免疫规划算法的抗原。

②随机生成初始抗体群。利用随机方法产生初始抗体群。这里每个抗体均表示问题的一个可行解。

③抽取疫苗。利用问题的先验知识,抽取抗体(个体)基因或其分量的先验特征。

④适配值计算。计算抗体群中每个抗体与抗原之间的亲和力,并将其作为该抗体的适配值,以表达此抗体对抗原的识别程度或匹配程度。

⑤交叉变异。利用 GA 算法中的交叉变异算子,通过预先设定好的交叉概率 P_c 和变异概率 P_m,对抗体进行类似的交叉操作和变异操作。

⑥接种疫苗。实际就是根据问题的先验知识修改抗体某些基因位上的基因或其分量,以提高抗体的适配值。

⑦免疫选择。免疫选择的目的是为了防止抗体群出现退化现象,包括免疫检测与退火选择两个步骤。第一步为免疫检测,对接种了疫苗的抗体进行检测,若它的适配值还不如父代,则说明在进化过程中出现了退化现

象。此时父代抗体将会取代此检测抗体;第二步,如果适配值高于父代,则进行退火选择,即在生成的抗体群中以某一概率选择抗体。

⑧更新抗体群。经过上述操作就可产生下一代的抗体群,其中每个抗体对应于问题的一个新解。若满足停止条件,则算法终止,否则转向第④步,如此一直循环下去。

免疫规划算法采用接种疫苗的方法,加入了问题的先验知识,可以有效地加快算法的收敛速度并提高解的质量。基于免疫检测与退火选择的免疫选择方式可以防止早熟现象,同时又可保证寻优过程向全局最优方向进行。免疫规划算法可以应用于 TSP 问题的求解中,也可应用于典型多峰值目标函数的优化问题中。

8.2.4 分布估计算法

8.2.4.1 基于不同概率图模型的分布估计算法

分布估计算法是一种基于概率模型的进化算法,它可以用概率模型描述变量之间的相互关系,因此可以解决传统遗传算法难以解决的问题,特别是对于那些具有复杂联结结构的高维问题,表现出了很好的性能。

(1)变量无关的分布估计算法。在 EDA 领域的研究中,一般可以通过一个简单的概率向量表示解的分布。设定待解决问题为 n 维问题,每个变量均为二进制表示。变量无关性使得任意解的概率可表示为 EDA 领域最早的算法就是针对变量无关问题而提出的,比较有代表性的算法包括 PBIL(Population-Based Incremental Learning)算法和 cGA(compact Genetic Algorithm)算法等。

PBIL 算法是用来解决二进制编码的优化,它被公认为是分布估计算法的最早模型。在 PBIL 算法中,表示解空间分布的概率模型是一个概率向量 $p(x)=(p(x_1),p(x_2),\cdots,p(x_n))$,其中 $p(x_i)$ 表示第 i 个基因位置上取值为 1 的概率。PBIL 算法的过程如下,在每一代中,通过概率向量 $p(x)$ 随机产生 M 个个体,然后计算 M 个个体的适应值,并选择最优的 N 个个体用来更新概率向量 $p(x)$,$N \leqslant M$。更新概率向量的规则,采用了机器学习中的 Heb 规则,即若用 $p_l(x)$ 表示第 l 代的概率向量,$x^1,x^2,\cdots,x^N$ 表示第 l 代选择的 N 个个体,则更新过程为:

$$p_{l+1}(x_i) = (1-\alpha)p_l(x_i) + \alpha \frac{1}{N}\sum_{k=1}^{N} x_i^k \quad i = 1,2,\cdots,n$$

式中,α 表示学习速率。上面所举的简单例子便是 PBIL 算法中当 $\alpha=1$ 时的一个特例。

cGA 算法与 PBIL 算法的不同之处不仅在于概率模型的更新算法,而且 cGA 算法的群体规模很小,只需要很小的存储空间。cGA 算法中,每次仅由概率向量随机产生两个个体,然后两个个体进行比较,按照一定的策略对概率向量更新。具体的算法步骤如下:

① 初始化概率向量 $p(x) = [p_0(x_1), p_0(x_2), \cdots, p_0(x_n)] = (0.5, 0.5, \cdots,)$, $l=0$。

② 按概率向量 $p_l(x)$ 进行随机采样,产生两个个体,并计算它们的适应值,较优秀的个体写作 x^{l_1},较差的个体记为 x^{l_2}。

③ 更新概率向量 $p_l(x)$ 使其朝着 x^{l_1} 的方向改变。对概率向量中的每一个值,如果 $x_i^{l_1} \neq x_i^{l_2}$,按照下面策略进行更新:取 $\alpha \in (0,1)$,一般取作 $\alpha = 1/2K$,K 为正整数。如果 $x_i^{l_1} = 1$,则 $p_{l+1}(x_i) = p_l(x_i) + \alpha$;如果 $x_i^{l_1} = 0$,则 $p_{l+1}(x_i) = p_l(x_i) - \alpha$。

④ $l \leftarrow l+1$,检测概率向量 $p_l(x)$,对任意 $i \in \{1, \cdots, n\}$,如果 $p_l(x_i) > 1$,则 $p_l(x_i) = 1$;如果 $p_l(x_i) < 0$,则 $p_l(x_i) = 0$。

⑤ 如果 $p_l(x)$ 中,对任意 $i \in (1, \cdots, n)$,$p_l(x_i) = 1$ 或 0,则算法终止,$p_l(x)$ 就是最终解;否则转②。

cGA 实现更加简单,是一种适合于硬件实现的分布估计算法。

(2) 双变量相关的分布估计算法。PBIL 和 cGA 算法没有考虑变量之间的相互关系,算法中任意解向量的联合概率密度可以通过各个独立分量的单个概率密度相乘得到。而在实际问题中,变量并不是完全独立的,在分布估计算法研究领域,最先考虑变量相关性的算法是假设最多有两个变量相关。这类算法比较有代表性的是 MIMIC(Mutual Information Maximization for Input Clustering)算法和 COMIT(Combining Optimizers with Mutual Information Trees)算法等。在这类分布估计算法中,概率模型可以表示至多两个变量之间的关系。

MIMIC 算法是一种启发式算法。该算法假设变量之间的相互关系是一种链式关系,结构如图 8-10 所示,描述解空间的概率模型写作:

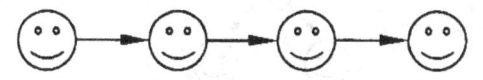

图 8-10 MIMIC 算法中双变量相关的链式结构的概率图模型

$$p_l^\pi(x) = p_l(x_{i_1} | x_{i_2}) p_l(x_{i_2} | x_{i_3}) p_l(x_{i_3} | x_{i_4}) \cdots p_l(x_{i_{n-1}} | x_{i_n}) p_l(x_{i_n})$$

式中,$\pi = (i_1, i_2, \cdots, i_n)$ 表示变量 $(x_1, x_2, \cdots, x_n)$ 的一种排列,$p_l(x_{i_j} | x_{i_{j+1}})$ 表示第 i_{j+1} 个变量取值为 $x_{i_{j+1}}$ 的条件下第 i_j 个变量取值为 x_{i_j} 的条件概率。

在 MIMIC 算法中构建概率模型时，期望得到最优的排列，使得 p_l^π 与试验中得到的每代的优势群体的概率分布 $p_l(x)$ 最接近。

衡量两个概率分布之间的距离，可以采用 K-L 距离（Kullback Leiber divergence），定义如下：

$$H_l^\pi(x) = h_l(X_{i_n}) + \sum_{j=1}^{n-1} h_l(X_{i_j} \mid X_{i_{j+1}})$$

其中，$h(X) = -\sum_x p(X=x)\lg p(X-x), h(X \mid Y)$
$= -\sum_y p(X \mid Y=y)\lg p(Y=y), h(X \mid Y=y)$
$= -\sum_y p(X=x \mid Y=y)\lg p(X=x \mid Y=y)$

MIMIC 算法在每一代中要根据选择后的优势群体构造最优的概率图模型 $p_l^\pi(x)$，也就是搜索最优的排列 π^* 使 K-L 距离 $H_l^\pi(x)$ 最小化。为了避免穷举所有 $n!$ 个可能排列，可以使用贪心算法来搜索变量的近似最优排列。

在 MIMIC 算法中，每一次循环都要根据选择的优势群体构造概率模型 p_l^π，然后由 p_l^π 采样产生新的群体。由于模型的复杂化，采样方法与变量无关的分布估计算法不同。其基本思想是按照 π^* 的逆序，对第 $i_n, i_{n-1}, i_{n-2}, \cdots, i_1$ 依次采样，构造一个完整的解向量。描述如下：

① $j = n$，根据第 i_j 个变量的概率分布 $p_l(x_{i_j})$，随机采样产生第 i_j 个变量。

② 根据第 i_{j-1} 个变量的条件概率分布 $p_l(x_{i_{j-1}} \mid x_{i_j})$，随机采样产生第 i_{j-1} 个变量。

③ $j \leftarrow j-1$，如果 $j=1$，则一个完整的解向量构造完成；否则转②。

COMIT 算法与 MIMIC 算法的最大不同之处在于 COMIT 的概率模型是树状结构，如图 8-11 所示。首先随机产生一个初始的群体，从中选择比较优秀的个体集作为构造概率模型的样本集，概率模型的构造方法采用机器学习领域中的 Chow 和 Liu 提出的方法，然后按照 MIMIC 介绍的采样方法对概率树由上到下遍历，反复采样构造新的种群。

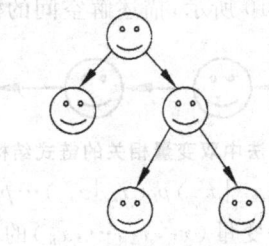

图 8-11 COMIT 算法中树状结构的概率图模型

（3）多变量相关的分布估计算法。近来研究更多的是多变量相关的分布估计算法。在这种算法中,变量之间的关系更加复杂,需要更加复杂的概率模型来描述问题的解空间,因此需要更加复杂的学习算法来构造相应的概率模型。这类算法中,比较有代表性的是 FDA(Factorized Distribution Algorithms)算法、ECGA(Extended Compact Genetic Algorithm)算法和贝叶斯优化算法或简称 BOA(Bayesian Optimization Algorithm)算法等。

FDA 算法可以解决多变量耦合的优化问题,它用一个固定结构的概率图模型表示变量之间的关系,这里的概率图模型也就是后面所说的贝叶斯网络。贝叶斯网络包括网络拓扑结构和网络概率参数两部分。贝叶斯网络拓扑结构由一个有向无环图表示,结点对应变量,结点之间的边表示条件依赖关系。网络概率参数由一组条件概率表示,表示父结点取某值条件下子结点的取值概率。相对应地,贝叶斯网络学习也可分为结构学习和参数学习两部分。FDA 算法是针对变量联结关系已知的情况,它相当于贝叶斯网络拓扑结构是已知的,因此进化过程中仅需要对网络概率参数进行学习,即根据当前群体更新概率模型的参数。这种算法的不足在于需要事先给出变量之间的关系。对于数学形式已知的优化问题,可以预先得到描述变量关系的概率图结构,然后采用 FDA 算法,反复进行参数学习和随机采样,对问题进行求解。但是对于很多数学形式复杂或者黑箱的优化问题,则不能直接采用 FDA 算法进行求解。

ECGA 算法是 cGA 的扩展,在该算法中,将变量分成若干组,每一组变量都与其他组变量无关。如果用 $P(S_i)$ 表示第 i 组变量的联合概率分布,由于任何两组变量之间无关,那么所有变量的联合概率分布可以表示为 $P(X) = \prod_{i=1}^{k} P(S_i)$,其中 k 表示变量的分组数,并且 $\bigcup_{i=1}^{k} S_i = X$,$X$ 是所有变量组成的集合,$\forall i,j \in \{1,\cdots,k\}, i \neq j, S_i \cap S_j = 0$。这种算法对于解决变量组之间"无交叠"的问题很有效,但是对于变量组有交叠的问题则性能较差。

贝叶斯优化算法由选择后的优势群体作为样本集构造贝叶斯网络,然后对贝叶斯模型采样产生新一代群体,反复进行。贝叶斯网络是一个有向无环图,可以表示随机变量之间的相互关系。通过贝叶斯网络可以求得联合概率密度 $p(X) = \prod_{i=1}^{n} p(X_i \mid \prod_{X_i})$,其中 $X = (X_1, X_2, \cdots, X_n)$ 表示问题的一个解向量,$\prod_{X_i}$ 表示贝叶斯网络中 X_i 的父结点集合,$p(X_i \mid \prod_{X_i})$ 表示给定 X_i 父结点的条件下 X_i 的概率。贝叶斯优化算法可以简单描述如下:

① 随机产生初始群体 $P(0)$,$t=0$。
② 计算 $P(t)$ 中各个个体的适应值,并选择优势群体 $S(t)$。

③由 $S(t)$ 作为样本集构造贝叶斯网络 B。

④贝叶斯网络可以表示解的概率分布,对贝叶斯网络反复采样产生新的个体,部分或者全部替换 $P(t)$,生成新的群体 $P(t+1)$。

⑤$t \leftarrow t+1$,如果终止条件不满足,转(2);否则算法结束。

贝叶斯优化算法中最重要的是学习算法和采样算法。贝叶斯网络的学习,包括结构的学习和参数的学习。结构的学习是指学习网络的拓扑结构,参数的学习是指给定拓扑结构后学习网络中各个结点的条件分布概率。贝叶斯网络的结构学习是一个 NP 难问题,在统计学习领域有广泛深入的研究,假设采用贪心算法,时间复杂度为 $O(n^2 N + n^3)$,其中 n 是问题维数,N 是样本个数。贝叶斯网络的采样,按照先父结点到子结点的顺序依次随机生成,时间复杂度为 $O(n)$。

8.2.4.2 基于联结关系检测的分布估计算法

前面介绍的 PBIL 算法和 cGA 算法没有考虑变量之间的相互关系,MIMIC 算法和 COMIT 算法只考虑了至多两个变量有联结关系的情况,它们都具有很大的局限性。FDA 算法可以解决多变量耦合的优化问题,它的不足在于需要事先给出变量之间的联结关系。ECGA 算法对于变量组有交叠的问题性能较差。BOA 算法也存在一定的局限性,在该算法中变量的联结关系是通过贝叶斯网络结构来表示的,但是通过样本集用统计学习的方法来构造贝叶斯网络是 NP 难问题,计算量较大。

联结关系检测算法可以求得问题的联结结构,因此可以将它与上面介绍的分布估计算法相结合,形成如图 8-11 所示的基于联结关系检测的分布估计算法(LD EDA)。

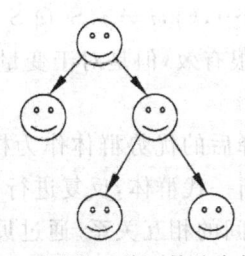

图 8-11 基于联结关系检测的分布估计算法流程

前面已经介绍了联结关系检测算法和 FDA 算法。当由联结关系检测算法得到黑箱问题的联结结构后,采用最大生成树方法就可以构造出连接树,即对应的贝叶斯网络结构。例如,图 8-12 所示的联结结构,通过最大生成树算法得到连接树,这样贝叶斯网络所表示的概率分布可写为:

$$P(x_0,x_1,x_2,x_3,x_4,x_5)=P(x_0,x_1,x_2)P(x_3|x_1,x_2)P(x_4,x_5|x_3)$$

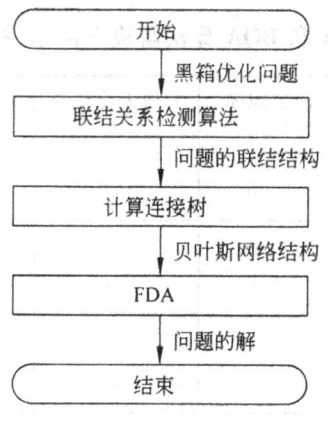

```
           开始
            │ 黑箱优化问题
            ▼
       联结关系检测算法
            │ 问题的联结结构
            ▼
         计算连接树
            │ 贝叶斯网络结构
            ▼
           FDA
            │ 问题的解
            ▼
           结束
```

图 8-12 联结结构图

下面通过一个例子来说明该算法求解大规模复杂优化问题的有效性。设给定 5 阶陷阱问题：

$$f_{5trap}(x)=\sum_{i=0}^{\frac{L}{5}-1}f(x_{5i},x_{5i+1},x_{5i+2},x_{5i+3},x_{5i+4})$$

其中 $f(x_{5i},x_{5i+1},x_{5i+2},x_{5i+3},x_{5i+4})=\begin{cases} 0.9-0.1\sum_{k=0}^{4}x_{5i+k} & \sum_{k=0}^{4}x_{5i+k}<4 \\ 0.0 & \sum_{k=0}^{4}x_{5i+k}=4 \\ 1.0 & \sum_{k=0}^{4}x_{5i+k}=5 \end{cases}$

变量的定义域为 $\{0,1\}^L$，问题的维数 L 设定为 5 的倍数。该函数中每个子函数 f 有两个峰值 0.9 和 1.0，函数值除了在 11111 处取得最优值外，在其他空间使得函数值趋向 0.9 这个局部极小值。每个子函数的 5 个变量之间都存在联结关系。对该问题设定不同的维数 L，采用 BOA 和 LD-EDA 算法进行优化。其中 BOA 每代种群选择 30% 的优秀个体用于构造贝叶斯网络，每次迭代父辈中 50% 的最优秀个体保存下来传到子代种群中（保存最优个体策略），也就是说，BOA 中每代从概率模型中新产生的种群只占种群规模的一半。测试实验的结果如表 8-1 所示。

表 8-1 LD-EDA 和 BOA 算法解决 5 阶陷阱问题的性能比较

问题维数	算法	种群规模	平均进化代数	平均函数评价次数	成功率
50	LD-EDA	350	6	49984	100%
	BOA	3500	7	28000	100%
100	LD-EDA	500	10	1 64456	100%
	BOA	8000	10	88000	100%
150	LD-EDA	650	13	276515	100%
	BOA	12000	13	178000	80%
200	LD-EDA	800	15	396693	100%
	BOA	16000	17	288000	70%
300	LD-EDA	1200	19	619233	100%
	BOA	30000	25	750000	0%
1000	LD-EDA	4200	37	2252414	100%
	BOA	100000	—	—	0%

从实验结果可以看出，LD-EDA 算法在解决高维问题时更加有效。在解决低维问题时，如当维数为 50 时，甚至 BOA 可以用较少的函数评价次数就可以得到问题的最优解。但是随着维数的增大，LD-EDA 算法的优势越来越明显。例如，当维数为 300 和 1000 时，BOA 很难收敛到全局最优解，而 LD-EDA 算法仍能求得最优解。虽然 BOA 算法在求解一些有联结关系的困难问题时表现出了比传统遗传算法好很多的性能，但是在优化高维问题时仍然遇到了困难。主要原因在于，在 BOA 算法中，采用统计学习的方法构造贝叶斯网络，随着维数的增大，不但所需样本数量会增大，而且所得到的贝叶斯网络的质量会变差。如果贝叶斯网络中不能正确表达联结信息，则很难克服联结关系带来的求解困难，而容易陷入局部极小值。而在 LD-EDA 中，贝叶斯网络的结构是通过联结关系检测算法计算得到，因此能得到正确的联结关系，只要设定合适的种群规模，就能保证算法收敛到全局最优解。

8.2.4.3 连续域的分布估计算法

连续域分布估计算法的主要难点在于如何选择和建立概率模型。迄今研究较多的主要是基于高斯分布的估计算法，然而对于具有多个局部极值的复杂优化问题,高斯模型的单峰性很难反映实际问题的概率分布,而容易导致收敛到局部的极值。下面介绍丁楠等提出的一种基于直方图模型的连续域分布估计算法,它可以较好地克服上述高斯模型的不足。

基于直方图模型的连续域分布估计算法简称 HEDA(Histogram based Estimation of Distribution Algorithm)算法,它的计算步骤如下:

① 置迭代次数 $t:=1$。
② 将搜索空间的每个变量均匀地划分成一定数量互不重叠的栅格。
③ 假设开始时每个变量的直方图模型是均匀分布的,即每个栅格的直方图高度相同,且所有高度之和等于1。
④ 根据直方图概率模型分布采样产生样本群体 $p(t)$,具体采样方法将在后面介绍。
⑤ 对 $p(t)$ 进行评价和排序,保留最优个体。
⑥ 用累计学习策略更新直方图概率模型;具体累计学习策略将在后面介绍。
⑦ $t:=t+1$。
⑧ 如未到达终止条件,转(4)。
⑨ 计算结束, $p(t)$ 便是所求解。

(1) HEDA 的学习方法。这里采用累计学习策略来更新直方图模型。直方图模型的更新是基于历史信息和当前信息的综合。在每一代中,对于每个变量 i,根据采样得到的样本可以构建出当前的直方图模型概率分布 H_C^i,设历史的直方图模型概率分布为 H_H^i,则对于第 i 个变量的第 j 个栅格的直方图高度采用以下式子进行更新:

$$H^i(j) = \alpha H_H^i(j) + (1-\alpha) H_C^i(j)$$

式中, $\alpha(0 \leqslant \alpha \leqslant 1)$ 称为累计系数,它反映了旧模型在新模型中的影响。由于已假定 $\sum_j H_C^i(j) = 1$,显然一定有 $\sum_j H^i(j) = 1$。

在根据当前样本构建 H_C^i 时,首先在样本群中选择 N 个最好的个体,这 N 个个体中的每个个体对直方图高度的贡献与该个体的评价函数值有关。这里是按个体评价函数值的排序来更新相应栅格的直方图高度,具体为

$$\Delta h_k^i = \frac{N-k+1}{\sum_{i=1}^N l} = \frac{2(N-k+1)}{N(N+1)}$$

$$H_C^i(j) = \sum_{k=1}^N \Delta h_k^i \delta_{jk}^i$$

$$\delta_{jk}^i = \begin{cases} 1 & k \in \{1, 2, \cdots, N\} \wedge \min_j^i \leqslant v_k^i \leqslant \max_j^i \\ 0 & 其他 \end{cases}$$

式中,$k(k\leqslant N)$表示第k个最好个体的序号;v_k^j表示第k个最好个体中变量j的取值;$\min_j^i$和$\max_j^i$分别表示变量i在栅格j中的最小和最大取值。上式表明,较好的个体将对相应栅格的直方图高度有较大的贡献。这种基于排序的直方图概率模型H_C^i的更新方法有助于改善HEDA算法的收敛性。

(2)HEDA的采样方法。首先根据直方图概率模型$H^i(j)$选择栅格j,然后在栅格j中按均匀分布的概率随机产生一个个体。为了增强样本的多样性以防止过早收敛于局部极值,在采样过程中还加入了变异操作,其含义是按一定的概率p_m在搜索空间按均匀分布的概率随机产生个体的每个变量。如果按变异概率p_m随机产生个体,那么将按$1-p_m$的概率按前面介绍的直方图概率模型产生其余的个体。

(3)计算举例。为了验证HEDA的性能,采用了如表8-2所示的几个著名的连续域函数作为测试对象。

表8-2 几个连续域测试函数

函数名	函数表达式	定义域	最优解
Schwefel	$\sum_{i=2}^{5}((x_1-x_i^2)^2-(x_i-1)^2)$	$[-2,2]^5$	$[1,1,\cdots,1]$
Rastrigin	$200+\sum_{i=1}^{20}(x_i^2-10\cos(2\pi x_i))$	$[-5,5]^{20}$	$[0,0,\cdots,0]$
Griewank	$\sum_{i=1}^{10}\frac{x_i^2}{40\,000}-\prod_{1}^{10}\cos\left(\frac{x_i}{\sqrt{i}}\right)+1$	$[5,5]^{10}$	$[0,0,\cdots,0]$
双峰	$100-\sum_{i=1}^{20}f_i$	$[0,12]^{20}$	$[1,1,\cdots,1]$

其中,双峰函数中的"∧"具有如图8-14所示的双峰形式。

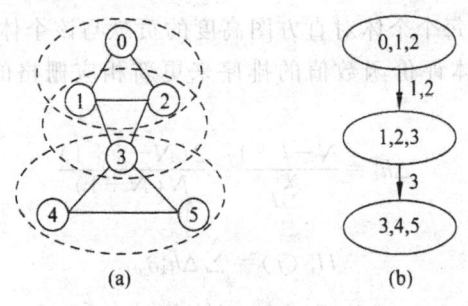

图8-14 双峰函数中的"∧"

为了比较,除了采用HEDA算法外,还采用了FWH、UMDA G、SGA

和 CMA-ES 几种算法对上述几个连续域测试函数进行了优化计算。FWH 是最早提出的基于直方图模型的连续域 EDA，UMDA-G 是基于高斯模型的连续域 EDA，SGA 是标准的简单遗传算法，CMA-ES 是具有协方差阵适应功能的高级进化策略算法。

利用上述算法对几个测试函数分别独立运行 20 次进行优化计算。表 8-3 给出了它们的收敛性能的比较。表中"—"表示 20 次独立运行均未能找到最优解。

首先比较 HEDA 和 FWH，两者均是基于直方图概率模型。从表 8-3 中可以看出，前面介绍的 HEDA 算法明显优于 FWH 算法，如当种群数＝100 时，HEDA 算法对所有测试函数每次均能找到最优解，而 FWH 算法只对 Schwefel 函数有较好性能。

表 8-3　各种算法收敛性能的比较

样本种群数	算法	测试函数	求得最优解的次数	计算评价值的平均次数
100	HEDA	Schwefel	20	2607.5
		Rastrigin	20	23756.0
		Griewank	20	6164.3
		双峰	20	15422.7
	FWH	Schwefel	16	1342.6
		Rastrigin	1	3478.0
		Griewank	2	2779.0
		双峰	1	2562.0
	UMDA-G	Schwefel	18	1460.0
		Rastrigin	0	—
		Griewank	20	1840.5
		双峰	0	—
100	SGA	Schwefel	4	2375.6
		Rastrigin	0	—
		Griewank	0	—
		双峰	0	—
	CMA-ES	Schwefel	20	1205.6
		Rastrigin	0	—
		Griewank	12	3860.0
		双峰	0	—

续表

样本种群数	算法	测试函数	求得最优解的次数	计算评价值的平均次数
800	HEDA	Schwefel	20	5426.7
		Rastrigin	20	16397.5
		Griewank	20	10081.2
		双峰	20	12112.3
	FWH	Schwefel	20	7597.9
		Rastrigin	20	24113.5
		Griewank	19	22502.3
		双峰	20	18537.9
	UMDA-G	Schwefel	5	8056.0
		Rastrigin	14	68572.4
		Griewank	20	13349.8
		双峰	4	9680.0
	SGA	Schwefel Rastrigin	20	10142.5
			6	50467.3
		Griewank	6	44612.5
		双峰	7	93672.4
	CMA-ES	Sehwefel	20	5352.2
		Rastrigin	7	75220.3
		Griewank	20	22450.6
		双峰	0	—

然后将 HEDA 与 UMDA-G、SGA 和 CMA-ES 几种算法进行比较。从表 8-3 中可以看出，CMA-ES 对 Schwefel 函数有很好的性能，UMDA-G 对 Griewank 函数有很好的性能，但是它们在求解其他测试函数时性能较差，而 HEDA 算法对所有测试函数均具有良好性能。从表 8-3 中可以看出，HEDA 在所有情况下均全面优于 SGA。

为了验证 HEDA 算法的维数扩展性能，用 HEDA 算法对不同维数的双峰函数进行了优化计算，维数 n 分别取 10,20,…,100，对于每一个维数 ns 均独立运行 20 次。图 8-15 表示了评价值的平均计算次数与问题规模的关系。由图可见，用 HEDA 算法求解双峰函数极值的计算复杂度大致与问题规模呈线性关系。

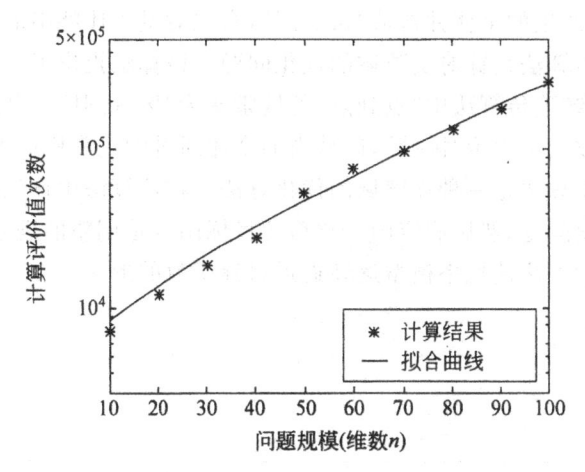

图 8-15 评价值的平均计算次数与问题规模的关系

上面介绍的 HEDA 算法存在的一个问题是很难选择栅格的大小。若栅格选择太小,将需要很多的样本才能保证尽量多的子空间能被采样到,从而导致太大的计算工作量。若栅格选择太大,则很难保证最后的最优解的精度。为此,丁楠等在已有工作的基础上提出了以下两条改进措施:一是将样本个体对所在栅格直方图高度的贡献扩展到周边的栅格,该项措施在一定程度上可以解决原有算法需要很多样本才能保证尽量多的子空间能被采样到的难题;二是对有可能是最优值所在的栅格做进一步的细划分,从而可提高最优解的精度。

HEDA 及其改进算法的一个共同的缺点是,它们都没有考虑变量之间的联结关系。所以它们仍不能有效地求解具有强联结结构的大规模复杂问题。

8.2.4.4 基于概率模型的其他相关算法

近年来,在进化计算领域涌现出了很多基于概率模型的进化算法,这些算法包括自私基因算法、随机遗传算法、量子遗传算法和解析模型的梯度算法等。

自私基因算法是用于解决二进制的编码问题,算法中将群体看成虚拟群体,虚拟群体由一个概率向量产生,然后通过竞争机制产生惩罚基因和奖励基因,用于更新概率向量,反复进行,直到产生满意解。

量子进化算法借鉴了量子信息的表达方式和信息处理模式。这种算法与量子计算机上的量子算法不同,是一种在传统计算机上运行的优化算法。量子进化算法中,用量子比特串来表征描述解空间的概率模型,由量子比特串的"坍塌"操作(本质上是对量子比特串随机采样)产生传统意义上的个体,然后评价产生的个体并构造"量子门",实现对量子比特串的更新。

随机遗传算法是针对实数域的优化问题。该算法提出了一种随机编码策略,使得传统遗传算法中"点到点"的搜索变为"区域到区域"的搜索过程。高斯分布函数用于表示"区域",区域内的个体通过随机采样产生。

随机梯度算法是一种连续域的优化算法。在该算法中首先将目标函数转化为最大化问题,然后假定归一化后的目标函数是期望的概率密度分布,使用随机梯度算法使概率模型逐渐逼近目标函数的形状。

第 9 章　智能控制的应用实例

智能控制技术在很多领域得到了广泛的应用。智能控制是一种直接控制模式,它建立在启发、经验和专家知识等基础之上,应用人工智能、控制论、运筹学和信息论等学科相关理论,驱动控制系统执行机构实现预期控制目标。智能控制为解决那些传统方法难以解决的复杂系统的控制问题提供了有效的理论和方法。它处于控制科学的前沿领域,代表着自动化控制科学发展的最新进程。

9.1　机器人智能控制系统

9.1.1　基于模糊神经网络的机器人学习控制

模糊神经网络与传统 PD 控制相结合构成一种反馈误差学习控制系统,该控制系统具有自学习、自适应和控制精度高等特点。

9.1.1.1　基于神经网络的学习控制系统

一个 n 个自由度的机械手封闭形式的动力学方程可以表示为

$$\tau = M(\theta)\ddot{\theta} + V(\theta,\dot{\theta}) + G(\theta) + F(\theta,\dot{\theta}) \tag{9-1-1}$$

式中:$M(\theta)$ 为 $n \times n$ 维对称正定惯性矩阵;$V(\theta,\dot{\theta})$ 为 $n \times 1$ 维哥氏力和向心力矩矢量;$G(\theta)$ 为 $n \times 1$ 维重力矢量;$F(\theta,\dot{\theta})$ 为 $n \times 1$ 维摩擦力矩矢量;$\theta,\dot{\theta},\ddot{\theta}$ 分别为 $n \times 1$ 维的机械手关节位置、速度、加速度。为了简化,这里认为每一个关节只由一个驱动器单独驱动,τ 是 $n \times 1$ 维的关节控制力矩矢量。

传统的基于模型控制方法是

$$\tau = \hat{M}(\theta)u + \hat{V}(\theta,\dot{\theta}) + \hat{G}(\theta) + \hat{F}(\theta,\dot{\theta})$$
$$u = \ddot{\theta}_d + K_V \dot{E} + K_p E$$

式中:$E = \theta_d - \theta; \dot{E} = \dot{\theta}_d - \dot{\theta}; \hat{M}, \hat{V}, \hat{G}, \hat{F}$ 分别为 $M、V、G、F$ 估计值。系统的闭环方程为:

$$\hat{M}(\theta)u(\ddot{\theta}_d+K_V\dot{E}+K_pE)+\hat{V}(\theta,\dot{\theta})+\hat{G}(\theta)+\hat{F}(\theta,\dot{\theta})$$
$$=M(\theta)\ddot{\theta}+V(\theta,\dot{\theta})+G(\theta)+F(\theta,\dot{\theta}) \tag{9-1-2}$$

当 $\hat{M}=M$、$\hat{V}=V$、$\hat{G}=G$、$\hat{F}=F$ 时,从而得到误差方程:
$$\ddot{E}+K_V\dot{E}+K_pE=0$$

因为 K_V 和 K_p 为对角阵,系统已被线性化,并且被完全解耦,使一个复杂的非线性多变量系统的设计问题转化为 n 个独立的二阶线性系统的设计问题。

然而机械手动力学系统的模型复杂,参数不完备,不精确时,存在着不确定性,解耦与线性化的工作将不能正确地完成。

如果 $\hat{M}^{-1}$ 存在,式(9-1-2)误差方程变为
$$\ddot{E}+K_V\dot{E}+K_pE=\hat{M}^{-1}[\Delta M\ddot{\theta}+\Delta V+\Delta G+\Delta F]$$

式中, $\Delta M=M-\hat{M}$, $\Delta V=V-\hat{V}$, $\Delta G=G-\hat{G}$, $\Delta F=F-\hat{F}$,表示实际参数与模型参数之间的偏差,造成伺服误差。为解决这个问题,这里训练两个神经网络让它取代机械手的逆动力学模型,实现基于神经网络的反馈误差学习控制器,系统的控制结构如图 9-1 所示。

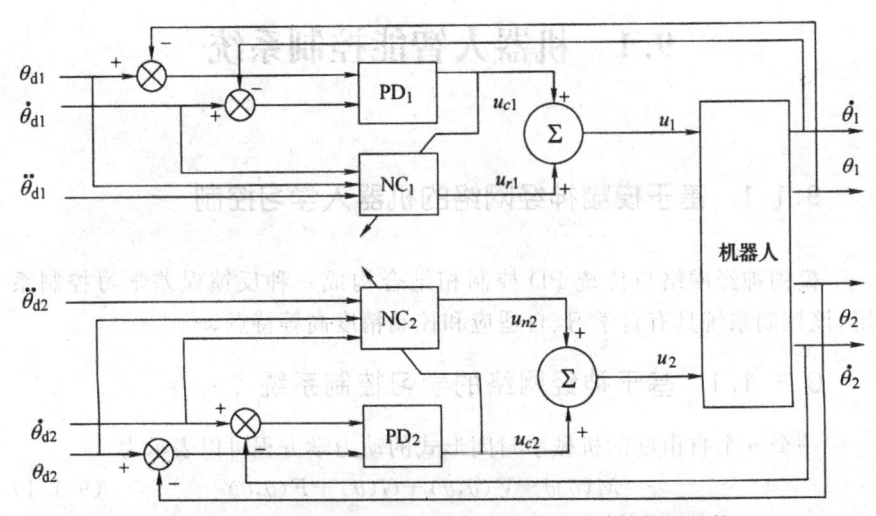

图 9-1 基于神经网络的机器人位置学习系统的控制结构

图 9-1 中,控制系统由反馈控制器 PD_i 和 NC_i 神经网络前馈控制器组成。反馈控制可以使系统保持在稳定状态,前馈控制可加快控制速度,同时反馈误差不断训练神经网络前馈控制器将逐渐地在控制行为中占据主导地位,最终取消反馈控制器的作用,使 NC_i 近似逆模型来补偿机器人非线性动力学特性。

设神经网络控制器输出为
$$u_{n_i}=\hat{M}(\theta)\ddot{\theta}_d+\hat{V}(\theta,\dot{\theta})\dot{\theta}_d+\hat{G}(\theta)\theta_d$$
$$=\Phi_i(\ddot{\theta}_d,\dot{\theta}_d,\theta_d,W) \quad i=1,2$$

PD 控制器为
$$u_{c_i} = K_{P_i}(\theta_d - \theta) + K_{V_i}(\dot{\theta}_d - \dot{\theta}) \quad i = 1, 2$$
机器人关节点控制力矩为：
$$u_i = u_c + u_n, \quad u_{c_i} = u_i - u_{n_i}(\text{定义为学习信号})$$

式中：$\Phi(\cdot)$ 为神经网络输入输出非线性映射函数；W 为网络的连接权值；K_P、K_V 分别为比例、微分反馈增益矢量。为使实际参数与模型参数之间的误差最小，可通过 NC_i 网络的学习来达到这一目标。

9.1.1.2 模糊神经网络学习控制器

设描述输入输出关系的模糊规则为：

R_j：IF x_1 is $A_1^{j_1}$ and x_2 is $A_2^{j_2}$ and $\cdots$ and x_n is $A_n^{j_n}$ THEN y is B^i

式中，$j = 1, 2, \cdots, m$，m 表示规则总数，$j_i \in \{1, 2, \cdots, m_i\}$，$m_i$ 为 x_i 的模糊分级数。

若输入采用单点模糊集合的模糊化方法、模糊推理采用乘积法、清晰化采用加权平均法、隶属度采用高斯函数，则模糊系统的输入输出关系为

$$y = u_n = \frac{\sum_{j=1}^{m} W^j \left\{ \prod_{i=1}^{n} \exp\left[-\left(\frac{x_i - a_i^{j_i}}{b_i^{j_i}}\right)^2\right] \right\}}{\sum_{j=1}^{m} \left\{ \prod_{i=1}^{n} \exp\left[-\left(\frac{x_i - a_i^{j_i}}{b_i^{j_i}}\right)^2\right] \right\}}$$

式中，W^j、$a_i^{j_i}$、$b_i^{j_i}$ 分别为第 j 条规则后件变量 y 的模糊集合的中心值、前件变量 x_i 的模糊集合中心值及宽度。式(9-1-1)的模糊系统可用如图 9-2 所示的模糊神经网络来实现。

图 9-2 中第 1 层为输入层；第 2 层用来计算隶属度函数；第 3 层用来匹配模糊规则前件，计算每条规则的触发强度（适用度），即 $a_j = \prod_{i=1}^{n} \exp\left[-\left(\frac{x_i - a_i^{j_i}}{b_i^{j_i}}\right)^2\right]$；第 4 层进行归一化计算 $\bar{a}_j = \frac{a_j}{\sum_{j=1}^{m} a_j}$。第 5 层实现的是清晰化计算 $y = u_{n_i} = \sum_{j=1}^{m} W^j \bar{a}_j$。

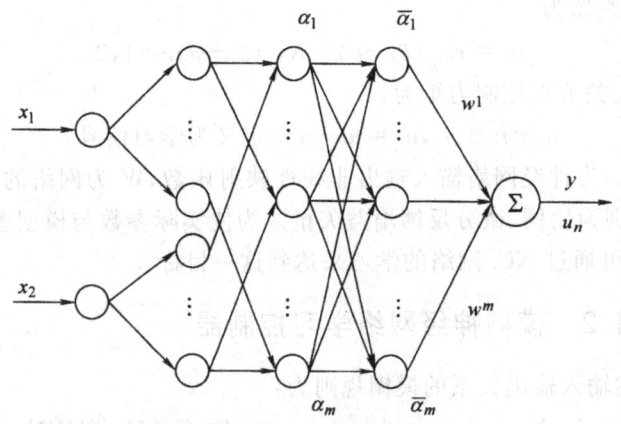

图 9-2　模糊神经网络结构(NC)

模糊神经网络的参数(W^j,a^j,b^j)调整算法推导如下：

定义学习信号为 $J=\frac{1}{2}(u_i-u_{n_i})^2$。

反传误差为

$$\delta^{(5)}=(u_i-u_{n_i}),\delta_j^{(4)}=\delta^{(5)}W^j$$

$$\delta_j^{(3)}=\frac{1}{(\sum_{i=1}^{m}\alpha_i)^2}(\delta_j^{(4)}\sum_{\substack{i=1\\i\neq j}}^{m}\alpha_i-\sum_{\substack{i=1\\i\neq j}}^{m}\delta^{(4)}\alpha_i)$$

$$\delta_{ij}^{(2)}=\sum_{j=1}^{m}\delta_j^{(3)}S_{ij}\exp\left[-\left(\frac{x_i-a_i^{j_i}}{b_i^{j_i}}\right)\right]$$

当 $u_i^{j_i}$ 是第 j 个规则节点的一个输入时 $S_{ik}=\prod_{\substack{k=1\\k\neq i}}^{n}u_k^{j_k}$，否则 $S_{ij}=0$，梯度：

$$\frac{\partial J}{\partial W^j}=-(u_i-u_{n_i})\bar{\alpha}_j,\frac{\partial J}{\partial a_i^j}=-\delta_{ij}^{(2)}\frac{2(x_i-a_i^j)}{(b_i^j)^2},\frac{\partial J}{\partial b_i^j}=-\delta_{ij}^{(2)}\frac{2(x_i-a_i^j)}{(b_i^j)^2}$$

学习算法为

$$w^j(t+1)=w^j(t)-\eta\frac{\partial J}{\partial W^j},j=1,2,\cdots,m$$

$$a_i^j(t+1)=a_i^j(t)-\eta\frac{\partial J}{\partial a_i^j},j=1,2,\cdots,n$$

$$b_i^j(t+1)=b_i^j(t)-\eta\frac{\partial J}{\partial b_i^j}$$

式中，$n=3$,$x_1=\ddot{\theta}_d$,$x_2=\dot{\theta}_d$,$x_3=\theta_d$,$\eta>0$ 为学习率。

9.1.1.3　仿真实验结果

为了证实所提方法的有效性，本小节对两关节机械手模型进行了数字

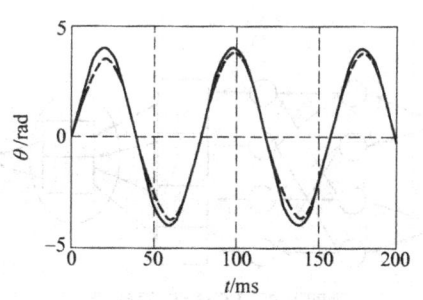

仿真,考虑两关节机械手模型为

$$\begin{pmatrix} u_1 \\ u_2 \end{pmatrix} = \begin{pmatrix} M_{11} & M_{12} \\ M_{21} & M_{22} \end{pmatrix} \begin{pmatrix} \ddot{\theta}_1 \\ \ddot{\theta}_2 \end{pmatrix} + \begin{pmatrix} V_1 \\ V_2 \end{pmatrix} + \begin{pmatrix} G_1 \\ G_2 \end{pmatrix}$$

其中

$$M_{11} = m_1 l_1^2 + m_2 (l_1^2 + l_2^2 + 2 l_1 l_2 \cos(\theta_2))$$
$$M_{12} = M_{21} = m_2 l_2^2 + m_2 l_1 l_2 \cos(\theta_2)$$
$$M_{22} = m_2 l_2^2$$
$$V_1 = -m_2 l_1 l_2 \sin(\theta_2) \dot{\theta}_2 - 2 m_2 l_1 l_2 \sin(\theta_2) \dot{\theta}_1 \dot{\theta}_2$$
$$V_2 = m_2 l_1 l_2 \sin(\theta_2) \dot{\theta}_1^2$$
$$G_1 = m_2 l_2 g \cos(\theta_1 + \theta_2) + (m_1 + m_2) l_1 g \cos(\theta_1)$$
$$G_2 = m_2 l_2 g \cos(\theta_1 + \theta_2)$$

仿真中取不同参数 l_1、l_2、m_1、m_2,以检验不同参数时其控制效果,如其中一组参数为:$l_1 = 1.1\text{m}$,$l_2 = 0.8\text{m}$,$g = 9.81\text{m/s}^2$,质量 $m_1 = 10\text{kg}$,$m_2 = 2\text{kg}$,最大控制力矩 $|u_{1\max}| = 500$,$|u_{2\max}| = 200$,采样周期 $T = 0.005\text{s}$,$K_V = (50, 50)^T$,$K_p = (120, 150)^T$。NC_1 第一关节的控制网络结构为 3—16—1,输入 $\{\ddot{\theta}_{d_1}, \dot{\theta}_{d_1}, \theta_{d_1}\}$,输出 u_{n_1};NC_1 第二关节的控制网络结构为 3—4—1,输入 $\{\ddot{\theta}_{d_2}, \dot{\theta}_{d_2}, \theta_{d_2}\}$,输出 u_{n_2}。初始学习率 $\eta(0) = 0.8$,$\alpha(0) = 0.2$,初始权值 $W(0) = [-0.5, 0.5]$ 随机分布,仿真中使用 4 阶龙格-库塔法计算。给定理想轨迹:$\theta_{d_1} = \theta_{d_2} = 4\sin(4\pi t)$,初态 $\theta_1(0) = \theta_2(0) = 4.0$,$\dot{\theta}_1(0) = \dot{\theta}_2(0) = 0$。其仿真结果如图 9-3、图 9-4 所示。

图 9-3 关节 1 的跟踪曲线
——期望曲线 --------实际曲线

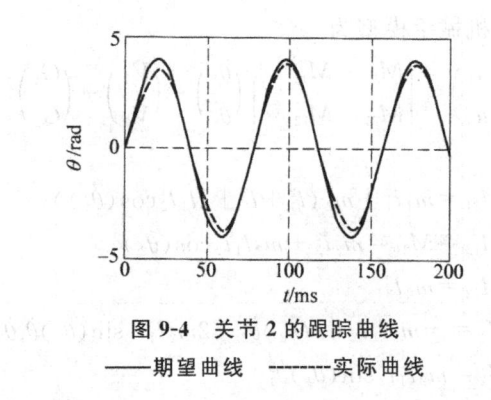

图 9-4　关节 2 的跟踪曲线
——期望曲线　-------实际曲线

9.1.2　模糊 CMAC 及其在机器人轨迹跟踪控制中的应用

CMAC 学习的速度非常快,网络收敛所需的训练次数少,可有效地用于机器人的实时在线控制。本节针对 CMAC 中存在的不足,设计了一种模糊小脑模型关节控制器(FCMAC),并将其用于机器人的轨迹跟踪控制。

9.1.2.1　FCMAC 技术

(1)FCMAC 的工作机理和结构。FCMAC 的工作机理:通过对输入的模糊量化,得出输入矢量激活联想强度的"活性",进而激活联想强度以恢复系统的信息。下面以双输入单输出的 FCMAC 为例(见图 9-5)来说明 FCMAC 的结构。

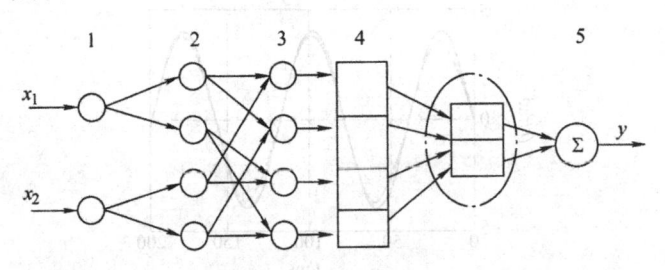

图 9-5　FCMAC 的结构

控制器第 1 层的作用是引入输入:
$$O_i^{(1)} = I_i^{(1)} = x_i, i = 1, 2$$
式中,$I_i^{(1)}$、$O_i^{(1)}$ 分别为第 1 层第 i 个神经元的输入和输出。

第 2 层对输入进行模糊量化,模糊量化的过程如下:

假设所有输入(x_1, x_2)是连续和有界的,在每个输入 x_i 的论域上定义 n 个"块",在本例中,定义 $n=2$。如图 9-6 所示,输入 x_i 对应第 j 个"块"(B_{ij})的隶属关系是高斯函数关系:

$$\mu_{B_{ij}}(x_i) = e^{-(\frac{x_i - \sigma_{ij}}{v_{ij}})^2}, i=1,2; j=1,2 \quad (9\text{-}1\text{-}3)$$

式中,σ_{ij} 为函数的中心值;v_{ij} 为函数的宽度。

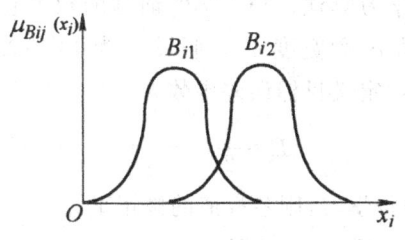

图 9-6 输入与"块"的模糊关系

通过式(9-1-3)的定义,FCMAC 中输入状态变量与"块"之间的关系被模糊化了,它们之间的隶属关系不再是 CMAC 中简单的"属于""不属于"的关系,而是用连续的隶属度来表征。

第 2 层神经元的输入、输出关系为

$$O_{ij}^{(2)} = I_{ij}^{(2)} = \mu_{B_{ij}}(x_i), i=1,2; j=1,2$$

式中,$I_{ij}^{(2)}$、$O_{ij}^{(2)}$ 分别为第 2 层神经元的输入和输出。

第 3 层用于得出输入对联想单元的激活强度。所有输入论域上相对应的块组成了 2^2 个超立方体,每个超立方体与一个联想单元相对应,每个联想单元中存储着相应的联想强度。假设超立方体 H_{ij} 由块 B_{1i} 和 B_{2j} 组成,则系统输入状态向量 $X=[x_1,x_2]^T$ 与 H_{ij} 的隶属关系,也就是对联想单元的激活强度,相当于 x_1,x_2 对于各自 B_{1i} 和 B_{2j} 的隶属关系的"与"。用乘法来实现"与"操作,则

$$O_{ij}^{(3)} = I_{ij}^{(3)} = \mu_{H_{ij}}(X) = \mu_{B_{1i}}(x_1)\mu_{B_{2j}}(x_2) = O_{1i}^{(2)}O_{2j}^{(2)}, i=1,2; j=1,2$$

式中,$I_{ij}^{(3)}$、$O_{ij}^{(3)}$ 分别为第 3 层神经元的输入和输出。

第 4 层以第 3 层求出的激活强度激活联想单元中的联想强度。各联想单元输入输出关系为

$$O_{ij}^{(4)} = I_{ij}^{(3)}, i=1,2; j=1,2$$

$$O_{ij}^{(4)} = I_{ij}^{(4)}w_{ij}, i=1,2; j=1,2$$

式中,$I_{ij}^{(4)}$、$O_{ij}^{(4)}$ 分别为各联想单元的输入和输出;w_{ij} 为各联想单元中存储的联想强度。

第 5 层对联想单元的输出进行求和以恢复系统的信息,得到系统的输出:

$$y = \sum_{i,j=1}^{2} O_{ij}^{(4)}$$

如果系统的输入量过多或定义的"块"的数量过多,导致联想单元所需的存储空间过大,可以在第 4 层和第 5 层之间加入一层 hash 映射,如图 9-6

中实线所围的部分,在 hash 单元中存放联想强度,在联想单元中存放散列地址编码。

(2) FCMAC 的学习算法。FCMAC 训练的权值包括联想强度 w_{ij}、高斯隶属函数的中心值 σ_{ij} 和宽度 μ_{ij}。假设 $\hat{y}$ 为 FCMAC 的期望输出,y 为 FCMAC 的实际输出,定义目标误差函数为

$$E = \frac{1}{2}(\hat{y} - y)^2$$

网络采用 BP 算法进行学习,则各权值的修正量为

$$\Delta w_{ij}(k) = -\eta_1 \frac{\partial E}{\partial w_{ij}} = -\eta_1 \frac{\partial E}{\partial y} \frac{\partial y}{\partial w_{ij}} = \eta_1 (\hat{y} - y) O_{ij}^{(3)}, i=1,2; j=1,2 \quad (9\text{-}1\text{-}4)$$

$$\Delta \sigma_{1i}(k) = -\eta_2 \sum_{j=1}^{2} \left(\frac{\partial E}{\partial y} \frac{\partial y}{\partial O_{ij}^{(3)}} \frac{\partial O_{ij}^{(3)}}{\partial O_{1i}^{(2)}} \frac{\partial O_{1i}^{(2)}}{\partial \sigma_{1i}} \right)$$

$$= 2\eta_2 (\hat{y} - y) \sum_{j=1}^{2} \left(O_{ij}^{(4)} \frac{x_1 - \sigma_{1i}}{v_{1i}^2} \right), i=1,2 \quad (9\text{-}1\text{-}5)$$

$$\Delta v_{1i}(k) = -\eta_3 \sum_{j=1}^{2} \left(\frac{\partial E}{\partial y} \frac{\partial y}{\partial O_{ij}^{(3)}} \frac{\partial O_{ij}^{(3)}}{\partial O_{1i}^{(2)}} \frac{\partial O_{1i}^{(2)}}{\partial v_{1i}} \right)$$

$$= 2\eta_3 (\hat{y} - y) \sum_{j=1}^{2} \left(O_{ij}^{(4)} \frac{(x_1 - \sigma_{1i})^2}{v_{1i}^3} \right), i=1,2 \quad (9\text{-}1\text{-}6)$$

$$\Delta \sigma_{2j}(k) = -\eta_4 \sum_{j=1}^{2} \left(\frac{\partial E}{\partial y} \frac{\partial y}{\partial O_{ij}^{(3)}} \frac{\partial O_{ij}^{(3)}}{\partial O_{2j}^{(2)}} \frac{\partial O_{2j}^{(2)}}{\partial \sigma_{2j}} \right)$$

$$= 2\eta_4 (\hat{y} - y) \sum_{j=1}^{2} \left(O_{ij}^{(4)} \frac{x_2 - \sigma_{2j}}{v_{2j}^2} \right), j=1,2 \quad (9\text{-}1\text{-}7)$$

$$\Delta v_{2j}(k) = -\eta_5 \sum_{j=1}^{2} \left(\frac{\partial E}{\partial y} \frac{\partial y}{\partial O_{ij}^{(3)}} \frac{\partial O_{ij}^{(3)}}{\partial O_{2j}^{(2)}} \frac{\partial O_{2j}^{(2)}}{\partial v_{2j}} \right)$$

$$= 2\eta_5 (\hat{y} - y) \sum_{j=1}^{2} \left(O_{ij}^{(4)} \frac{(x_2 - \sigma_{2j})^2}{v_{2j}^3} \right), i=1,2 \quad (9\text{-}1\text{-}8)$$

在式(9-1-4)~式(9-1-8)中,$\eta_m, m=1,2,\cdots,5$ 是学习率。各权值的迭代公式为

$$w_{ij}(k+1) = w_{ij}(k) + \Delta w_{ij}(k), i=1,2; j=1,2$$
$$\sigma_{ij}(k+1) = \sigma_{ij}(k) + \Delta \sigma_{ij}(k), i=1,2; j=1,2$$
$$v_{ij}(k+1) = v_{ij}(k) + \Delta v_{ij}(k), i=1,2; j=1,2$$

事实上,调整隶属函数的中心值和宽度就相当于调整图 9-6 中所示的块的划分方式和概括程度,从而调整超立方体的空间位置和对输入的覆盖程度。由于 FCMAC 中块的划分方式和概括程度可以在线调整,因此无须再对"块"进行多种方式的划分,超立方体的数量将大大减少,相对应的联想

单元数量也将大大减少,这将大大地节省存储空间。

9.1.2.2 用于机器人轨迹跟踪控制的 FCMAC

对于具有多个自由度的多关节机器人来说,每个关节的驱动力矩都由伺服控制器根据各个关节的期望轨迹给定。在本节中伺服控制器采用 FCMAC。图 9-7 给出了基于 FCMAC 的两关节机械手控制系统框图。

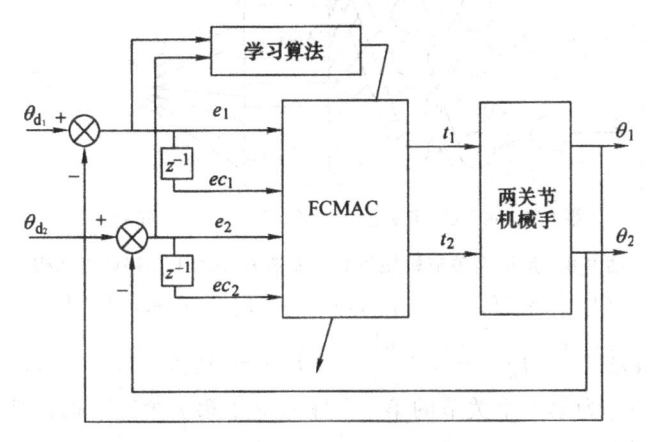

图 9-7 基于 FCMAC 的两关节机械手控制系统框图

图 9-7 中 θ_{d1}、θ_{d2} 也是两关节的期望位置,θ_1、θ_2 为两关节的实际位置,e_1、e_2 为两关节的位置误差,e_1、e_2 经微分后得到误差变化率 ec_1、ec_2。t_1、t_2 为作用于两关节的转矩。FCMAC 为关节伺服控制器。

图 9-8 给出了用于两关节机械手轨迹跟踪控制的 FCMAC 的结构。网络有 4 个输入,分别对应两个关节的误差、误差变化率,$\{e_1, e_2, ec_1, ec_2\}$;两个输出 t_1, t_2,分别对应作用在两个关节上的力矩。每个关节的两个输入 $(e_i, ec_i, i=1,2)$ 构成一个输入子空间,在每个输入的论域上定义 2 个"块"。网络对每个输入子空间进行模糊空间划分,得到输入状态对联想单元的激活活性。考虑到各关节之间的耦合作用,图 9-8 中共有 4 组联想单元,区域 $Area_{ij}$ 中的联想单元中存储的是第 i 个输入子空间对第 j 个输出的联想强度。第 i 个输入子空间经过模糊空间划分后激活 $Area_{i1}$ 和 $Area_{i2}$ 边中的联想单元。

用 ${}^kO_j^{(i)}$、${}^kI_j^{(i)}$ 分别代表第 k 个关节的第 i 层网络的第 j 个神经元的输出和输入,则图 9-8 所示的 FCMAC 的结构可以描述如下:

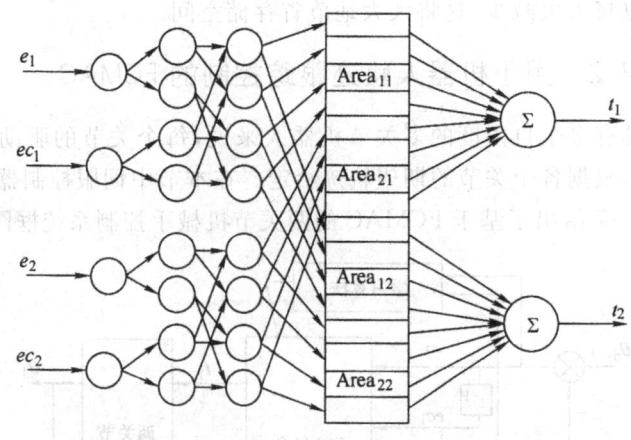

图 9-8 用于两关节机械手轨迹跟踪控制的 FCMAC 的结构

$$^kO_1^{(1)} = {}^kI_1^{(1)} = e_k, {}^kO_2^{(1)} = {}^kI_2^{(1)} = ec_k, k=1,2$$

$$^kO_{ij}^{(2)} = {}^kI_{ij}^{(2)} = e_{ij}\left(\frac{{}^kO_i^{(1)} - {}^k\sigma_{ij}}{{}^kv_{ij}}\right); k = 12; i = 1,2; j = 1,2$$

式中，$^k\sigma_{ij}$、$^kv_{ij}$ 为第 k 个关节的第 i 个输入对于第 j 个"块"的高斯隶属函数的中心和宽度：

$$^kO_{ij}^{(3)} = {}^kI_{ij}^{(3)} = {}^kO_{1j}^{(2)} \cdot {}^kO_{2j}^{(2)}, k = 1,2; i = 1,2; j = 1,2$$

$$^{kl}I_{ij}^{(4)} = {}^kO_{ij}^{(3)}, k = 1,2; l = 1,2; i = 1,2; j = 1,2$$

式中，左上标 kl 为该联想单元属于 Area$_{kl}$。

$$^{kl}O_{ij}^{(4)} = {}^{kl}O_{ij}^{(4)} \cdot {}^{kl}w_{ij} = {}^kO_{ij}^{(3)} \cdot {}^{kl}w_{ij}$$

$$k = 1,2; l = 1,2; i = 1,2; j = 1,2$$

式中，$^{kl}w_{ij}$ 为 Area$_{kl}$ 中联想单元存储的联想强度。

$$t_l = {}^lO^{(5)} = \sum_{k,i,j=1}^{2} {}^{kl}O_{ij}^{(4)}, l = 1,2$$

图 9-8 中的 FCMAC 采用 BP 算法对联想强度以及高斯隶属函数的中心和宽度进行训练。

9.1.2.3 仿真实验

以两关节机械手为控制对象进行仿真实验以验证所提 FCMAC 用于机器人轨迹跟踪控制的有效性。机械手的动力学模型中的具体的参数为：$m_1 = 10\text{kg}, m_2 = 2\text{kg}, l_1 = 1.1\text{m}, l_2 = 0.8\text{m}$。初始条件为：$\theta_1(0) = 0\text{rad}, \theta_2(0) = 1\text{rad}, \dot{\theta}_1(0) = \dot{\theta}_2(0) = 0\text{rad/s}$。期望轨迹为：$\theta_1^d(t) = \sin(2\pi t)$，$\theta_2^d(t) = \cos(2\pi t)$，采样周期为 0.0005s。摩擦项和扰动项分别为：

$$F(\dot{\Theta}) = 0.5\text{sign}(\dot{\Theta})$$

$$T_d(\Theta,\dot{\Theta}) = \begin{bmatrix} 5\cos(5t) \\ 5\cos(5t) \end{bmatrix} \text{N} \cdot \text{m}$$

FCMAC 中定义在"块"上的高斯基模糊隶属函数的参数初值分别为 $^k\sigma_{i1}(0) = -0.33, ^k\sigma_{i2}(0) = 0.33, ^kv_{i1}(0) = 0.3, ^kv_{i2}(0) = 0.3, k=1,2, i:1,2$。联想强度的初值为 $[-1,1]$ 之间的随机值,离线学习样本模糊控制的数据。

图 9-9、图 9-10 分别给出了关节 1 和关节 2 的轨迹跟踪误差曲线。从图 9-9、图 9-10 可看出 FCMAC 的性能优于 CMAC,具有更精确的跟踪特性和更强的鲁棒性。

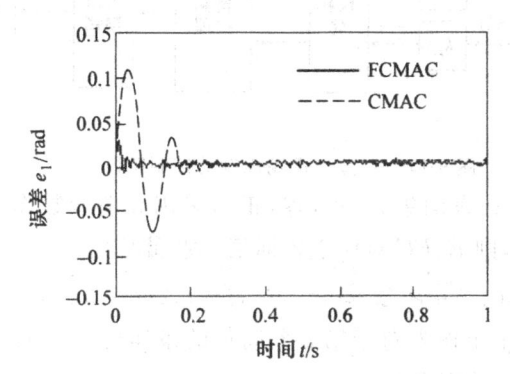

图 9-9 关节 1 的轨迹跟踪误差曲线

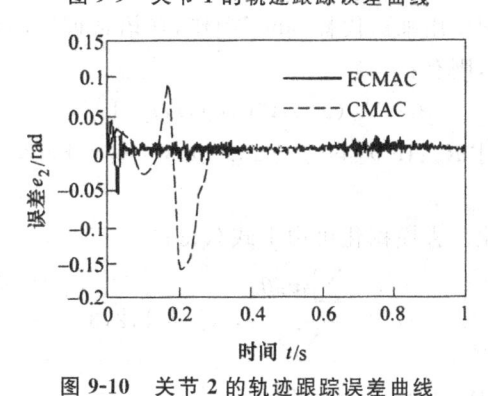

图 9-10 关节 2 的轨迹跟踪误差曲线

9.1.3 基于控制器输出误差方法的机器人自适应模糊控制

基于控制器输出误差方法(COEM)的自适应模糊控制过程由控制阶段和自适应阶段构成,在控制阶段采用传统的模糊控制方法来控制机器人轨迹跟踪控制,在自适应阶段采用控制器输出误差方法来在线地调节模糊控制器的参数和控制规则。

9.1.3.1 模糊控制阶段

自适应模糊控制的控制阶段可由图 9-11 描述。

模糊控制器将系统误差和误差变化率 E 和 EC 经模糊化、模糊推理和去模糊化后得到力矩期望值 u。E、EC 和 u 所在的区间是 $[0,1]$。

(1) 模糊化。

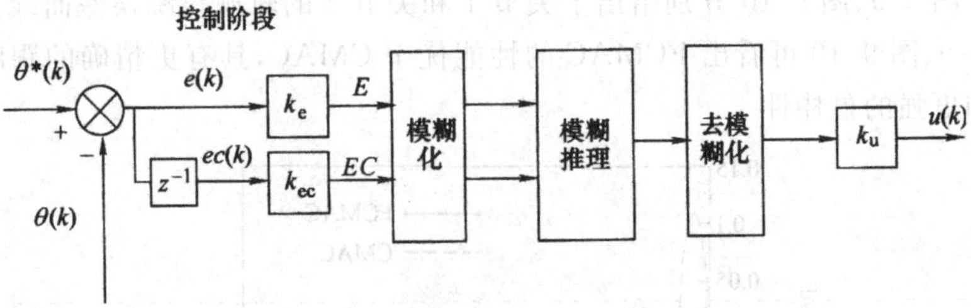

图 9-11 自适应模糊控制的控制阶段

E、EC 对应的语言词集为 {负,零,正},采用高斯函数作为隶属函数。令 $x_1=E,x_2=EC$,则 E、EC 对应于各词集的隶属度为

$$A_j^i(x_j) = e^{-((x_j-a_j^i)/b_j^i)^2}, j=1,2; i=1,2,3$$

式中,$A_j^i(x_j)$ 为第 j 个输入对于第 i 个词集的隶属度;a_j^i 为高斯函数的中心;b_j^i 为高斯基函数的宽度。

(2) 模糊推理。用乘法代替 "and" 操作,在语言词集间建立所有可能的连接构成规则库,则有:

$$\beta_{ij} = A_1^i(x_1)A_2^j(x_2), i,j=1,2,3$$

式中,β_{ij} 表示规则 "R_m: IF x_1 is A_1^i and x_2 is A_2^j THEN U is B^m" 的激发强度。

(3) 去模糊化。去模糊化可由下式获得:

$$u = \frac{\sum_{i,j} w_{ij}\beta_{ij}}{\sum_{i,j}\beta_{ij}}, i,j=1,2,3$$

式中,w_{ij} 为规则 R_m 对输出的影响因子。

9.1.3.2 自适应阶段

如图 9-12 所示,COEM 根据控制器输出误差 e_u 而不是对象输出误差 e_y 来进行学习,不需要对 e_y 进行反传计算,因此也就无须对对象进行辨识。COEM 的思想可描述为,观察每次对象对于一个给定信号的响应,在将来需要的时候,就会知道如何重复那个响应。

自适应阶段

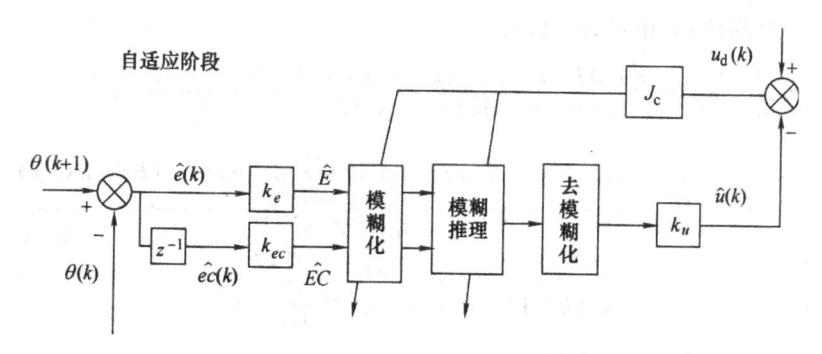

图 9-12 自适应模糊控制的自适应阶段

下面给出非线性对象：

$$y(k+1)=F(y(k),\cdots,y(k-q+1),u(k),\cdots,u(k-q+1))$$

式中，$y(k)$ 为对象在时刻 k 的输出；$F(\cdot)$ 为一个非线性函数；$u(k)$ 为控制器在时刻 k 的输出。在时刻 k，如果对象是可观的，对象的状态被定义为 $S=[y(k),\cdots,y(k-p+1)]^{\mathrm{T}}$，控制器产生的控制信号为 $u(k)$，$u(k)$ 作用于对象得到输出 $y(k+1)$。不论 $y(k+1)$ 是否是所需要的响应，如果系统再次需要由状态 S 得到输出 $y(k+1)$，就会知道控制器输出应该是 $u(k)$。也就是说，如果把 $y(k+1)$ 作为系统期望值输入控制器，控制器的输出的期望值应是 $u(k)$。如果当系统期望值是 $y(k+1)$ 时，控制器的实际输出是 $\hat{u}(k)$，则定义控制器输出误差为 $e_u(k)=u(k)-\hat{u}(k)$。将在控制阶段产生的 n 组 $[u(k),y(k-p+1)]$ 作为训练数据，用 $y(k+1)$ 作为模糊控制器的输入，$u(k)$ 作为模糊控制器的期望输出，以使 e_u 最小为训练目标，对模糊控制器的参数进行调整，系统就可以达到最优（图 9-12）。本节采用梯度下降法对模糊控制器的参数进行调整。

对于图 9-12 所示的控制器，$e_u(k)=u_d(k)-\hat{u}(k)$。令 $\hat{x}_1=\hat{E}$，$\hat{x}_2=\hat{EC}$，目标误差函数为：

$$J_c(k)=\frac{1}{2}[e_u(k)]^2=\frac{1}{2}[u_d(k)-\hat{u}(k)]^2$$

(1) 调整 w_{ij}：

$$\frac{\partial J_c(k)}{\partial w_{ij}(k)}=\frac{\partial J_c(k)}{\partial \hat{w}_d(k)}\frac{\partial \hat{w}_d(k)}{\partial \hat{u}(k)}\frac{\partial \hat{u}(k)}{\partial w_{ij}(k)}=\frac{-e_u(k)k_u\beta_{ij}}{\sum_{i,j}\beta_{ij}}$$

$$w_{ij}(k+1)=w_{ij}(k)-\eta_w\partial\frac{J_c(k)}{\partial w_{ij}}(k)$$

式中，η_w 为调整 w_{ij} 时的学习率。

(2)调整 a_1^i 和 a_2^i，$i=1,2,3$：

$$\frac{\partial J_c(k)}{\partial a_1^i(k)} = \sum_{j=1}^{3} \frac{\partial J_c(k)}{\partial \hat{w}_d(k)} \frac{\partial \hat{w}_d(k)}{\partial \hat{u}(k)} \frac{\partial \hat{u}(k)}{\partial \beta_{ij}(k)} \frac{\partial \beta_{ij}(k)}{\partial A_1^i} \frac{\partial A_1^i}{\partial a_1^i(k)}$$

$$= \frac{-2e_u(k)k_u(\hat{x}(k)-a_1^i(k))\sum_{j=1}^{3}\beta_{ij}(k)(w_{ij}(k)-\hat{u}(k))}{b_1^i(k)^2 \sum_{i,j}\beta_{ij}}$$

$$a_1^i(k+1) = a_1^i(k) - \eta_{a1}\frac{\partial J_c(k)}{\partial a_1^i}(k)$$

式中，η_{a1} 为调整 a_1^i 时的学习率。

同理可调整 a_2^i、b_1^i 和 a_2^j。

9.1.3.3 仿真结果

本节采用两关节机械手进行仿真实验来验证所提方法的有效性。图 9-13 和图 9-14 分别给出了关节 1 和关节 2（q_1 和 q_2）的跟踪曲线。结果表明所提方法具有较好的跟踪性能。

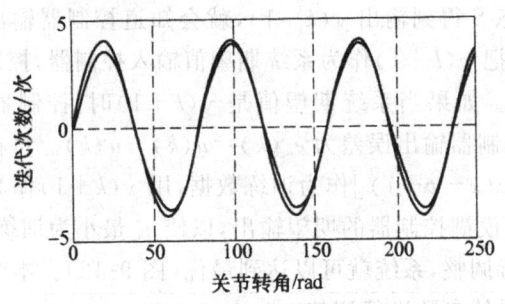

图 9-13 关节 1 的跟踪曲线

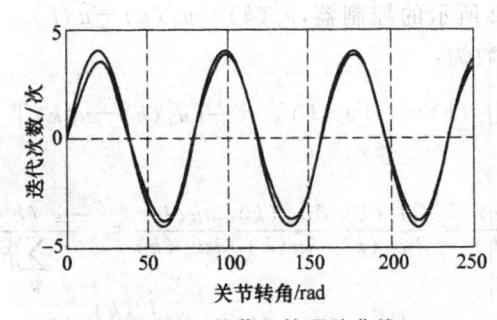

图 9-14 关节 2 的跟踪曲线

9.2 递阶智能控制在汽车自主驾驶系统中的应用

以四层递阶控制系统为例,该系统已在 2003 年用于 HQ3 红旗自主车的自动驾驶控制,取得了国际先进水平的试验成果。

9.2.1 汽车自主驾驶系统的总体结构

该系统的总体结构如图 9-15 所示,它主要由驾驶控制子系统和环境识别子系统组成。

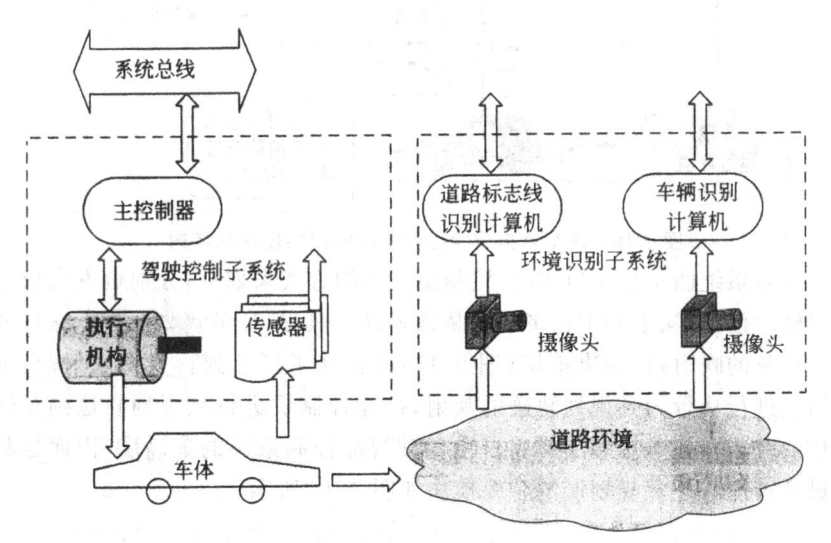

图 9-15 红旗车自主驾驶系统结构示意图

(1)环境识别子系统。由道路标志线识别和前方车辆识别两个分系统组成。前者能够实时识别当前及左右共三条车道线,实时输出处理结果;对车道上非标志线的标志及车辆干扰具有免疫力;较好地解决了对车体震动和光照变化的适应性问题。后者能够实时识别前方车辆距离及相对速度;具有较好的抗干扰性及适应性。

(2)驾驶控制子系统,包括行为决策、行为规划以及操作控制等主要模块。本子系统对受控对象的非线性、环境的严重不确定性具有很好的适应能力;能够满足系统实时性要求;其方向及速度跟踪精度高;具有系统监督模块,可实现系统状态的在线监督、预警及紧急情况处理。

9.2.2 汽车自主驾驶系统的递阶结构

以任务层次分解为基础,提出了图 9-16 的四层模块化汽车自主驾驶控制系统结构。

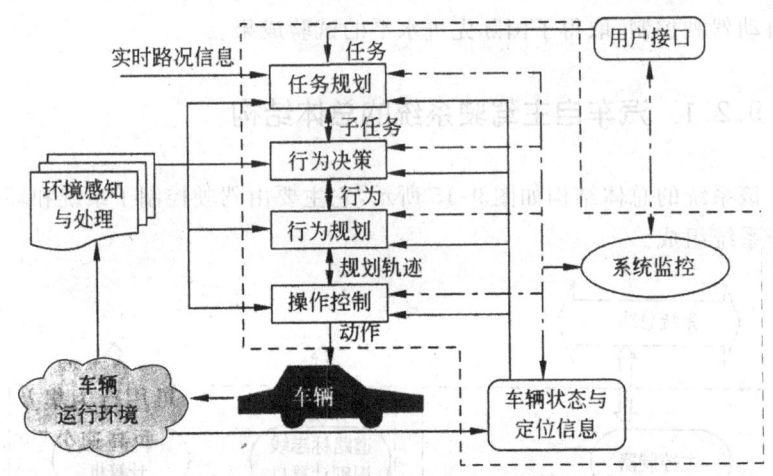

图 9-16 汽车自主驾驶控制系统的四层模块化结构

控制系统四个层次以 RCS 控制结构中的方式来划分,分别负责完成不同规模的任务,从上到下任务规模依次递减。其中,任务规划层进行从任务到子任务的映射;行为决策层(图 9-17)进行从子任务到行为的映射;行为规划层进行从行为到规划轨迹的映射;操作控制层进行从规划轨迹到车辆动作的映射。任务规划层作为自主驾驶智能控制系统的最高层,因而也具有最高智能。任务规划层的主要模块如图 9-18 所示。

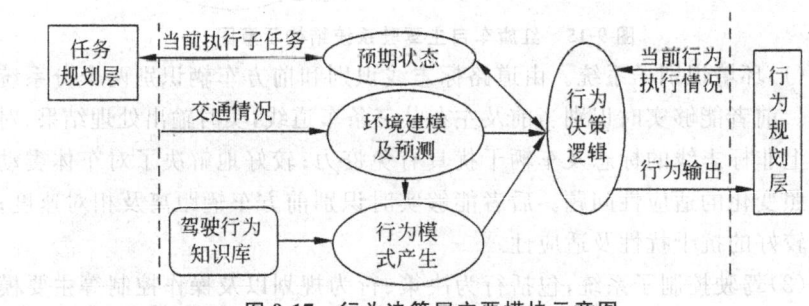

图 9-17 行为决策层主要模块示意图

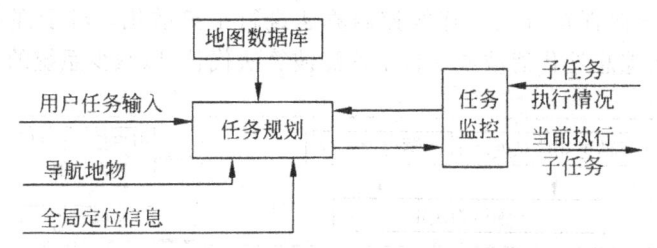

图 9-18　任务规划层主要模块示意图

任务规划层接收来自用户的任务请求,利用地图数据库,综合分析交通流量、路面情况等影响行车的有关因素,在已知道路网中搜索满足任务要求,从当前点到目标点的最优或次优通路,通路通常由一系列子任务组成,如沿 A 公路行至 X 点,转入 B 公路,行至 Y 点……到达目的地,同时规划通路上各子任务完成时间以及子任务对效率和安全性的要求等。规划结果交由任务监控模块监督执行。

任务监控模块根据环境感知和车辆定位系统的反馈信息确定当前要执行子任务,并监督控制下层对任务的执行情况,当前子任务执行受阻时要求任务规划模块重新规划。

9.2.3　自主驾驶系统的软件结构与控制算法

9.2.3.1　驾驶控制系统的软件结构

先后对操作控制层、行为规划层和行为决策层的软件进行开发。其中,操作控制层包括方向伺服控制、油门伺服控制、刹车伺服控制、其他模块控制、速度跟踪控制和路径跟踪控制六个软件模块;行为规划层包括车道信息接收和滤波处理、行为规划两个软件模块;行为决策层包括车辆感知信息处理、车辆行为决策、车辆行为监控三个模块;车辆状态感知与定位模块分为车辆状态感知处理,车辆定位及车辆姿态预测两个子模块;系统监控分为用户接口信息处理与控制、系统状态监测与控制以及运行信息存储管理三个子模块。整个驾驶控制系统的软件结构如图 9-19 所示。

上述每个模块都对应驾驶控制软件中的一个任务。这样整个驾驶控制软件共划分为 16 个任务,任务之间通过信号量来协调执行。所有共享的数据均放入对所有任务透明的数据存储区,用信号量和时钟实现对公用数据的访问控制,以防止在存取过程中由于任务切换而产生数据一致性问题。

9.2.3.2　驾驶控制算法

驾驶控制系统有关决策、规划和控制算法均采用相关算法的离散化形式。采用零阶保持方法对连续控制算法进行了离散化。对于部分滤波算法，系统用遗忘迭代滤波或平移平均滤波算法代替，以减少系统的运算量。

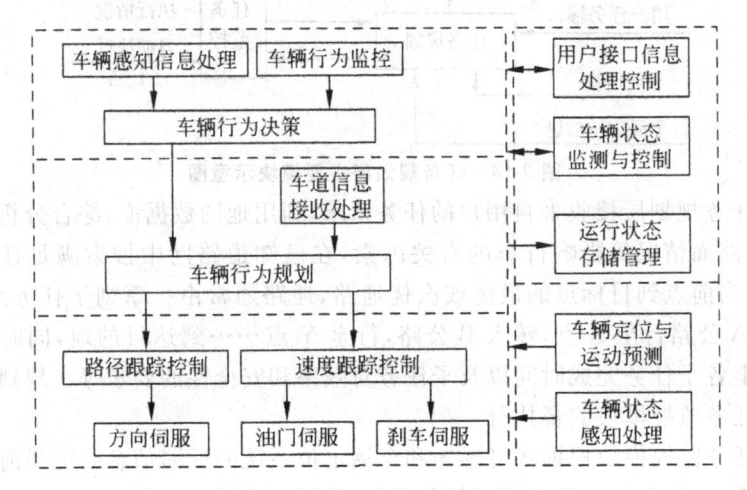

图 9-19 驾驶控制系统软件结构示意图

遗忘迭代滤波算法具有如下的形式：

$$x_f[n] = \begin{cases} x[0] & n=0 \\ \dfrac{x[n]+k \cdot x_f[n-1]}{k+1} & n \neq 0 \end{cases}$$

式中，$x[n]$ 为时刻 n 的信号采样值；$x_f[n]$ 为时刻 n 经过滤波后的信号。

平移平均滤波算法如下：

$$x_f[n] = \begin{cases} \dfrac{\sum_{i=0}^{n} x[n]}{n+1} & n < k-1 \\ \dfrac{\sum_{i=n-k+1}^{n} x[n]}{k} & n \geq k-1 \end{cases}$$

其中，$x[n]$ 为时刻 n 的信号采样值；$x_f[n]$ 为时刻 n 经过滤波后的信号；k 为平移平均滤波器长度。

9.2.4 自主驾驶系统的试验结果

HQ3 红旗自主驾驶轿车进行了大量的公路试验，以改善自主驾驶系统的性能，提高自主驾驶系统的可靠性。

经过 3 个月近 1000km 的道路试验，HQ3 红旗车自主驾驶有关的环境感知和驾驶控制算法得到了不断改进，实现了预定的如下三项性能指标：

(1) 正常交通情况下在高速公路上稳定自主驾驶速度 130km/h。
(2) 最高自主驾驶速度 170km/h。
(3) 具备超车功能。

经过 10 多年的研究开发与不断改进,该自主车的技术性能有了显著提高,达到国际先进水平。据媒体报道,该 HQ3 又进行了一次新的自主驾驶试验,在正常天气与路况条件下,以遵守交通法规为前提,在有多个高架桥路口的高速公路真实环境中,实现长沙至武汉自主驾驶,能够有效地超车并汇入车流,准确识别高速公路上的常见交通标志,并做出安全驾驶的动作。一些具体性能指标如下:

(1) 驾驶距离里程:286km。
(2) 驾驶时间:3 小时 22 分。
(3) 平均时速:87km/h。
(4) 最高时速可达 170km/h,一般设置为 110km/h。
(5) 自主超车:68 次,超车 116 辆,被其他车辆超越 148 次,实现了在密集车流中长距离安全驾驶。
(6) 人工干预率:小于 1%。

本自主驾驶创造了我国无人车自主驾驶的新纪录,标志着我国无人车在复杂环境识别、智能行为决策和控制等方面实现了新的技术突破,达到国际先进水平。

9.3 地铁机车的模糊控制

日本日立公司研制的模糊控制地铁电力机车自动运输系统,是世界上最先进的地铁系统之一,这也是模糊逻辑应用于控制领域的一座里程碑。经过运行 1 万次以上的行驶、进站停车试验统计,停车误差在 30cm 以上的还不到 1%,标准差是 10.6cm;另外还能比传统 PID 控制系统节省 10% 的电力。

9.3.1 地铁自动运输系统的多目的控制评价指标

机车司机通常要考虑在驾驶中如下一些评价控制性能的项目:安全性、行驶时间、平稳性(即乘客的舒适性)、停站准确度、行驶速度和电力消耗等。对其控制技术的考核评价指标也是根据这几项进行的。地铁机车模糊控制系统就是模仿熟练司机的经验控制,故该系统具以下开发目标:① 具有最大的安全性;②准点的行驶时间;③旅客感到乘坐舒适;④停站位置准确;⑤行驶速度不超过规定的速度;⑥节约消耗的电力。

9.3.2 传统控制方法与模糊控制方法的比较

传统的自动驾驶机车控制系统是利用 PID 控制算法跟踪事先制定好的距离-速度曲线驱使机车运行。事实上实际机车速度与期望速度总存在误差,为了减少误差的平均值,往往要使加速或减速的次数增多,而使乘客感到不舒服;另外,这种控制器也无法考虑节省电力能源的问题,如要兼顾安全性和准确停靠站台就更难。为了能逼近预定目标,常常要靠有经验的司机不断干预调整。要做到满足以上多目标控制的评价标准,实际上需要熟练的司机不断根据要求和机车运动的特性,利用积累的经验作出某种预测,能随时预测目前情况下应该如何改变控制,使机车继续运行一段路程后便能达到预期目标。例如,要根据预知的停车位置估算出可能的机车位置、速度和减速度等。在停靠站台前的一段时间,可能会用如下一些经验规则:

①如果保持目前的刹车状态可以顺利停靠,就保持目前的刹车状态。

②如果再增加一点刹车力矩可以更平稳地顺利停靠,就再稍微增加一点刹车力矩。

开发地铁电力机车自动运输系统模糊控制器的目的是把这些熟练司机的经验总结成控制规则,再用计算机进行模拟。用计算机对传统 PID 控制与模糊控制进行模拟实验比较的结果表明,关于停靠站的准确度,模糊控制的停车误差是 PID 控制的 1/3;关于与乘客舒适度感觉直接有关的控制值变化次数,模糊控制也只有 PID 控制的 1/3。

9.3.3 预测型地铁机车模糊控制系统设计

用预测型模糊控制方式实现模糊控制系统,其设计过程有以下几个步骤:

(1)司机控制经验规则的获取。要获得司机控制经验规则并非易事,因为司机常根据直观感觉和经验来控制机车,而这种直观感觉可能难以用语言准确表达。例如,在进站定位停车时,司机既要考虑机车在停车过程中平稳以使乘客对机车减速没有明显感觉,又要停站位置准确。这种情况下,司机在要停车前 30m 左右就要进行控制,这时他可能并未发出能够明确表述的控制指令,而只是带着这样一些念头(如"安全停车""平稳停车""准确停车""不影响乘客安全和舒适,刹车不能过猛"等)下意识地进行控制。机车驾驶主要有两个关键:一是从车站出发起动并慢慢加速到事先规定的限速以下,进入恒速行驶;另一个就是机车进站时的平稳减速并准确地停到规定的位置。在这两个过程中,熟练司机积累了许多行之有效的经验,这些经验规则的获取是模糊控制成功的关键。

(2)对评价指标的定义。首先,定义 6 个有关语言变量:

①"停车准确度"是停车目标 X 相对于预测停车位置砼的距离(N_P),用 A 表示。

②"乘坐舒适性"是用行驶中速度控制阀阀值变化的段数 NC 的函数 $C(NC)$ 和该控制阀在切换后所维持的时间进行描述的,用 C 表示。据研究,人对前后方向的振动并不敏感,但是对上下振动却比较敏感。当速度控制阀频繁切换时,就会产生较高频率的振动而使乘客感到不舒服。

③"节约能源"用 E 表示,其定义方法是,在车站之间设定某个特定的地点 X_k,如果从目前所在地点到 X_k 利用惯性来行驶,计算出可能要增加的时间,用这个可能要增加的时间与还剩余的时间作比较,来决定是否允许利用惯性行驶一段时间。

④"行驶时间"定义为出发时间至到达进站标志点的时间,用 R 表示。

⑤"安全性"定义为当目前机车速度超过限定速度时,从该速度回到限定速度以下所需要的时间,用 S 表示。

⑥"速度跟踪性"被定义为预测速度 V_s 与目标速度 V_t 的一致性,用 T 表示。

接下来,定义 5 个模糊概念等级:VG 为非常好,G 为好,M 为中等,B 为差,VB 为非常差。如果要表示停车准确度非常好,在规则中可用 $A=VG$ 表示;表示安全性差可用 $S=B$ 等。用这些符号可对评价指标进行定义。

(3)模糊控制规则的制定。根据熟练司机经验规则和模糊表达方法,可制定出 24 条预见性模糊控制规则,分为两类:

①站间定速行驶控制规则。用司机的自然语言表述的操作规律如下:

规律 1:为了确保安全性和乘坐的舒适,当速度高于所限速度时,把控制值调到当前控制值与紧急刹车值之间的中间值,如需紧急刹车,冲击会减小。

规律 2:为了节约能源,当可以确保行驶时间时,利用惯性运行,既不加速也不减速。

规律 3:为了缩短行驶时间,当速度小于所限速度时,可用最大速度加速。

规律 4:为了乘坐舒适,如果用当前控制值就可保持车速跟踪目标速度,那么可保持当前控制值。

规律 5：为了跟踪行驶速度，如果在当前控制下，不能达到目标值，就应该在 $\pm n$ 个控制值范围内选择适当的控制值来调节车速，以达到目标值。同时还要考虑到乘坐舒适，避免加速过大。

根据这些控制规律，可制定出满足模糊控制要求的控制规则如下：

规则 1：如果 $N=0$ 时，$S=G$ 且 $C=G$ 且 $E=G$，那么 $N=0$。

规则 2：如果 $N=P_7$ 时，$S=G$ 且 $C=G$ 且 $T=B$，那么 $N=P_7$。

规则 3：如果 $N=B_7$ 时，$S=B$，那么 $N=[N(t)+B_{\max}]/2$。

规则 4：如果 $NC=4$ 时，$S=G$ 且 $C=G$ 且 $T=VG$，那么 $NC=4$。

规则 5：如果 $NC=3$ 时，$S=G$ 且 $C=G$ 且 $T=VG$，那么 $NC=3$。

规则 6：如果 $NC=2$ 时，$S=G$ 且 $C=G$ 且 $T=VG$，那么 $NC=2$。

规则 7：如果 $NC=1$ 时，$S=G$ 且 $C=G$ 且 $T=VG$，那么 $NC=1$。

规则 8：如果 $NC=0$ 时，$S=G$ 且 $T=G$，那么 $NC=0$。

规则 9：如果 $NC=-1$ 时，$S=G$ 且 $C=G$ 且 $T=VG$，那么 $NC=-1$。

规则 10：如果 $NC=-2$ 时，$S=G$ 且 $C=G$ 且 $T=VG$，那么 $NC=-2$。

规则 11：如果 $NC=-3$ 时，$S=G$ 且 $C=G$ 且 $T=VC$，那么 $NC=-3$。

规则 12：如果 $NC=-4$ 时，$S=G$ 且 $C=G$ 且 $T=VG$，那么 $NC=-4$。

在上述规则中，各符号意义如下：

N：控制阀值；

NC：相对于当前的控制阀值的变化量；

P_n：行驶控制刻度盘上的刻度，P_7 表示最大控制值；

B_n：刹车刻度盘上的刻度；

$B_{\max}$：紧急刹车；

$N(t)$：当前控制值。

②车站停车控制规则。用司机的自然语言表述的操作规律如下：

操作经验的语言描述为：当列车通过车站前放置的停车标志后，指示可以开始控制停车定位，但同时要考虑乘坐舒适性，具体根据以下规律来选择控制值。

规律 1：为了乘坐舒适性，在通过标志时，应该保持当前的控制值，避免惯性冲击。

规律 2：为了缩短行驶时间，同时考虑乘坐舒适性，在标志前不要刹车，过了标志开始缓慢刹车。

规律 3：为了精确定位，在过了标志后，就应该在 $\pm n$ 个控制值范围内选择适当的控制值来调节车速，以便正确停车，同时要避免发生惯性冲击。

根据这些控制规律，可制定出满足模糊控制要求的控制规则如下：

规则 1：如果 $NC=+3$ 时，$R=VG$ 且 $C=G$ 且 $A=VG$，那么 $NC=3$。

规则 2：如果 $NC=+2$ 时，$R=VG$ 且 $C=G$ 且 $A=VG$，那么 $NC=2$。
规则 3：如果 $NC=+1$ 时，$R=VG$ 且 $C=G$ 且 $A=VG$，那么 $NC=1$。
规则 4：如果 $NC=0$ 时，$R=VG$ 且 $A=G$，那么 $NC=0$。
规则 5：如果 $NC=-1$ 时，$R=VG$ 且 $C=G$ 且 $A=VG$，那么 $NC=-1$。
规则 6：如果 $NC=-2$ 时，$R=VG$ 且 $C=G$ 且 $A=VG$，那么 $NC=-2$。
规则 7：如果 $NC=-3$ 时，$R=VG$ 且 $C=G$ 且 $A=VG$，那么 $NC=-3$。
规则 8：如果 $N=P_7$ 时，$R=VB$ 且 $C=G$ 且 $S=G$，那么 $N=P_7$。
规则 9：如果 $N=P_4$ 时，$R=B$ 且 $A=B$ 且 $S=G$，那么 $N=P_4$。
规则 10：如果 $N=0$ 时，$R=M$ 且 $C=G$ 且 $S=G$，那么 $N=0$。
规则 11：如果 $N=B_1$ 时，$R=G$ 且 $C=G$ 且 $S=G$，那么 $N=B_1$。
规则 12：如果 $N=B_7$ 时，且 $S=VB$，那么 $N=0$。

(4) 性能评价。用计算机进行模糊控制的实验结果表明，关于进站停车的准确度，模糊控制方式比 PID 控制方式明显提高，其停车误差只有 PID 控制的 1/3；关于与乘客舒适度感觉直接有关的控制阀值切换次数，模糊控制也只有 PID 控制的 1/3。经过 1 万多次的行驶试验，发现模糊控制的停车误差超过 30cm 的不到 1%，标准误差为 10.6cm。此外，电力消耗降低了 10%，行驶时间缩短了 10%。停车精确度统计曲线如图 9-20 所示，控制阀值切换次数比较如图 9-21 所示。

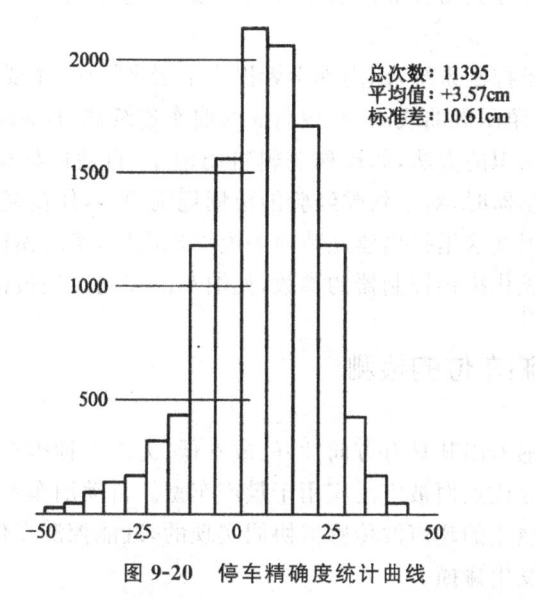

图 9-20 停车精确度统计曲线

图 9-21　控制阀值切换次数比较

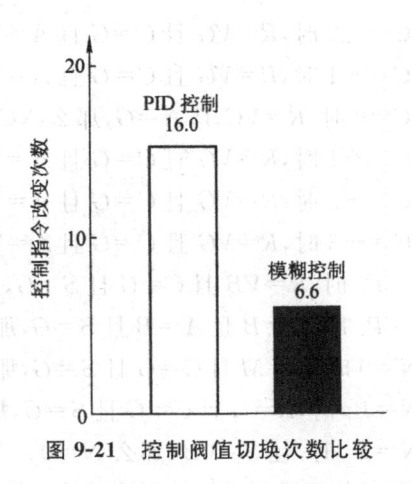

9.4　基于模糊控制的自动泊车控制系统

自动泊车系统利用传感器探测周围环境,并按照相应的策略自动控制方向和车速、快速、准确、安全地实现泊车。基于模糊控制技术的自动泊车系统可以根据有经验驾驶员的泊车方式和技巧,有效地将车辆自动驶入泊车位中。

对自动泊车控制系统,国内外学者提出了诸多算法,主要分为基于路径规划方法,如三角函数曲线法、回转曲线的曲率连续法、Bezier 曲线拟合等;基于驾驶经验知识的方法,如模糊逻辑自动泊车、自适应模糊自动泊车等。在设计模糊控制器时,对于驾驶经验的模糊规则很多,使模糊控制算法实现起来很困难。因此这里提出建立精简的模糊规则库,实现模糊控制的算法,采用学习算法优化模糊控制器的参数,使泊车的控制实现最优。

9.4.1　泊车位的检测

超声波传感器因其具有方向性好、成本低、无须多种类型的传感器便能实现车位探测等优点而被广泛应用于量产车型。自动泊车系统的车位探测功能是由多个独立的超声波传感器协同实现的,既能探测车位大小,也能避免泊车过程中发生碰撞。

泊车位可以分为平行于行驶路线的车位,即平行车位;垂直于行驶路线的车位,即垂直车位;与行驶路线倾斜的车位,即倾斜车位。实践中,平行车位和垂直车位最为常见,因为这里重点展开讨论。

9.4.1.1 平行车位探测方法

平行车位的探测方法如图 9-22 所示。图中，L 和 W 分别为车辆的长度和宽度，S_1 为车辆与泊车位的横向距离；L' 和 W' 分别为潜在车位的长度和宽度。车辆前部两侧装有超声波传感器，车轮上装有位移传感器。在搜索车位时，车辆平行开过车位，超声波传感器开始对障碍车辆进行测距，所测距离为 S_t。

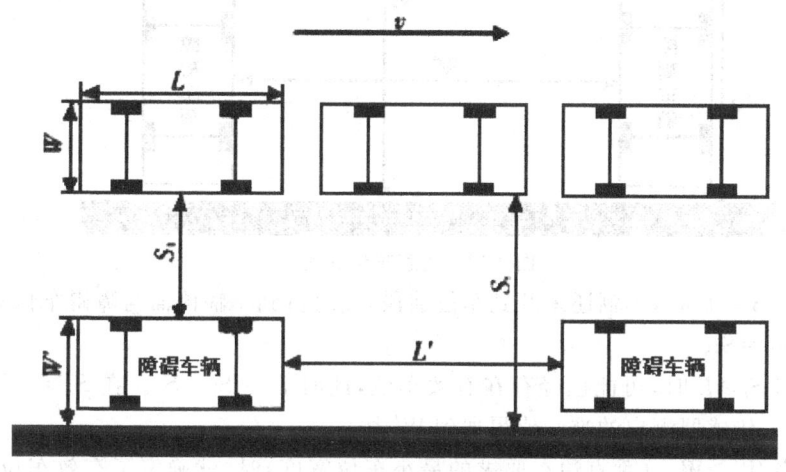

图 9-22 平行车位探测

当 $S_t < W$ 时，车辆超声波传感器的位置还没有越过停在旁边的障碍车辆的前段，此时，可得车辆与障碍车辆间的距离 $S_1 = S_t$。

当 $S_t \geq W$ 时，可能已经存在有效车位，此时 $W' = S_t - S_1$。在 $S_t > W$ 期间，位移传感器测出的位移值累加到 L' 中。

当 $L' \geq L_{min}$（平行泊车要求的最小车位长度）时，就确定了车位有效，系统提示驾驶员可以泊车，驾驶员确认后，开始自动泊车。$L' < L_{min}$ 时，则继续搜索，如果 L' 未达到 L_{min} 时，再次测试到 $S_t < W$ 的点，说明车位不符合要求，则将 L' 清零，车辆继续前进并搜索。

9.4.1.2 垂直车位探测方法

垂直车位的探测方法如图 9-23 所示，它与平行车位探测方法原理相同，只是判断条件有所区别。当车辆开过潜在泊车时，装于车身侧面的超声波传感器开始对障碍车辆测距，所测距离为 S_t。

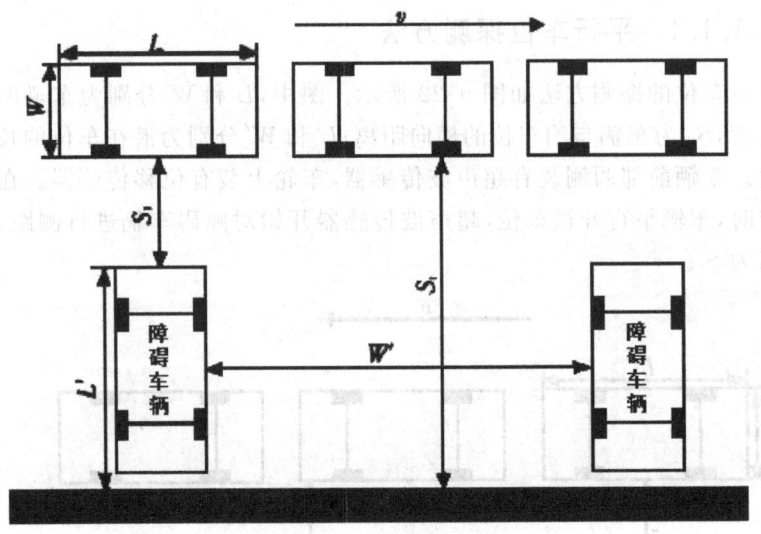

图 9-23　垂直车位探测

当 $S_t < L$ 时,车辆还未开到车位前段,此时得到车辆侧面与障碍车辆的距离 $S_1 = S_t$。

当 $S_t \geqslant L$ 时,可能已经存在有效车位,此时 $L' = S_t - S_1$。在 $S_t > L$ 期间,唯一传感器测出的唯一值累加到 W' 中。

当 $W' \geqslant W_{\min}$(垂直泊车要求的最小车位宽度)时,就确定了有效车位,系统提示驾驶员可以泊车,驾驶员确认后,开始自动泊车。$W' < W_{\min}$ 时,则继续搜索,W' 未达到 $W_{\min}$ 时,再次测试到 $S_t < L$ 的点,说明车位不符合要求,则将 W' 清零,车辆继续前进并搜索。

9.4.2　泊车过程的运动学模型

以车辆驶入泊车位后后轴中心为原点,车辆中心轴为 y 轴,垂直于中心轴为 x 轴建立坐标系,车辆的运动学模型如图 9-24 所示。其中,(x_f, y_f) 为前轴中心点位置坐标;(x_r, y_r) 为后轴中心点位置坐标,也作为整个车辆的参考点;(x_{rL}, y_{rL}) 为左后轮位置坐标;(x_{rR}, y_{rR}) 为右后轮位置坐标;v 为车辆行驶速度;l 为车辆轴距;w 为后轮距;φ 为车辆转向角,即前轮与车辆纵向对称平面间的夹角;θ 为航向角,即车身纵向对称平面与 x 轴间的夹角。

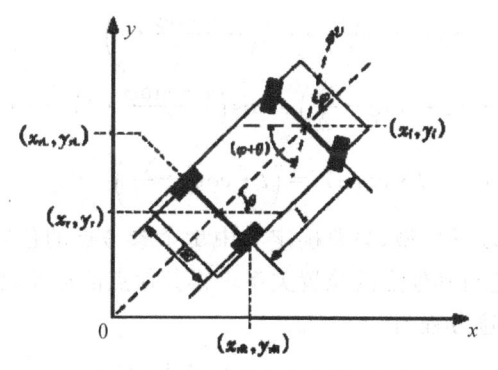

图 9-24 车辆运动学模型示意图

车辆泊车过程中，车速一般低于 5km/h，通常可以忽略车轮转动时的侧滑情况，即后轮运动轨迹的垂直速度为 0，由运动轨迹可得：

$$\dot{y}\cos\theta - \dot{x}\sin\theta = 0 \quad (9\text{-}4\text{-}1)$$

式中，$\dot{y}$ 为 y 的一阶导数，$\dot{x}$ 为 x 的一阶导数。由图 9-24 的运动模型可得车辆前后轴中心点位置坐标关系：

$$\begin{cases} x_r = x_f - l \cdot \cos\theta \\ y_r = y_f - l \cdot \cos\theta \end{cases} \quad (9\text{-}4\text{-}2)$$

对式(9-4-2)两边同时对时间求导可得

$$\begin{cases} \dot{x}_r = \dot{x}_f - \dot{\theta} \cdot l \cdot \cos\theta \\ \dot{y}_r = \dot{y}_f - \dot{\theta} \cdot l \cdot \cos\theta \end{cases} \quad (9\text{-}4\text{-}3)$$

由图 9-24 可得车辆前轮轴线中心点的 x、y 方向速度为

$$\begin{cases} \dot{x}_f = v \cdot \sin(\theta + \varphi) \\ \dot{y}_f = v \cdot \cos(\theta + \varphi) \end{cases} \quad (9\text{-}4\text{-}4)$$

联立式(9-4-1)到式(9-4-4)可得到基于后轴中心点的车辆运动学方程，其中心点在 x、y 方向速度分别为：

$$\begin{cases} \dot{x}_r = v \cdot \cos\theta + \cos\varphi \\ \dot{y}_r = v \cdot \sin\theta + \sin\varphi \end{cases}$$

离散化后的车辆运动学方程为

$$\begin{cases} x_r(i+1) = x_r(i) + v(i)\cos\theta(i)\cos\varphi(i)\tau \\ y_r(i+1) = y_r(i) + v(i)\sin\theta(i)\text{sincos}\,\varphi(i)\tau \\ \theta(i+1) = \theta(i) + \dot{\theta}(i)\tau \end{cases}$$

式中，τ 为离散的时间周期，i 为离散的次数。

后轴中心点的轨迹方程为

$$\begin{cases} x_r = \left(l \cdot \cot\varphi - \dfrac{w}{2}\right) \cdot \sin\left(\dfrac{v \cdot \sin\varphi}{l} \cdot t\right) \\ y_r = -\left(l \cdot \cot\varphi - \dfrac{w}{2}\right) \cdot \cos\left(\dfrac{v \cdot \sin\varphi}{l} \cdot l\right) + l \cdot \cos\varphi \\ x_r^2 + (y_r - l \cdot \cot\varphi)^2 = \left(l \cdot \cot\varphi - \dfrac{w}{2}\right)^2 \end{cases}$$

根据车辆运动学模型,只要确定其中 1 个参考点的位置坐标和运动轨迹,就可以通过它与其他点的位置关系求得其他点的运动轨迹。

左后轮的轨迹方程为

$$\begin{cases} x_{rL}(t) = \left(l \cdot \cot\varphi - \dfrac{w}{2}\right) \cdot \sin\left(\dfrac{v \cdot \sin\varphi}{l} \cdot t\right) \\ y_{rL}(t) = -\left(l \cdot \cot\varphi - \dfrac{w}{2}\right) \cdot \cos\left(\dfrac{v \cdot \sin\varphi}{l} \cdot l\right) + l \cdot \cos\varphi \\ x_{rL}^2 + (y_{rL} - l \cdot \cot\varphi)^2 = \left(l \cdot \cot\varphi - \dfrac{w}{2}\right)^2 \end{cases}$$

右后轮的轨迹方程为:

$$\begin{cases} x_{rR}(t) = \left(l \cdot \cot\varphi - \dfrac{w}{2}\right) \cdot \sin\left(\dfrac{v \cdot \sin\varphi}{l} \cdot t\right) \\ y_{rR}(t) = -\left(l \cdot \cot\varphi - \dfrac{w}{2}\right) \cdot \cos\left(\dfrac{v \cdot \sin\varphi}{l} \cdot l\right) + l \cdot \cos\varphi \\ x_{rR}^2 + (y_{rR} - l \cdot \cot\varphi)^2 = \left(l \cdot \cot\varphi - \dfrac{w}{2}\right)^2 \end{cases}$$

由以上分析可知,非完整约束条件下建立车辆运动学模型,车身的运动轨迹与后轮的运动轨迹相同,车速只影响车辆的泊车时间,不影响汽车的行驶轨迹,而行驶轨迹只与车辆车长 L、车宽 W 和航向角 θ 有关。车辆泊车轨迹实际上是由多段圆弧组成的,直行可视为半径无限大的圆周运动。

9.4.3 自动泊车系统模糊控制器设计

9.4.3.1 输入、输出参数取值范围及隶属函数

在图 9-24 坐标系下,建立车辆泊车示意图(见图 9-25),在泊车过程中,车辆的位置由 θ、x、y 确定。由于驾驶员一般为一次性将车辆倒入停车位。所以 y 为状态变量,模糊控制器输入为 (x,θ),输出为 φ,满足车辆最终位置状态为 $(x_f, x_f) = (0, 90°)$。

利用试错法产生输入输出数据对:在任意时刻(此时 x 和 θ 是给定的)当车辆从某初始状态开始倒车时,根据经验确定控制量 φ(即该状态下转向

盘角度的控制经验)。经多次实验,可以得到最佳车轨迹对应的输入-输出数据库对。

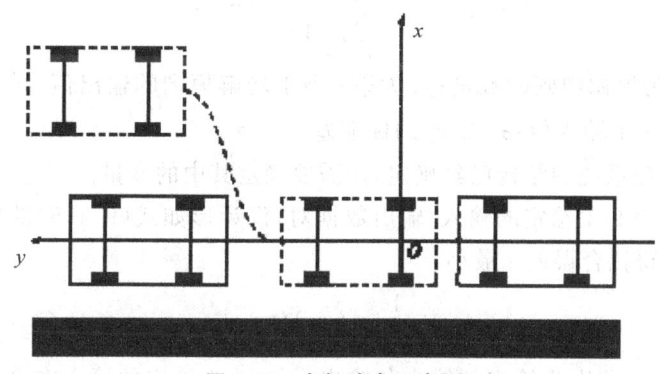

图 9-25　车辆泊车示意图

9.4.3.2　模糊规则的确立

对输入变量和输出变量模糊化后,根据专家经验建立模糊规则。x 和 θ 各有 7 个语言变量值,理论上可以建立 49 条模糊规则,但 x 和 θ 取某些值时,不符合泊车实际情况,将其消除后形成的模糊规则库如表 9-1 所示。

表 9-1　模糊规则库

φ		x						
		S3	S2	S1	CE	B1	B2	B3
θ	S3					P3	P3	P3
	S2				P3	P2	P3	P3
	S1				P2	P2	P2	P2
	CE	CE	N1	N2	P3	P3	P3	P1
	B1	N1	N2	N2	N2	N1	N1	CE
	B2	N2	N3	N3	N3	N2	N2	N2
	B3	N3	N3	N3	N3	N3	N3	N3

9.4.3.3　模糊系统的设计与优化

采用带有乘积推理机、单值模糊器、中心平均解模糊器设计和高斯隶属度函数的模糊控制系统,即

$$f(x) = \frac{\sum_{l=1}^{M} \bar{y}^l \prod_{i=1}^{n} e^{-\left(\frac{x_i^l - \bar{x}_i^l}{\sigma_i^l}\right)^2}}{\sum_{l=1}^{M} \prod_{i=1}^{n} e^{-\left(\frac{x_i^l - \bar{x}_i^l}{\sigma_i^l}\right)^2}} \qquad (9\text{-}4\text{-}5)$$

式中，M 为模糊规则的数量；$\bar{y}^l$ 为第 l 条平均解模糊的输出值；x_i^l 为第 l 条规则中第 i 个输入值；σ_i^l 为 x_i^l 的标准差。

该模糊系统的结构已经确定，还需要确定其中的变量。

根据表 9-1 给定的输入、输出数据对，设计形如式（9-4-5）的模糊系统 $f(x)$，使得拟合误差 e 最小：

$$e = \frac{1}{2}\left[f(x_0) - y_0\right]^2$$

式中，x_0、y_0 分别为给定的输入与输出；$f(x_0)$ 为给定的输入在设计的模糊系统产生的输出。

当 e 最小时，可以确定参数 $\bar{y}^l$、x_i^l 与 σ_i^l。若要求取最小值，则需要取它们的偏导数：

$$\begin{cases} \dfrac{\partial e}{\partial \bar{y}^l} = \left[f(x_0) - y_0\right] \dfrac{\prod_{i=1}^{n} e^{-\left(\frac{x_i^l - \bar{x}_i^l}{\sigma_i^l}\right)^2}}{\sum_{l=1}^{M} \prod_{i=1}^{n} e^{-\left(\frac{x_i^l - \bar{x}_i^l}{\sigma_i^l}\right)^2}} \\[2ex] \dfrac{\partial e}{\partial \bar{x}_i^l} = \left[f(x_0) - y_0\right] \dfrac{\bar{y}^l - f(x_0)}{\sum_{l=1}^{M} \prod_{i=1}^{n} e^{-\left(\frac{x_i^l - \bar{x}_i^l}{\sigma_i^l}\right)^2}} \dfrac{2(x_i^l - \bar{x}_i^l)}{\sigma_i^{l2}} \prod_{i=1}^{n} e^{-\left(\frac{x_i^l - \bar{x}_i^l}{\sigma_i^l}\right)^2} \\[2ex] \dfrac{\partial e}{\partial \sigma_i^l} = \left[f(x_0) - y_0\right] \dfrac{\prod_{i=1}^{n} e^{-\left(\frac{x_i^l - \bar{x}_i^l}{\sigma_i^l}\right)^2}}{\sum_{l=1}^{M} \prod_{i=1}^{n} e^{-\left(\frac{x_i^l - \bar{x}_i^l}{\sigma_i^l}\right)^2}} (\bar{y}^l - f(x_0)) \dfrac{2(x_i^l - \bar{x}_i^l)^2}{\sigma_i^{l3}} \end{cases}$$

$$(9\text{-}4\text{-}6)$$

使用学习算法对 $\bar{y}^l$、x_i^l 和 σ_i^l 进行优化：

$$\begin{cases} \bar{y}^l(q+1) = \bar{y}^l(q) - \alpha \dfrac{\partial e}{\partial \bar{y}^l} \\[1.5ex] \bar{x}_i^l(q+1) = \bar{x}_i^l(q) - \alpha \dfrac{\partial e}{\partial \bar{x}_i^l} \\[1.5ex] \sigma_i^l(q+1) = \sigma_i^l(q) - \alpha \dfrac{\partial e}{\partial \sigma_i^l} \end{cases} \qquad (9\text{-}4\text{-}7)$$

式中，q 为学习次数；α 为步长。

将式（9-4-6）代入式（9-4-7）可以得到 $\bar{y}^l$、x_i^l 和 σ_i^l 的学习算法。

9.4.4 仿真与分析

应用 MATLAB 软件对基于学习算法优化的模糊控制器与传统查表法的仿真结果进行比较。图 9-26 和图 9-27 是车辆在 $x=20\text{m}, \theta=0°$ 的位置，分别应用 2 种方法的模糊控制系统仿真结果。

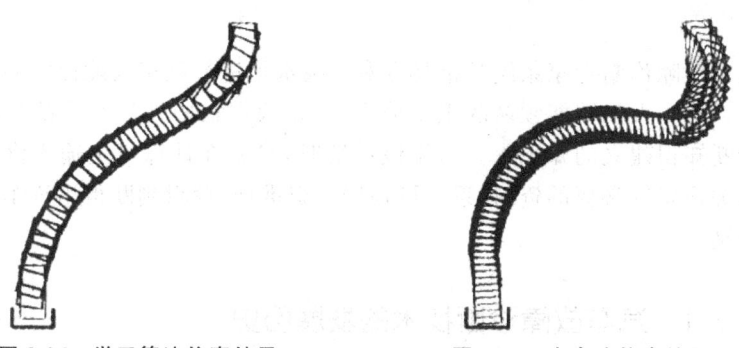

图 9-26　学习算法仿真结果　　　　图 9-27　查表法仿真结果

通过无限次改变车辆的初始位置，获取学习算法与查表法的泊车时间。分别取 $\theta=0°$、$x=10\text{m}$，泊车时间 t 与 x、θ 的关系如图 9-28、图 9-29 所示。

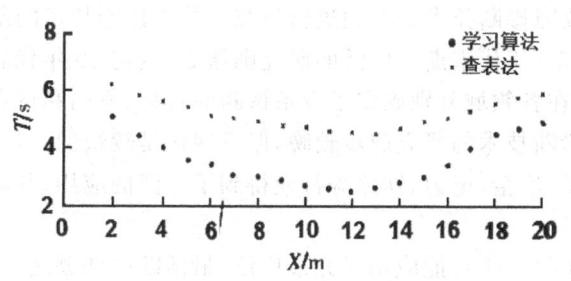

图 9-28　$\theta=0°$ 时 x 与 t 的关系

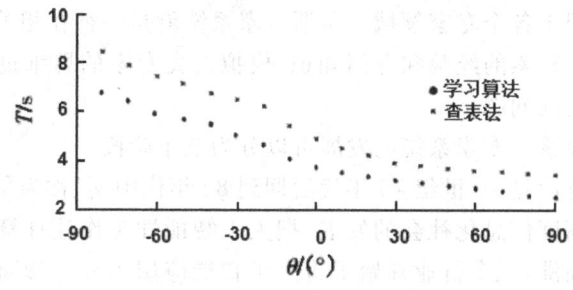

图 9-29　$x=10\text{m}$ 时 θ 与 t 的关系

由图 9-28、图 9-29 可知，无论应用学习算法还是查表法，当 $\theta=0°$ 时，泊车位与车辆的距离小于 10m 时，距离越近，泊车时间越长，泊车位与车辆的距离大于 2m 时，距离越远，泊车时间越长，即泊车距离在 10～12m 时，泊车时间较短。同样，在 $x=10\text{m}$ 时，θ 越大则泊车时间越短。学习算法与传统的查表法相比，泊车时间缩短。

9.5 汽车故障诊断专家系统

汽车故障诊断专家系统是指具有专家级水平进行汽车故障诊断的计算机程序系统。人工智能领域的重要分支，也是根据权威性汽车故障诊断专家的诊断知识建立的知识库。运用该系统时，只要在计算机上输入汽车故障的相关症状等必要的资料，系统可根据知识推理、逻辑判断得出汽车故障的相应结论。

9.5.1 汽车故障诊断技术的发展历史

美国是最早研究故障诊断技术的国家。早在 1967 年，在美国宇航局和海军研究所的倡导和组织下，成立了美国机械故障预防小组（MEPG），开始有计划地对故障诊断技术分专题进行研究。故障诊断技术的研究在我国开始于 20 世纪 70 年代末期。广泛的研究则从 20 世纪 80 年代后期开始发展起来。随后，在各领域分别确定了设备诊断的目标、方向和试点单位。尽管我国的设备诊断技术的研究起步较晚，但发展还是较快的。目前，设备诊断在我们的化工、冶金、电力、铁路等行业得到了广泛的应用，并取得了可喜的成果。

专家系统是人工智能应用研究最广泛、最活跃的课题之一。自 1965 年第一个专家系统在美国斯坦福大学诞生以来，经过 30 多年的发展，目前专家系统已应用于各个专家领域。所谓专家系统就是一种在相关领域中利用领域专家多年积累的经验和专门知识，模拟人类专家的思维过程求解需要专家才能解决的问题。

汽车故障诊断专家系统的发展可以分为三个阶段：

第一个阶段是 20 世纪 70 年代后期到 80 年代中期，称为黎明期。这一时期为适应高度信息化社会的发展，把人工智能性工作让计算机代替执行的需求日渐高涨，汽车行业开始了将人工智能应用于故障诊断支援系统的研究。

第二阶段是 20 世纪 80 年代中期到 90 年代末期为成长期。这一时期伴随着汽车的急速电子化，汽车故障诊断的高度化、复杂化，故障诊断支援系统开发的重要性越来越明显。

第三阶段为20世纪90年代末至今称之为再燃期。这一时期，随着汽车电子控制系统故障诊断的高难度化，以及提高市场竞争能力活动的开展，将汽车故障诊断专家系统投入市场成了当务之急，也可以说是专家诊断系统向实用化发展的再燃期。

9.5.2 汽车故障诊断专家系统的基本结构

不同的专家系统其功能和结构都不相同。专家系统是模拟专家思维过程来完成某项困难任务的，根据汽车诊断专家的知识，构造了汽车故障诊断专家系统，它大体分为六大部分，即人机接口、知识库、数据库、推理机、解释系统和知识获取系统。具体结构图如图9-30所示。

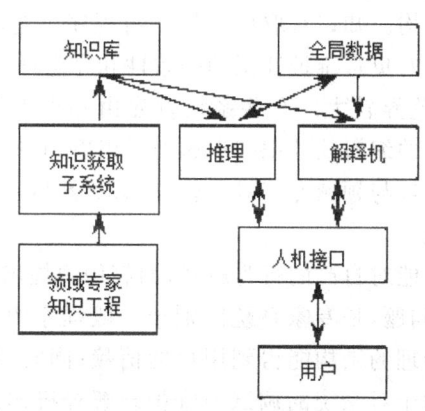

图 9-30 具体结构图

（1）人机接口。人机接口是专家系统与领域专家或知识工程师及一般用户的界面。它由一组程序及相应的硬件组成，用于输入输出工作。领域专家或知识工程师通过它输入输出知识，更新、完善数据库；一般用户通过它输入预求解的问题、已知事实及向系统提出的询问；系统通过它输出运行结果、回答用户的询问或向用户索取进一步的事实。

（2）推理机。推理机是专家系统的"思维机构"是构成专家系统的核心部分。其任务是模拟领域专家的思维过程对问题进行求解。它能根据当前已知的事实，利用知识库中的知识按一定的推理方法和控制策略进行推理，求得问题的答案。

（3）知识库及其管理系统。知识库是知识的存储空间，用于领域内的原理性知识、专家的经验知识及有关的事实等。知识库的知识来源于知识获取机构，同时又为推理机求解问题提供所需的知识。

知识库管理系统负责对知识库中的知识进行组织、检索、维护等。专家系统中其他任何部分如要与知识库发生联系,都必须通过知识管理系统来完成。这样就可以实现对知识库的统一管理及使用。

(4)数据库及其管理系统。数据库又称"黑板""综合数据库"等。它是用于存放用户提供的初始事实、问题描述以及系统运行过程中的中间结果、最终结果等的工作存储器。

数据库的内容是不断变化的。在求解问题开始时,它存放的是用户提供的初始事实,在推理过程中,它存放每一步推理结果。推理机根据数据库的内容从知识库选择合适的知识进行推理,然后又把推理的结构存放在数据库中。数据库是推理机不可缺少的工作场所,同时,又为解释机构提供了回答用户问题的依据。数据库及其管理系统与普通的数据库没有什么差别,但是数据库的结构与知识库的表示方法相适应。

(5)知识获取机构。知识获取机构是一组程序。它的基本任务是把知识输入到知识库中,并负责维护知识的一致性和完整性。在不同的系统中,知识的获取及实现差异较大。有些系统首先由知识工程师向领域专家获取,然后再通过相应的编辑软件把知识送到知识库;有些系统自身具有部分学习能力,由系统直接与领域专家对话获取知识,然后通过系统的运行实践归纳、总结出新知识。

(6)解释机构。能对自己的行为解释,回答用户提出的"为什么?""结论是如何得到的?"等问题,是专家系统区别于一般程序的重要特征之一。由于有了解释机构,推理的结构能得到用户的信赖;同时,还可以帮助系统建造者发现错误,有助于对系统的调试与维护。解释机构能跟踪并记录推理过程。当用户询问需要提供解释时,它将根据问题的要求分别作相应的处理,最后把答案用约定的形式通过人机接口输出给用户。

基于上述基本结构,目前已经研究出的汽车故障诊断专家系统模型有:基于规则的诊断专家系统、基于实例的诊断专家系统、基于行为的诊断专家系统、基于模糊逻辑的诊断专家系统。

9.5.3 汽车故障诊断专家系统的不足及解决途径

目前汽车故障诊断专家系统的不足主要表现在系统知识获取能力弱及系统知识不足。其中,系统知识获取能力是制约专家系统实用性的最大障碍,为此,近年来人们寻找其他途径解决专家系统的不足,目前已经取得了一定的进展。基于人工智能的神经网络专家系统就是解决途径之一。利用神经网络专家系统可以实现自组织、自学习以及联想记忆,可在工作中不断学习、发展和创新,在知识获取、并行推理和自适应学习等方面显示出明显的优越性,一定程度上克服了传统汽车诊断专家系统存在的知识获取困难、推理速度慢等问题。人工神经网络技术在汽车行业的应用前景无疑是非常广阔的。

9.6 基于模糊神经网络控制的汽车主动悬架系统

悬架系统主要是吸收并缓和行驶时路面不平引起车轮跳动而传给车架的冲击和振动,其性能的好坏直接影响车辆的行驶平顺性。随着人们对车辆行驶平顺性要求的日益提高,阻尼和刚度不可调节的传统被动悬架已经不能满足需求,而主动悬架系统可以根据车辆当前的运动状态实时调节悬架特性,使车辆在任何工况下均能获得较好的行驶平顺性,国内外众多学者对主动悬架系统展开了大量研究。

神经网络具有并行计算、分布式信息存储、容错能力强以及具备自适应学习功能等优点,但神经网络不适于表达基于规则的知识。模糊逻辑是一种处理不确定性、非线性和其他不适应问题的有力工具,比较适合于表达模糊或定性的知识,其推理方式类似于人的思维模式,但缺乏自学习和自适应能力。模糊神经网络是两者结合的产物,取长补短,是利用神经网络来实现模糊系统的功能。

结合模糊控制理论和神经网络控制理论,设计基于模糊神经网络控制的主动悬架系统,分别进行随机路面输入和正弦波凸起输入的仿真计算和分析。

9.6.1 控制系统结构设计

建立的主动悬架模糊神经网络控制系统如图 9-31 所示。

图中,k_1、k_2、k_3 为量化因子,k_u 为比例因子。从图 9-31 中可以看出,主动悬架整车动力学系统的输入为路面白噪声 $\omega_i(t)$,输出为车身质心垂直加速度 $\ddot{z}_s$、车身侧倾角 φ、车身俯仰角 θ 等车身姿态方面的变量。模糊神经网络控制器根据车辆系统的输出,经过量化、模糊化、控制规则和清晰化等过程,输出主动悬架系统作动器作用力 f_{2i},实现对主动悬架系统的闭环控制。

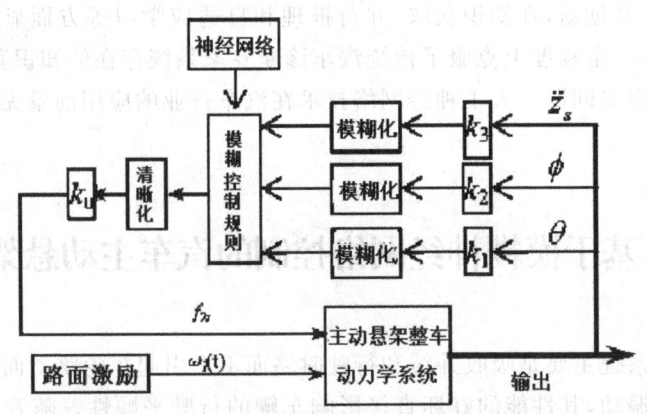

图 9-31　主动悬架模糊神经网络控制系统框图

9.6.2　控制系统策略

模糊神经网络系统由 4 层神经元组成，其结构及各层神经元功能如图 9-32 所示，神经元层 Ⅰ、Ⅱ、Ⅲ和Ⅳ分别代表变量输入层、隶属度函数层、模糊规则层和解模糊层。本节所设计的控制器选用质心垂直加速度 $\ddot{z}_s$、车身侧倾角 φ、车身俯仰角 θ 作为输入，主动悬架作用力 f_{2i} 作为输出。

x_i^k 表示模糊神经网络第 k 层的第 i 个输入，net_i^k 表示第 k 层的第 i 个结点的净输入，y_j^k 表示第 k 层的第 j 个结点的输出，即 $y_j^k = x_j^{k+1}$，输入函数选用高斯隶属度函数，则本文设计的模糊神经网络各层运算过程可表示如下：

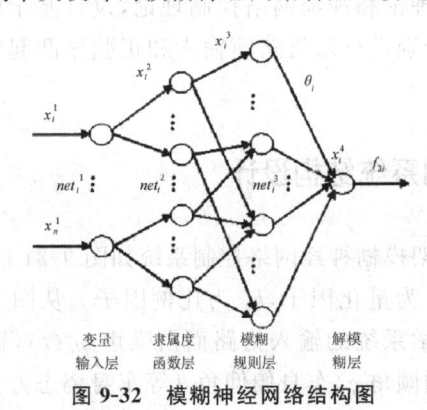

图 9-32　模糊神经网络结构图

（1）变量输入层：

$$net_i^1 = x_i^1$$

$$y_j^1 = net_j^1$$

式中，$i = j$，x_i^1 是网络的第 i 个输入，该层共有 3 个节点，起传递输入值的作用。

(2) 隶属度函数层：

$$\text{net}_i^2 = \frac{(x_i - m_{ij})^2}{\sigma_{ij}^2}$$

$$y_j^2 = \exp(\text{net}_j^2)$$

式中，$i=1,2,3$ 且 $j=1,2,3,4,5$，m_{ij} 和 σ_{ij} 别是第 i 个输入变量的第 j 个模糊集合的高斯隶属度函数的中心和宽度。该层共有 15 个节点，用于计算各输入分量属于各语言变量值模糊集合的隶属度函数。

(3) 模糊规则层：

$$\text{net}_i^3 = x_1^3 \cdot x_2^3 \cdot x_3^3$$

$$y_j^3 = \text{net}_j^3$$

式中，$j=1,2,\cdots,125$，y_j^3 为第 j 条规则的激活度 α_j；该层共有 125 个节点。

(4) 模糊结论层：

$$\text{net}_j^4 = \frac{x_j^4}{\sum_{i=1}^{n} x_i^4}$$

$$y_j^4 = \text{net}_j^4$$

该层节点数和第三层相同，与第三层连接完成模糊规则结论部分的匹配。

(5) 解模糊层：

$$\text{net}_1^5 = \sum_{i=1}^{n} \theta_k \cdot x_i^5$$

$$y_1^5 = \text{net}_1^5$$

式中，$k=1,2,\cdots,125$，y_1^5 为网络输出，θ_k 为第 4、5 层之间权系数，即各模糊规则的适用度，该层共有一个节点。

在定义好各输入分量的模糊分割数后，需要学习的参数主要是第二层节点中高斯隶属度函数的均值 m_{ij} 和标准差 σ_{ij} 以及第四、五层网络的连接权系数 θ_k。网络的学习过程也就是上述可调参数的调整过程。算法如下：

$$\theta_k(t+1) = \theta_k(t) - \eta^\theta \Delta \theta_k(t)$$

$$m_{ij}(t+1) = m_{ij}(t) - \eta^m \Delta m_{ij}(t)$$

$$\sigma_{ij}(t+1) = \sigma_{ij}(t) - \eta^\sigma \Delta \sigma_{ij}(t)$$

式中，η^θ、η^m、η^σ 分别为各可调参数的学习率，均大于零，t 为时间变量。

模糊神经网络的性能指标函数为

$$E = \frac{1}{2} \sum_{i=1}^{n} [y_d(t) - y(t)]^2$$

式中，n 为采样个数，$y_d(t)$ 和 $y(t)$ 分别表示期望输出和实际输出。

参考文献

[1]刘金琨.智能控制[M].北京:电子工业出版社,2017.

[2]李士勇.智能控制[M].北京:清华大学出版社,2016.

[3]孙增圻,邓志东,张再兴.智能控制理论与技术[M].北京:清华大学出版社,2011.

[4]董海鹰.智能控制理论及应用[M].北京:中国铁道出版社,2016.

[5]韦巍.智能控制技术[M].北京:机械工业出版社,2015.

[6]丛爽.智能控制系统及其应用[M].合肥:中国科学技术大学出版社,2013.

[7]郭广颂.智能控制技术[M].北京:北京航空航天大学出版社,2014.

[8]韩璞.智能控制理论及应用[M].北京:中国电力出版社,2012.

[9]罗兵,甘俊英,张建民.智能控制技术[M].北京:清华大学出版社,2011.

[10]姚朝飞.综述智能控制型集中式空调系统联合调试及典型故障处理[J].中国高新科技,2018(6):2096-4137.

[11]王泰华,贾玉婷.不确定机器人自适应鲁棒迭代学习控制研究[J].软件导刊,2018(3):1672-7800.

[12]王泰华,贾玉婷.不确定机器人自适应鲁棒迭代学习控制研究[J].软件导刊,2018(3):1672-7800.

[13]管才全,杨东升.人工免疫算法在空空导弹故障诊断中应用研究[J].设备管理与维修,2018,(10):1001-0599.

[14]熊辉.人工智能发展到哪个阶段了[J].人民论坛,2018(2):1004-3381.

[15]孙必慎,石武祯,姜峰.计算视觉核心问题:自然图像先验建模研究综述[J].智能系统学报,2018(6):;1673-4785.

[16]李明伟,李永芳.蚂蚁算法在TSP问题求解的有效利用[J].信息记录材料,2018(4):1009-5624.

[17]李卓,丁宵月.锻造生产线生产过程的数字化概述[J].锻压技术,2018(1):1000-3940.

[18]曹礼群,陈志明,许志强.科学与工程计算的方法和应用——基于国家自然科学基金创新研究群体项目研究成果的综述[J].中国科学基金,2018(2):1000-8217.

[19]段绪彭,李永振.异步切换多智能体系统的协同输出调节探讨[J].科技风,2018,347(5):1671-7341.

[20]田玮,朱廷劭.基于深度学习的微博用户自杀风险预测[J].中国科学院大学学报,2018,351(1):2095-6134.

[21]汤伟,冯晓会,孙振宇,袁志敏,宋梦.基于蚁群算法的PID参数优化[J].陕西科技大学学报(自然科学版),2017,35(2):1000-5811.

[22]蔡杰.基于二阶自组织模糊神经网络的$PM_{2.5}$浓度预测研究[D].北京:北京工业大学,2017.

[23]申沐奇,祁顺然.基于体感交互技术的物联网智能家居系统[J].现代信息科技,2017,1(4):2096-4706.

[24]盛昀瑶,陈爱民.基于MapReduce的Web日志挖掘算法研究[J].现代计算机(专业版),2017(16):1007-1423.

[25]刘金琨.智能控制[M].4版.北京:电子工业出版社,2017.

[26]周峰.大数据及人工智能赋能专业服务——SWAAP系统架构和应用介绍[J].中国注册会计师,2017(12):1009-6345.

[27]吴华春.控制工程基础[M].武汉:华中科技大学出版社,2017.

[28]吴苗苗,张皓,严怀成,陈世明.异步切换多智能体系统的协同输出调节[J].自动化学报,2017,43(5):0254-4156.

[29]刘智城.基于蚁群算法的无刷直流电机矢量控制系统研究[D].广州:华南理工大学,2017.

[30]肖耘亚.轿车轮毂轴承单元摆碾铆合装配新工艺及设备的研究[D].长沙:湖南大学,2017.

[31]何同祥,刘国祥.基于蚁群算法的GPC参数优化[J].仪器仪表用户,2017,24(2):1671-1041.

[32]刘胜重.大跨度混凝土斜拉桥施工过程的主梁标高预测和参数识别[D].广州:华南理工大学,2017.

[33]冯震震.直流锅炉主蒸汽温度控制系统研究[D].西安:西安建筑科技大学,2017.

[34]曲宏锋.基于MapReduce并行框架的神经网络改进研究与应用[D].南宁:广西师范学院,2017.

[35]徐本连,施健,蒋冬梅,等.智能控制及其LabVIEW应用[M].西安:西安电子科技大学出版社,2017.

[36]张杰,王飞跃.最优控制:数学理论与智能方法[M].北京:清华大学出版社,2017.

[37]裴晓利.无人机飞行实验数据综合分析软件的设计与开发[D].成都:电子科技大学,2016.

[38]邵章义.基于模型参数辨识的欺骗干扰识别[D].杭州:杭州电子科技大学,2016.

[39]赵庆磊.空间相机主控系统的控制策略研究[D].长春:中国科学院研究生院长春光学精密机械与物理研究所,2016.

[40]韩力群.智能控制理论及应用[M].北京:机械工业出版社,2016.

[41]董海鹰.智能控制理论及应用[M].北京:中国铁道出版社,2016.

[42]李士勇,李研.智能控制[M].北京:清华大学出版社,2016.

[43]刘保相,阎红灿,张春英.关联规则与智能控制[M].北京:清华大学出版社,2015.

[44]梁晓龙,孙强,尹忠海,王亚利,刘苹妮.大规模无人系统集群智能控制方法综述[J].计算机应用研究,2015,32(1):1001-3695.

[45]周香.大规模无人系统集群智能控制方法综述[J].信息系统工程,2015,02:1001-2362.

[46]韦巍.智能控制技术[M].2版.北京:机械工业出版社,2015.

[47]武创举.基于神经网络的遥感图像分类研究[D].昆明:昆明理工大学,2015.

[48]卢苗苗,张兴裕.基于最优线性组合方法的甲型病毒性肝炎发病数预测[J].中国医院统计,2015(5):1006-5253.

[49]蔡自兴.智能控制导论[M].2版.北京:中国水利水电出版社,2014.

[50]蔡自兴.智能控制原理与应用[M].2版.北京:清华大学出版社,2014.

[51]陈文雯,刘友宽,孙建平.基于群体智能的系统辨识[C].云南省科学技术协会会议论文集,2014,12.

[52]可翔宇.恒温恒湿中央空调建模与优化方法研究[D].沈阳:沈阳工业大学,2014.

[53]张凯波,李斌.合作型协同演化算法研究进展[J].计算机工程与科学,2014,36(4):1007-130X.

[54]寇光杰,马云艳,岳峻,邹海林.仿生自然计算研究综述[J].计算机科学,2014,41(s1):1002-137X.

[55]李伟华.智能集中控制系统在监管大厅的应用[J].西部广播电视,

2014,12(23):1006-5628.

[56]田志强.基于模糊遗传PID的育果袋机纸带张力控制研究[D].保定:河北农业大学,2014.

[57]洪乐,郭世永.基于三种理论的汽油机故障诊断系统应用研究[J].机械研究与应用,2014(6):1007-4414.

[58]姜滨,孙丽萍,曹军,季仲致.木材干燥过程的Elman神经网络模型研究[J].安徽农业科学,2014,435(2):0517-6611.

[59]巩小磊.图像压缩算法的改进与IP核实现[D].上海:东华大学,2014.

[60]郭广颂.智能控制技术[M].北京:北京航空航天大学出版社,2014.

[61]刘涛,黄梓瑜.智能控制系统综述[J].信息通信,2014(8):1673-1131.

[62]王明.基于自适应模糊神经网络模型的边坡形变预测应用研究[D].西安:长安大学,2014.

[63]王煊,田苗.基于单片机的新型智能电力调功器的研究与实现[J].现代电子技术,2013(5):1004-373X.

[64]韩璞等.智能控制理论及应用[M].北京:中国电力出版社,2013.

[65]方元.300MW供电供热机组负荷系统的控制策略研究与优化设计[D].北京:华北电力大学,2013.

[66]龚跃,吴航,赵飞.基于非均匀变异算子的改进蚁群优化算法[J].计算机工程,2013(10):1000-3428.

[67]丛爽.智能控制系统及其应用[M].合肥:中国科学技术大学出版社,2013.

[68]马磊.粒子群算法在1000MW火电机组模型辨识中的应用[D].北京:华北电力大学,2013.

[69]修春波等.智能控制技术[M].北京:中国水利水电出版社,2013.

[70]赵盛萍.中高速水电机组调节系统非线性模型建模及仿真[D].北京:华北电力大学,2013.

[71]徐蕾.模糊PID在CNC粉末液压机控制系统的应用研究[D].合肥:合肥工业大学,2013.

[72]辛斌,陈杰,彭志红.智能优化控制:概述与展望[J].自动化学报,2013(11):0254-4156.

[73]王长涛,黄宽,李楠楠.基于人工智能的CPS系统架构研究[J].科技广场,2012(7):1671-4792.

[74] 马星河,闫炳耀,王永胜. 煤矿高压电网单相接地漏电故障选线方法研究[J]. 工矿自动化,2012,38(10):1671-251X.

[75] 尚建辉. 不同噪声下进化算法的演化分析[D]. 上海:上海交通大学,2012.

[76] 邵建涛. 采煤系统安全技术理论分析[J]. 黑龙江科技信息,2012(11):1673-1328.

[77] 何熊熊,秦贞华,张端. 基于边界层的不确定机器人自适应迭代学习控制[J]. 控制理论与应用,2012,29(8):1000-8152.

[78] 刘向军,马爽,许刚. 基元接线模型构建的配电网典型接线方式[J]. 电网技术,2012,36(2):1000-3673.

[79] 刘英. 智能化数据质量监控实践及认识[J]. 中国信息界,2012(6):1671-3370.

[80] 姜允志. 若干仿生算法的理论及其在函数优化和图像多阈值分割中的应用[D]. 广州:华南理工大学,2012.

[81] 康琦,安静,汪镭,吴启迪. 自然计算的研究综述[J]. 电子学报,2012,40(3):0372-2112.

[82] 樊艳艳. 基于预测控制的长随机网络时延研究[D]. 北京:华北电力大学,2012.

[83] 李彬,刘莉莉. 基于 MapReduce 的 Web 日志挖掘[J]. 计算机工程与应用,2012,48(22):1002-8331.

[84] 王晓侃. 基于最小二乘模型的 Bayes 参数辨识方法[J]. 新技术新工艺,2012(6):1003-5311.

[85] 王筱萍,高慧敏,曾建潮. 改进分布估计算法在热轧生产调度中的应用[J]. 系统仿真学报,2012,24(10):1004-731X.

[86] 王欣,龚宗洋. 驾驶机器人控制系统设计与实现[J]. 信息技术,2012(1):1009-2552.

[87] 张嵩. 基于神经内分泌反馈机制的模糊 PID 串级主汽温控制系统研究[D]. 北京:华北电力大学,2012.

[88] 郝承伟,高慧敏. 求解 TSP 问题的一种改进的十进制 MIMIC 算法[J]. 计算机科学,2012,39(8):1002-137X.

[89] 刘国建,屈怀娟. 浅谈县供电企业如何加强线损科技管理工作[J]. 农村电工,2011(12):1006-8910.

[90] 刘兰兰,张勤河,李传宇,马汝颇. 基于神经网络和遗传算法的 H 型钢粗轧工艺优化[J]. 锻压技术,2011,36(1):1000-3940.

[91] 邹良超,王世梅. 古树包滑坡滑带土蠕变经验模型[J]. 工程地质学

报,2011,19(1):1004-9665.

[92]刘兰兰.基于神经网络和遗传算法的 H 型钢粗轧工艺参数优化研究[D].济南:山东大学,2011.

[93]罗兵,甘俊英,张建民.智能控制技术[M].北京:清华大学出版社,2011.

[94]孙增圻.智能控制理论与技术[M].2 版.北京:清华大学出版社,2011.

[95]张伟.基于专家系统的故障诊断在汽车发动机上的应用[D].太原:太原理工大学,2011.

[96]赵明旺,王杰.智能控制[M].武汉:华中科技大学出版社,2010.

[97]付举磊.基于 GIS 的城市消防辅助决策系统的设计与实现[D].长沙:国防科学技术大学,2010.

[98]李国勇.智能预测控制及其 MATLAB 实现[M].2 版.北京:电子工业出版社,2010.

[99]廖富魁.学习控制在舵机负载模拟器电气加载及测试系统中的应用[J].黑龙江科技信息,2010(8):1673-1328.

[100]王跃灵,沈书坤,王洪斌.不确定机器人的自适应神经网络迭代学习控制[J].武汉理工大学学报,2009(24):1671-4431.

[101]李少远,王景成.智能控制[M].北京:机械工业出版社,2009.

[102]程武山.智能控制理论、方法与应用[M].北京:清华大学出版社,2009.

[103]范春丽.基于模糊神经网络的智能优化 PID 控制器研究[D].北京:北京化工大学,2009.

[104]王克奇,杜尚丰,白雪冰.智能控制及其在林业上的应用[M].北京:中国林业出版社,2009.

[105]郑毅.移动机器人仿人智能控制的研究[D].沈阳:东北大学,2009.

[106]师黎.智能控制理论及应用[M].北京:清华大学出版社,2009.

[107]黄浩.基于音圈电机的力/位控制及应用[D].武汉:华中科技大学,2008.

[108]雷松林.基于 BP 网络和遗传算法的岩爆预测研究[D].上海:同济大学,2008.

[109]王耀南等.智能控制理论及应用[M].北京:机械工业出版社,2008.

[110]郗军红.浅谈汽车故障诊断专家系统[J].工程技术,2009(8):20.

[111] 袁传义,贝绍轶,何庆,等. 基于模糊神经网络控制的汽车主动悬架系统研究[J]. 轻型汽车技术,2011(z4):3-6.

[112] 任坤,许艺,丁福文,等. 基于机器视觉和模糊控制的自动泊车[J]. 华中科技大学学报:自然科学版,2015(增刊1):88-92.

[113] 杨妮娜,梁华为,王少平. 平行泊车的路径规划方法及其仿真研究[J]. 电子测量技术,2011,34(1):42-45.

[114] 魏振亚. 基于超声波车位探测系统的自动泊车方法研究[D]. 合肥:合肥工业大学出版社,2013.

[115] 冯小凤. 基于模糊控制的汽车自动倒车系统研究[D]. 南京:南京农业大学,2012.

[116] Rajmani R, Shladover S E. An experimental comparative study of autonomosand cooperative vehicle-follower control system[J]. Journal of Transportation Research:Part C,2001,9(1):15~31.

[117] Ross I M, Fahroo F. Issues in the real-time computation of optimal control[J]. Mathematical & Computer Modelling,2006,43(9/10):1172-1188.

[118] 曲龙. 基于MATLAB的自动泊车系统的仿真研究[D]. 沈阳:沈阳理工大学,2013.